動くメカニズムを図解＆実験！
Linux超入門

コンピュータの性能を100％
引き出すために

宗像 尚郎
海老原 祐太郎
［共著］

My Linux
シリーズ

CQ出版社

はじめに

　ヘルシンキ大学の学生だったリーナス・トーバルズ氏が，Linuxカーネルの原型となる UNIX互換オープンOSのアイデアをメーリング・リストに発表したのは，1991年の夏です． 当時はまだ商用インターネット・サービスが始まっていなかったので，Linuxカーネルの開 発は，開発に参加したいメンバ同士で大量のフロッピ・ディスクを郵送し，回覧するとい う地道な方法でスタートしました．それから4半世紀も開発が継続し，のちに大きく発展 することになることを当時誰が想像できたでしょうか？　Linuxは，インターネット通信 で使われるTCP/IPプロトコルへの対応に優れていました．Linuxの開発時期が，インタ ーネットの爆発的な普及のタイミングと重なったこともあり，当時のWebサーバやメール・ サーバ向けなどに多く採用されていきました．

　このような経緯を反映してか，現在入手可能なLinux関連の技術書籍や専門月刊誌の多 くは，いわゆるプログラマではなく，企業などで情報システムを構築運用するIT系技術者 を主な読者対象としてきました．これらの書籍では，OSのインストール，ユーザ・アカウ ントやアクセス権の設定，RAIDの構築などストレージ・デバイスの管理，スクリプトによ る自動バックアップなど，Linuxサーバの保守管理機能が中心的に取り上げられていまし た．また，最近のスマートフォンやPC環境向けのアプリケーション開発現場では，実行環 境に依存した記述をより積極的にプログラム実行環境を隠ぺいする，C++やJavaなどの オブジェクト指向プログラミング技法がよく使われます．これらはプログラミング環境が提供 するライブラリを利用するので，カーネルの機能を直接利用しません．そのため，Linux カーネルをブラックボックスとして取り扱うことに特別な違和感はなく，実際使うだけな ら特に困ることもありませんでした．

　ところが，SoCに組み込まれたチップ特有の周辺機能を活用する場合や，組み込み機器 制御用のハードウェア制御プログラムを開発する場合は異なります．CPUの処理能力が潤 沢とは言えない組み込み機器向けアプリケーションでパフォーマンスを追求するには， Linuxカーネルの機能を呼び出すカーネルAPIを使ったプログラム記述が今でも欠かせま せん．このようなコーディングを行うには，通常のC言語プログラミング技法の理解に加 えて，複数のプログラムを並列動作させるスレッド・プログラミング，スレッド間の動作を 調停させるプロセス間通信や，同期の使いかた，ネットワークを利用するソケット通信な ど，カーネルが提供する機能を直接利用する方法を理解する必要があります．

　CPUの動作速度，メモリやHDDの容量や速度，各種周辺機器を接続するPCI，USB， SATAなどのインターフェースは，過去20年で劇的に進化しました．Linuxカーネルはそ の都度，最新規格にいち早く対応してきました．例えば，HDD上のファイルからデータを 100バイト読むようにアプリケーションからリクエストした場合を考えてみます．すると カーネルはHDDからの読み込み単位1セクタ分512バイトのデータを読んで512バイト分

のデータをメモリ上に保存しておきます．これは，次に続きの100バイトのリード要求が来たとき，あらためてHDDをアクセスするのではなく，メモリ上でデータを高速に返すための工夫です．さらにアプリが大きな連続データを読んでいると判断した場合にはカーネルが独自の判断で複数セクタ分のデータを投機的に先読みすることもあります．このようなカーネル内部のインテリジェンスは，アプリケーションからは見えません．OS上でファイルを読んだ方がスループットが上がるという結果だけが見えることになります．

　本書はこのような外から見えないカーネル内部の動きに注目します．カーネルにはいろいろな最適化のしくみが組み込まれていますが，ユーザの指示と無関係に自律的に動いているわけではありません．あくまでアプリケーションからの要求を細かく分析した結果に基づいた最適化を行っています．そのため結果としてユーザがカーネルに対してどのようなリクエストを投げるかによって性能最適化の有効性が変わる可能性があります．カリカリに性能を最適化したい組み込み機器などでは，カーネルの気持ち（＝内部最適化処理）を理解してプログラミングすることが重要です．

　本書ではカーネルAPI呼び出しの最適化のヒントとなるよう，現時点で最新のカーネル実装を参考にしながら，カーネルAPIが呼ばれたときのカーネル内部の動作を図なども使ってわかりやすく解説すること，さらに実際に実験プログラムを動かしながらカーネルの動きを確認することで，肌感覚でカーネルのインテリジェンスを体験することを目指しました．Linuxカーネルの主要な機構に対して，カーネルが内部でどのような制御を行っているのかを紹介します．またその上で，実際にカーネル機能を確認するためのテスト・プログラムを使った実験を行いました．

　各章はそれぞれ独立した記事になっているので，興味のあるトピックから読んでいただいてもよいですし，全体像をつかむために順番通り読んでいただいても問題はありません．Linuxカーネルは，今やソースコード行数が2,000万行を超える膨大なプログラムです．カーネルの機能について網羅的に詳細な説明を行うのは現実的ではありませんが，ここで取り上げているトピックを把握しておけば役に立つことが多いと思います．

　Linuxカーネル内のインテリジェント処理がブラックボックスの場合，アプリケーション・プログラムからカーネルAPIを利用してカーネルに処理をお願いしたら，結果が戻ってくるまでひたすら待つしかなかったのですが，本書の内容を理解すればカーネルがどのように要求をさばいているのかを感覚的に共感できる，高感度プログラマとなれるでしょう．これはクールで高性能なシステム開発を目指すエンジニアにとって，大きな武器となります．

2016年3月　宗像 尚郎

目　次

はじめに ………………………………………………………………………………… 2

─ 第1部 ─────────────────────────────

そうなっていたのか！
Linuxカーネルが動くメカニズム ……………… 11

基本をおさえておけばメカニズムも長所短所も合点！

第1章　Linuxカーネルの設計思想 ………………… 12

その1：ユーザは直接ハードを制御できない ………………………… 12

その2：プログラムの実行順序はLinuxが決める ………………… 15

その3：とにかくカーネルが一番偉い！ ………………………………… 16

その4：Linuxが提供する仮想メモリ空間を使う ………………… 17

電源ONからブートローダ処理/RAM展開/カーネル起動/
RootFSマウント/SysVinitスクリプト処理まで

第2章　Linux起動のしくみ ……………………………… 19

ボード用Linuxとパソコン用Linuxの起動条件の違い ………… 19

共通の起動手順 …………………………………………………………………… 20

手順1＆2：電源/メモリ/USBなどの初期化＆
カーネル・イメージのRAM展開 ……………………………………… 20

手順3：カーネルのデバイス初期化処理 …………………………… 21

手順4：ルート・ファイル・システムのマウント ………………… 25

手順5：Linux全体の起動処理 ………………………………………… 26

コンピュータの処理性能を最高にするためのRAMの使い方

第3章　仮想メモリ・アクセスのしくみ …………… 27

Linux流！ 仮想アドレス空間のメリット ………………………… 27

仮想アドレス空間の大まかな構造 ……………………………………… 29

物理アドレスを割り当てる基本メカニズム ……………………… 31

仮想アドレスに物理アドレスが割り当てられていないときの動作 … 33

4

インテリなスケジューリングで高性能処理実現！
第4章　プログラム実行順序決定のしくみ 35
Linux上で実行されるプログラムの単位 36
実行順序決定！ カーネル・スケジューラの基本動作 38
ハード制御向け！ 応答時間を確実に守るために用意されたしくみ 41

I/Oはファイル操作だけ！ 同じアプリが使い回せる理由
第5章　ハードウェア制御の基本的なしくみ 43
汎用OS Linuxの特徴 … ハードウェアの違いをOSで吸収する 43
ユーザ・アプリからのハード（デバイス）の見え方 44
使えるデバイスを検出するしくみ 45
隠ぺいしているハードを制御できるしくみ 47
ユーザ空間からカーネル空間へのAPI：システム・コール 49

高速応答割り込みハンドラ作成のコツ
第6章　割り込みのしくみ 52
Linux流割り込み処理の基本 52
ハードで割り込みを受けてからアプリに伝えるまでの道のり 53
割り込みハンドラ作成の基本方針 56
高速割り込み処理の例 … スマホのタッチ・パネル操作 57

Column タダ？ 自由に使える？ という理解じゃ不十分！ オープンソース・ソフトウェアの定義 59

カーネルが知っている！ ハード情報のGETが高性能化の近道
第7章　ハードウェア資源管理のしくみ 60
アプリから見えるカーネル管理ハードウェア情報 60
その1：プロセス情報とデバイス情報 61
その2：物理メモリ情報 64
その3：ハードウェア資源の共有管理（排他制御）情報 66

仮想ファイル・システムVFS×キャッシュ・メモリでフル回転！
第8章　メモリに高速アクセスするしくみ 68
データ読み書きの課題 68
高速アクセスの定石 … キャッシュ・メモリを効率良く使う 69
仮想ファイル・システムVFSとは 70
キャッシュ・フル回転！ 仮想ファイル・システムVFSの動作 71
ブロック・デバイス・アクセスを制御するI/Oスケジューラの動作 74

Linuxボード使用時は知っておきたいWindow System & 最新フレーム・バッファ
第9章　グラフィック描画＆表示のしくみ 76
組み込みLinux機器における制約 77
Linuxの最新フレーム・バッファ管理機能DRM 80
マルチ画面を出力するしくみWindow System 82

デバドラ経由からDMA転送，最新の取り組みまで

第10章　大容量データ受け渡しのしくみ —————— 84

Linuxにおける大量データ受け渡し方法 ————————————— 84

効果的な方法 … DMA転送 ——————————————————— 88

LinuxのDMA転送の基本 ——————————————————— 88

DMAを使いやすくするためのLinuxのとりくみ —————————— 91

Column アプリどうしなら簡単！ 共有メモリ経由で受け渡す —————— 85

OSがシステム全体やCPUの動作状態をきめ細かく管理する

第11章　電力制御のしくみ ————————————————— 93

OSで電力制御!? ——————————————————————— 93

Linuxの電力管理ステート ——————————————————— 94

言葉の定義 ————————————————————————— 95

アイドル … C1/C2ステートの動作 ——————————————— 96

アクティブ … C0ステートの動作 ——————————————— 96

より深い休止 … サスペンド＆ハイバネーション ————————— 99

周辺機能ブロックの電力消費を抑えるしくみ ——————————— 101

Column LSIの消費電力を抑えるための
クロック・ゲーティング＆パワー・ゲーティング ——————— 96

Column 負荷が少ないときは結構効く！ 最近のLinuxのしくみtickless動作 — 97

Column LinuxカーネルがCPU電力消費を抑えるために持っているメカニズム — 98

他のOSだと簡単じゃない！ 固有ハード対応用デバイス・ツリー入門

第12章　いろんなチップ＆ボードで動かせるしくみ — 103

Linuxが広まっている理由 … いろんなARMボードで使える ———— 103

Linuxのこだわり … 一つのソースコードからすべてのCPU対応版がビルドできる — 104

ハード依存情報はボード専用コンフィグで指定できる ——————— 105

本来カスタムLSI向けのARMがまねいてしまったこと ——————— 107

対策：ボード依存情報はカーネル外に追い出す ————————— 108

デバイス・ツリー方式でLinuxを起動するには —————————— 109

デバイス・ツリー方式のメリット＆デメリット —————————— 112

Column カーネル機能設定メニューを動かしてみる ————————— 106

LinuxボードBeagleBone Blackのデバイス・ツリー

第13章　固有ハードに対応するためのしくみ実例 — 113

おさらい … チップ/ボード固有回路を動かすしくみデバイス・ツリー —— 114

定義方法 ————————————————————————— 115

固有ハード対応のしくみ①：デバイス・ツリー ————————— 118

固有ハード対応のしくみ②：
起動後に指定するためのデバイス・ツリー・オーバレイ ————— 120

6

固有ハード対応のしくみ③：ボードに用意された便利なCape Manager ………………… 122

Column 従来のデバイス・ドライバは
「そのうち」デバイス・ツリー対応に書き直さないといけない ………………… 120

知らないのはマズいLinuxのキー・テクノロジ

第14章　ファイル・システムのしくみ ………………… 126

はたらき1：ディレクトリ構成によるファイル・アクセスを提供する ………………… 126
Linuxならでは機能1：詳細なアクセス権限の設定 ………………… 128
Linuxならでは機能2：強力なファイル参照 … シンボリック・リンク ………………… 129
はたらき2：ストレージ装置ごとに最適なリード/ライトをする ………………… 131
ボードLinuxの問題点 … 急な電源OFFによるファイルの破壊 ………………… 133

Column 生NANDフラッシュ・メモリ専用ファイル・システムjffs2 ………………… 136

インターネット時代の必須技術！基本から最新テクノロジまで

第15章　セキュリティ管理のしくみ ………………… 137

アクセス権限管理のためのユーザ・アカウント ………………… 138
管理者専用アカウント … root ………………… 139
権限管理の基本 ………………… 140
Linuxに組み込まれているネットワーク・アクセス制御機能 ………………… 142
root権限をもアクセス制限できるセキュアLinux ………………… 144
怪しいカーネルは起動させない！最新セキュア・ブート ………………… 145

Column インターネットに公開すると即攻撃される時代！
telnetは使ってはいけない ………………… 144
Column 実はあちこちで使われているセキュア・ローダ ………………… 145

─ **第2部** ─────────────────────
しくみがわかれば差は歴然！
Linuxを高性能に使うテクニック10+ ………………… 147
───────────────────────────

ガーン … 14μsが6msに！Linuxがリアルタイム用途に向かない理由

第16章　割り込み処理ルーチンを高速起動するコツ
… 負荷は重くしちゃダメ ………………… 148

実験の準備 ………………… 148
実験内容 ………………… 148
実験用プログラム ………………… 150

実験結果 … 負荷が重いと割り込みルーチンが起動するまでに5ms以上かかる ……… 153

Column 割り込みのしくみと割り込み処理ルーチンで
大きなローカル配列や再帰処理を使ってはいけない理由 ……… 154

Linuxの性能を生かすにはできるだけ早くOSに権限を返すのが基本

第17章 割り込み処理を短時間で済ませるコツ
… 必要な処理をまず済ませる ……… 157

Linuxの割り込み処理 ……… 157
急がない処理を後まわしにする三つのしくみ ……… 157
スレッド型割り込みのメリット ……… 159
急がない処理を後まわしにするしくみ①：タスクレットの実験 ……… 160
急がない処理を後まわしにするしくみ②：ワーク・キューの実験 ……… 162
急がない処理を後まわしにするしくみ③：スレッド型割り込みの実験 ……… 164

処理がいっぱいいっぱいになるとタスク切り替えが増えてフル回転できない

第18章 マルチタスクを高性能に処理するコツ
… なるべくI/O処理と同時に動かさない ……… 167

予備実験：超シンプルなプログラムでLinuxのメモリ配置を確認しておく ……… 167
プロセス切り替えのしくみ ……… 170
実験の準備 ……… 172
実験1：余分な負荷ほぼなしのときのプロセス切り替え動作をチェック
… CPUは所望の処理にフル回転してくれる ……… 173
実験2：I/O処理などと同時に動かしてみる
… CPUが所望の処理に全然集中してくれない ……… 174
補足 … タスク切り替え周期は変更することも可能 ……… 176

実行ファイルをメモリにmmapするのが時間を食う

第19章 プロセスを高速応答させるコツ
… 先に立ち上げてスリープさせておく ……… 177

実験内容 ……… 177
実験1：プロセスの実行ファイルが書き込まれる物理アドレスを調べる ……… 178
実験2：子プロセスの処理時間を調べる ……… 185
実験結果：プロセス起動にはメモリ貼り付けによって数十msかかってしまう ……… 187

ブートローダを自作してImageファイル形式を選べるようになる

第20章 カーネル圧縮方式を選ぶコツ
… サイズや起動時間で使い分ける ……… 188

実験内容 ……… 188
実験用プログラムを作る前に … プログラム・ブートのしくみ ……… 188
準備1：実験用ブートローダの作成 ……… 190
準備2：カーネルを圧縮したバイナリを用意する ……… 193
実験 ……… 194

| Column 「プログラムをmemcpy () してジャンプ」に注意 | 195 |

ulmageファイルの作り方＆実力

Appendix 便利で高速起動！定番ブートローダU-Bootを使う ⋯ 196

実験内容	196
U-Bootで使う圧縮ファイルulmage	196
実験用プログラムの作成	198
実験結果	204

| Column ulmageのgzip圧縮データを展開できるライブラリzlib | 197 |
| Column ARM版Linuxカーネルではulmageの作り方がSHと異なる | 205 |

システム・コールにメモリを要求するには時間がかかる

第21章 メモリ操作を高速にするコツ
⋯ malloc/freeはループ内に書いちゃいけない ⋯ 206

実験の概要	206
実験1：メモリ・マップを表示	206
実験2：どんどんメモリを要求したときの動作	208
実験3：メモリ確保の時間	210

最初の書き込み時に時間をかけて物理メモリを確保する

第22章 大容量のmallocをムダなく高速に行うコツ
⋯ 必要なぶんだけ初期化して使う ⋯ 216

実験1：128Kまでと128K超えのときのメモリ確保動作の違いをチェック	216
実験2：物理メモリの割り当て量を可視化	218
実験3：物理メモリの割り当て速度	220

速度と確実性はトレードオフ！

第23章 物理メモリに高速／確実に読み書きするコツ
⋯ キャッシュの同期をコントロールする ⋯ 222

実験内容	222
実験1：ファイル読み書きの基本動作を観察してみる	223
実験2：書き込み遅延時間をいろいろ変えて観察してみる	226

| Column microSDへの書き出し時間を調べてみた | 231 |

Linuxで使える代表的なファイル・システムは把握しておく

第24章 ファイル・システムを選ぶコツ
⋯ 互換性／圧縮率／速度で使い分ける ⋯ 232

実験内容	232
Linuxの主なファイル・システム	233
実験	233

大容量データ転送は専用ハードウェアに任せるのが基本

第25章　Linuxが苦手なデータ高速転送のコツ
…DMAを使う 238

実験内容 238

おさらい … DMA転送 239

DMA転送実験 243

Column カーネル・ソース関数でキャッシュと物理メモリのコヒーレンシを確保しておく 245

アイドル時の消費電力を抑えればバッテリ動作も目指せる

第26章　消費電力を減らすコツ
…Linuxが備える機能を駆使する 246

実験内容 246

実験1：Linuxのアイドル時のタイマ割り込みを減らす 247

実験2：サスペンド機能を試す 250

Column イベント検知をポーリングしないといけない場合には工夫が必要 252

専用ICで電池長もち＆高精度！

第27章　正確な時刻を知るコツ
…ハードウェア時計を使う 253

実験内容 253

おさらい：時計の動作 254

実験：時計ICから10ms以下の精度で時刻を取得してみる 255

時計IC読み出しの注意点 257

Column Linuxのタイマ・カウント関数jiffiesの桁上がり問題 258

索引 259

筆者プロフィール 263

▶ 本書の各記事は，「Interface」に掲載された次の連載を再編集したものです.
- マイコン・プログラマのためのLinux超入門（2013年11月号〜2015年1月号）
- 実験リサーチ！Linux応答時間の実力（2013年11月号〜2015年1月号）

第**1**部

そうなっていたのか！
Linuxカーネルが
動くメカニズム

宗像 尚郎

　Linuxを使うとハードウェア資源の管理，プログラムの実行順序の調整，イベントの受け渡しなどをカーネルにゆだねることができます．

　カーネルには高度なインテリジェント処理が組み込まれており，自分で制御アルゴリズムを考えるよりずっと効率的にハードウェアを活用できます．しかし，カーネル内のインテリジェンスを直感的に理解するのは困難です．

　カーネルをブラックボックスと考えても普通に動くプログラムを書くことができます．しかしリアルタイム応答性の追求やメモリ消費量の抑制など，組み込み機器特有のシステム要件に応えるには，カーネルの内部制御について見通しがついている方が望ましいです．

　第1部では，一般的なLinuxの教科書では紹介していない，カーネルの内部制御について機能ごとに解説します．

基本をおさえておけばメカニズムも長所短所も合点！

第1章 Linuxカーネルの設計思想

　Linuxは多くの組み込み機器で活用されるようになっていますが，本来は機器制御用途向けに開発されたソフトウェア（OS）ではありません．

　Linuxカーネルの設計思想を理解しないまま，組み込み機器向けのいわゆるRTOS（Real Time Operating System）で構築されたソフトウェア資産をLinux環境に移植しようと試みて，まったく期待した性能が出せない事例はいくらでもあります．

　ここでは，Linuxがさまざまなプログラムの集まりであり，スケジューリングなどを調整することで，全体として効率良く動こうとするOSであることを説明します（図1）．厳密な時間管理が必要なハード・リアルタイム制御を求めて，ユーザ・プログラムがOSの処理を止めるような使い方をするものではありません．**タスク・スケジューリングはカーネルに任せる**というのがLinuxの基本的な考え方です．

その1：ユーザは直接ハードを制御できない

● マイコン用リアルタイムOS：厳密に時間を守ってハードウェア制御

　はじめにOSの概念について説明します．精密な実時間制御が要求される機器制御の世界では，OSを使わないのが普通でした．プログラムの規模が大きくなるにつれて，

- キー/リモコン入力受け付け
- 計算処理
- アクチュエータ制御
- 表示制御

図1　Linuxは全体として最適に動こうとするOSなので，厳密に動きを管理することはできない
RTOSとは全然違って，ハード・リアルタイム制御には基本向かない

など複数の処理を行う必要が出てきました．機能別にタスク分割を行ってソフトウェアを開発するようになると，組み込み機器制御プログラミングの世界にリアルタイムOS（＝RTOS）が導入されます．

RTOSは割り込み受け付けルーチン（ISR）から一定の時間内に特定の処理を完了させるなど，決定論的なプロセスの実行順序設計による実時間（＝リアルタイム）性の管理ができる構造になっています．

RTOS本体は小さくてサクサク動くプログラムです．マイコン・メーカなどがチップごとに専用のRTOSを提供（販売）したり，ユーザの要求によってはカスタマイズも行ったりしていました．

● 汎用OS Linux：ソフト屋向け…制御はOSに任せてハードを意識しない

LinuxはワークステーションズOSであるUNIXのクローンです．UNIX互換のアプリケーション-OSカーネル間インターフェースをもった本格OSとして開発されました．OSカーネルとアプリケーションの境界は図2に示すPOSIX（Portable Operating System Interface）と呼ばれるインターフェースで規定されています．

ファイル・システムやネットワーク・プロトコルなどの機能がOS内部に組み込まれた，図3に示すような全部入りモノリシック構造が採用されています．アドレス・マッピングや割り込み番号の割り付けなど，機器ごとのハードウェア実装の違いを意識せずに，どのマシンでも同じアプリケーションを実行できる統合的

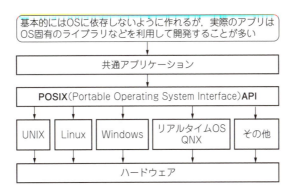

図2　OSに関係なく動くアプリを作るために定められたソフトウェア・インターフェース…POSIX
LinuxはPOSIX準拠OS

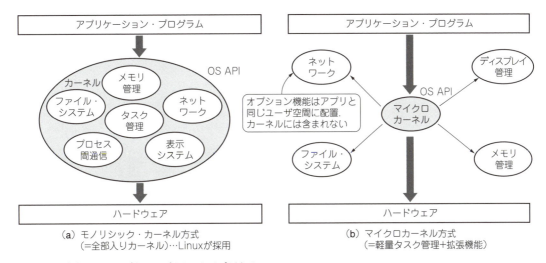

図3　OSには全部入りタイプとコンパクト・タイプがある
Linuxは全部入り

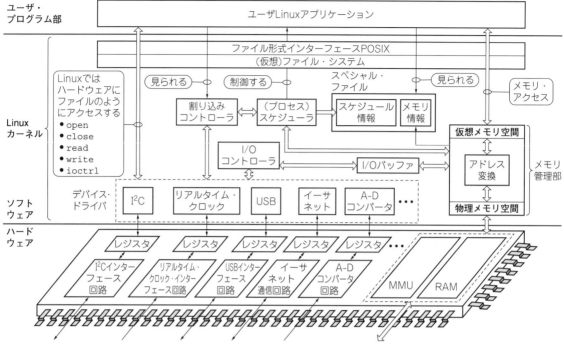

図4 Linuxによるハード制御のメカニズム
ユーザ・アプリからハードウェアや物理メモリに直接アクセスすることはできない．アプリ側はハードウェアを意識しなくてよい作りになっている．その代わりかなり多くのプログラムが動くことになる

な環境を提供します．

▶Linuxによるハード制御のメカニズム

　例えばLEDを点灯させるには，デバイス・ドライバというプログラムを介して，ファイル装置に抽象化されたLEDポートの/dev/led0に0/1をwriteするという手順をとります．

　図4にLinuxのハード制御の大まかなメカニズムを，図5にLinuxカーネルの大まかな内部動作を示します．アプリケーション・ソフトウェアは，LEDがどのポートにつながれているかを意識する必要はありません．実

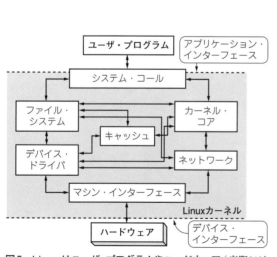

図5　Linuxはユーザ・プログラムやハードウェア（実際にはCPUの内部回路）とのインターフェースが決められている

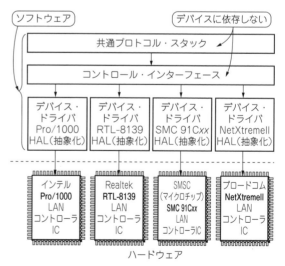

図6　LinuxではOS内に組み込むデバイス・ドライバ・ソフトウェアによってハードウェアを直接知らなくてもよいようになっている

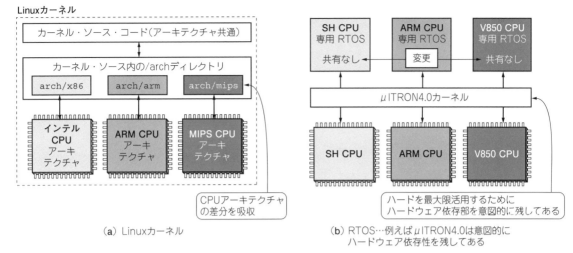

図7　Linuxカーネル自身もなるべくCPUアーキテクチャに依存しないようにプログラミングされている

際にLEDが点灯するまでには，単純にI/Oポート制御レジスタに値を書き込むのとは比較にならないほど多くのプログラムが動くことになります．

● リアルタイムOSとLinuxの違い

　組み込み機器向けのRTOSは，パソコンやワークステーションで使われていたWindowsやUNIXなどとは「OS」という呼び名は同じでも，内容的にはまったく違うものです．RTOSを使った経験があったとしても，Linuxも似たようなものだろうと考えるのは大きな間違いです．

　特にLinuxなどの本格OSが備える基本機構の一つ「ハードウェアの抽象化」は，アプリケーションから直接アドレス空間へアクセスさせません．組み込み機器制御プログラムにはかなり違和感があるのではないでしょうか．

　ハードウェアの抽象化を行うと，例えば，図6のように，さまざまなイーサネット・コントローラICに依存しない制御プログラムが使えます．Linuxカーネル自身も，図7に示すようにCPUアーキテクチャになるべく依存しないようにプログラミングされています．

その2：プログラムの実行順序はLinuxが決める

■ コンピュータ別ユーザ&タスク処理

● パソコン…シングル・ユーザ&マルチタスク

　パソコンは文字どおりパーソナルなコンピュータなので，複数のユーザが同時に一つのマシンで別々のプログラムをガンガン動かすことはないでしょう．

　一方でブラウザとメーラなど複数のアプリを同時に立ち上げて使うのはごく普通の使い方です．基本的にWindowsなどのパソコン用OSはシングル・ユーザ&マルチタスク向けに最適化されています．

● サーバ…Linuxはこれ！マルチユーザ&マルチタスク

　お互いに顔が見えない複数のユーザが同時に利用するコンピュータをサーバと呼び，このようなコンピュータの使い方をマルチユーザ&マルチタスクと呼びます．

第1部　そうなっていたのか！ Linuxカーネルが動くメカニズム

● 組み込み機器…基本はシングル・タスク

　組み込み機器には通常キーボードやログイン画面などがないので，もともとユーザという概念自体がありませんが，Linuxを使う場合にはプログラムをどのユーザ権限で動作させるか決める必要があります．

　タスクについては，一連の処理を芋づる式に繰り返し実行するシーケンス処理ならシングル・タスクで，状況に応じて起動するアプリが決定されて時分割で動作するならマルチタスクで動作していると考えられます．

■OSによるスケジューリング方針の違い

● Linux…いろんなプログラムが動いても比較的上手にスケジュールをやりくりできる

　Linuxはサーバやワークステーションで使われるUNIXの考え方を継承していて，複数のユーザが同時に共同利用するマルチユーザ＆マルチタスク向けに最適化されています．ユーザやタスクに対するリソースの割り付けを自動的に最適調停する機構が組み込まれています．

　例えば1台のコンピュータに，エディタでソース・コードを編集しているユーザ（＝キー入力に対してよどみなく文字表示が追従するインタラクティブ性を重視）と，プログラムをコンパイルしているユーザ（＝CPU／メモリやディスク装置ができるだけ連続的に動作するスループット重視）が同時にログインして作業しているときでも，双方のユーザに最適なサービスを提供するための連続的な自動調停を行います．

　パソコンを使っているときにウイルス対策プログラム（＝スループット型）が起動して，キー入力応答（＝インタラクティブ型）が急に悪くなるのを経験したことがある人も多いと思いますが，Linuxはこのような状況でも比較的上手に処理をやりくりできます．

▶Linuxのスケジュール調整メカニズム…完全平等割り当て

　このようなプロセスの実行順序，資源割り当てはカーネル内のスケジューラによって調整されます．スケジューラは直前までのタスクごとのCPU資源の利用状況などを参照評価しながら，CFS（Completely Fair Scheduler）と呼ばれるアルゴリズムによって，どのプロセスがどの程度動いたかを精密に測定します．

　例えば外部からの信号の到着をずっと待っていたプロセスは，データが到着したらすぐに処理を開始できるようにスケジューリングの最適自動調整を行っています．この調整のおかげで，Linuxでは新しいカーネルのバックグラウンド処理が実行されたときでもスムーズな実行ができます．

● リアルタイムOS…ユーザが厳密にスケジュールを設計する

　RTOSでは，ユーザがあらかじめ決められた処理をどのような実行順序でリンクさせるかを厳密に設計することで，厳密なリアルタイム性を保証しています．この考え方は，Linuxの実働作時間実績評価に基づく自動調停とは本質的に相いれない，方向性が異なった考え方です．

● 心得…タスク・スケジューリングはLinuxに任せる

　確かにLinuxでは厳密な意味での実時間性の保証はできない[注1]のですが，Linuxカーネルの最適自動調停処理をユーザが乗っとるようなことをすると，Linuxシステム全体のコーディネーションを破壊してしまうことにもなりかねません．

　タスク・スケジューリングはカーネルに任せるというのがLinuxの基本的な考え方と理解してください．

その3：とにかくカーネルが一番偉い！

● サーバ向けOSに求められること…ユーザ・プログラムのバグで止まっちゃいけない

　あるユーザがLinuxサーバにログインしてソフトウェア開発を行っているとします．開発中のプログラム

注1：最近ではdeadline保証型のスケジューリングも可能ですが，資源をリザーブしてしまうので効率は犠牲になってしまいます．

にはデッドロックやメモリ破壊を引き起こすようなバグがあることは珍しくはありませんが，そのバグのせいでサーバ全体が停止したら大問題です．

昔はWindowsパソコンやMacでも，一つのアプリがバグで止まってしまうとシステム・リセット以外に復旧手段がなかったのですが，最近では停止したアプリだけを終了することができるようになりました．

Linuxはマルチユーザ＆マルチタスク対応のサーバ向けOSなので，あるユーザのアプリケーション・プログラムがバグによって異常終了してもシステム全体には影響がないようになっています．

● ユーザ・アプリはLinuxから与えられたリソースを使うだけ… システム全体は安全

LinuxカーネルはPOSIXというアプリケーションとカーネルの境界定義に準拠します．境界のアプリケーション側をユーザ空間，ハードウェアに近い側をカーネル空間と呼び，二つを厳密に区別しています．

ユーザ・アプリケーションはLinuxカーネルがプロセスごとに独立に確保した仮想プロセッサ空間内で動作するので，自分がすべてのコンピュータ資源を専有している前提でプログラムを考えることができます．

もしアプリケーションにバグがあっても，プロセスごとに独立した空間の中でプログラムの実行がsegmentation faultなどのエラーで止まるだけなので，システム全体には影響を与える心配はありません．

● デバイス・ドライバの自作が難しい理由… バグがあるとLinuxが止まってしまうかも

一方でデバイス・ドライバは，各プロセスが共通に利用するカーネル空間内で動作します．もし万が一デバイス・ドライバにバグがあると，Kernel panicというメッセージと共にシステム全体をクラッシュさせてしまいます．

Linuxではアプリケーション・プログラムとデバイス・ドライバでは，バグが出たときの影響範囲が大きく異なることを理解してください．デバイス・ドライバの作成には特別に細心の注意を払う必要があります．

その4：Linuxが提供する仮想メモリ空間を使う

Linuxカーネルの大きな特徴の一つに仮想記憶に対応していることがあります．これは従来のRTOS環境では利用できませんでした．

仮想記憶とはカーネルやユーザ空間プログラムがメモリ領域を確保しようとしたときに，実際の物理メモリのアドレスではなく仮想的なアドレスを返すしくみです．

仮想アドレスと物理アドレスの対応付けは，ARM Cortex-Aなどの高性能プロセッサに内蔵されたMMU（Memory Management Unit）という物理メモリと仮想メモリの対応を管理するハードウェア機構を利用して実現します．MMUがないCPUでは仮想記憶の機能を使うことはできません．

● 仮想アドレスを使うメリット

仮想記憶は，ページと呼ばれる4Kバイト程度のメモリの塊に分解して確保しています．このようなアドレスの抽象化には以下のような狙いがあります．

（1）物理的には離散したメモリを一つの仮想連続メモリ空間に見せる

（2）プロセスごとのメモリ配置（スタート・アドレスなど）を共通化する

（3）仮想アドレス空間のほうが物理アドレス空間より広いので，物理メモリ・サイズより大きなサイズを割り当てられるかのように使える[注2]

（4）MMUに内蔵されたメモリ保護機能を利用することでセキュリティを確保できる

（5）アドレスの間接参照コストはTLB（Translation Lookaside Buffer：物理アドレスと仮想アドレスの変換専用のキャッシュ・メモリ）を活用すれば抑えられる

メモリ空間を共有していない，プロセス間やカーネル-ユーザ・プログラム間のデータの受け渡しでは，コ

注2：最近のスマホなどには，2Gバイト以上のメモリが搭載されるケースもあります．Linuxの32ビット仮想アドレス空間が足りなくなる日も近いかも…．

17

第1部　そうなっていたのか！ Linuxカーネルが動くメカニズム

ピー元の物理アドレスが隠ぺいされているのでデータを参照できません．その都度データの実体をコピーする必要があります．

相対的に処理能力の余裕が少ない組み込み系では，コピー元の物理アドレスの先頭番地をポインタで引き渡せるようにするなど，コピー・コスト削減の工夫が必要になることがあります．

● 大規模ソフトLinuxならではの考え方… メモリはプログラムが動くときに確保すればよい

組み込みソフトウェアでは，最初に物理メモリ・マップを用意して各アプリケーションが使用するメモリ領域をマップ上に静的に確保していました．記憶領域を確保できる範囲でアプリケーションが登録でき，いったん確保されたメモリはそのアプリの専用領域となります．

シーケンサ的なプログラムの場合は基本的にすべてのアプリケーションが順番に実行されていくので，このような静的なメモリ確保方法が合理的です．

Linuxのような大規模なソフトウェアでは，登録された非常にたくさんのアプリケーションが全部同時に動くということはまず考えられません．むしろほとんどのプログラムは呼び出されるまで動きません．ならば，すべてのプログラムが同時に動いても大丈夫なようにメモリ資源を確定的に割り付けるのは，非常に効率が悪い戦略になります．

このためLinuxでは，もう少し賢いメモリ資源割り付けポリシーが採用されています．

(1) 必要なメモリ・サイズが現在利用可能最大値以下ならばアプリにメモリ割り付け可能と宣言する
仮想メモリのアロケーション要求malloc()に対して確保成功を返します．
(2) メモリ確保に失敗するまでは，実際に必要になった時点でメモリを割り当てていく
Linuxカーネルはmallocで予約した時点では実際のメモリ領域を確保しません．読み書きが発生して初めて実体の確保を試みます．
(3) もしメモリが足りなくなったら，スワップ領域に古くなったメモリを吐き出して空きメモリを確保する
(4) メモリ容量に余裕がある場合は，データを上書きせずにキャッシュとして可能な限り利用する

組み込み以外の一般的なLinuxシステムでは，HDDなどの低速記憶デバイスをスワップ領域として確保しているので，もし物理メモリが足りなくなってもシステムは破たんしません．

組み込み系のLinuxシステムでは，多くの場合スワップ領域をもっていないので，実行中のプログラムを強制停止させて強引にメモリの必要領域を確保するというかなり乱暴な手段をとります．

このとき，どのアプリを止めるか，止めたことによってどのような影響が出るのかは，カーネルだけではわかりません．組み込み機器ではこのようなメモリ枯渇状態に至らないような工夫が必要になります．

● 全部のプログラムが同時に動かないのが大前提

Linuxのスケジューリング・ポリシーは，「直近のプロセスの動作状況評価に基づいて決定する」でした．

同様に，Linuxのメモリ管理の基本的なポリシーは，

「たくさんのプログラムが登録されていても実際に動いているのはごく限られた一部のプログラム，ということが前提の，投機的なメモリ資源予約（と実行時に枯渇したときのリカバリ）」
であるといえます．

組み込み機器制御ソフトウェアの設計思想からすると，実行してみるまで本当にメモリが足りるのかわからないというポリシーには，かなり抵抗感があるかもしれませんが，この投機的なメモリ・アロケーションの考え方は非常に有効です．

電源ONからブートローダ処理/RAM展開/カーネル起動/RootFSマウント/SysVinitスクリプト処理まで

第2章 Linux起動のしくみ

ボード用Linuxとパソコン用Linuxの起動条件の違い

● 動作環境…パソコン用はBIOSでチップの違いを吸収してもらっている

　Linuxは当初i386搭載パソコン上で開発されました．Linuxカーネルは，図1に示すように，パソコンのBIOS（Basic Input/Output System）プログラムによって初期化済みのマザーボードから起動するように作られています．

　BIOSはマザーボードのチップセットや割り込みマップの違いを吸収して，抽象化されたPCハードウェアをOSに見せます．

　一方，組み込み機器で多く使われるARM LinuxボードにはBIOSはありません．メモリ・マップや割り込みマップはボードごとに異なり，抽象化されないままの生の状態でOSに渡されます．

● 起動デバイス…ボードではハード・ディスク以外もよく使う

　Linuxパソコンは，通常は図2に示すようにHDD/SSDから起動します．

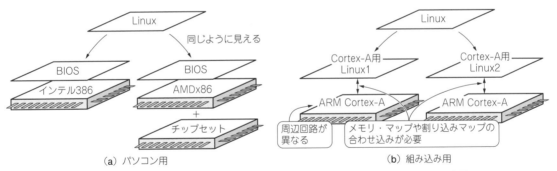

図1　組み込みLinuxがパソコンLinuxと違う点①…メモリ・マップや割り込みマップの合わせ込みが必要

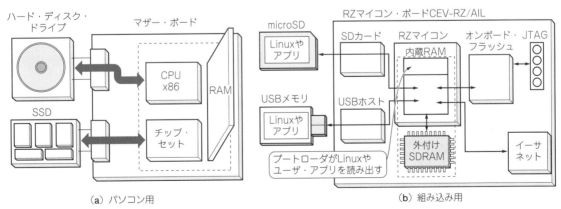

図2　組み込みLinuxがパソコンLinuxと違う点②…ハード・ディスクやSSDじゃない起動デバイスを使うことも多いのでセキュリティ対策が必要

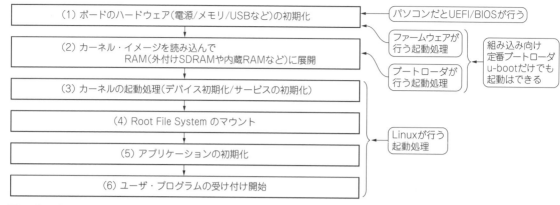

図3 組み込みLinuxの共通起動手順

　組み込み機器では，開発時にはネットワークやUSBメモリ，SDメモリーカードから，製品組み込み時にはオンボード・フラッシュ・メモリなどから起動します．

　組み込み機器の場合には，起動するカーネルのセキュリティを管理するために，セキュアブート機能への対応などボードごとに起動シーケンスの管理が必要になります．

共通の起動手順

　ここでは図3に列挙したような組み込みLinuxシステムで共通の起動手順を紹介します．
　この中で（1）はファームウェアが，（2）はブートローダと呼ばれるプログラムが受け持ちます．
　（3）～（6）はLinuxカーネルの起動シーケンス内で処理されます．

● 初期化はディストリビューションによって異なる

　UbuntuやFedoraなど，Linuxのパッケージングを行っている団体をディストリビュータといいます．実際のLinuxのパッケージをディストリビューションといいます．
　カーネル起動後の初期化シーケンスは，CPUアーキテクチャには依存しませんが，Linuxのディストリビューションによって方法が異なります．

● 定番起動スクリプトSysVinit

　本稿ではSysVinitという現在多く使われている起動スクリプトの記述方法をベースに指定方法などを紹介します[注1]．
　以下，組み込みシステム上でLinuxアプリケーションを動作させるための起動処理について順番に説明していきます．

手順1＆2：電源/メモリ/USBなどの初期化＆カーネル・イメージのRAM展開

● ファームウェアとブートローダがカーネル起動処理前の準備をする

　ファームウェアはボードの電源が投入された直後から動き出すプログラムです．図4のような，Linuxカーネルを起動するための準備の前処理を行います．
　CPUのバス・ステート・コントローラやDRAMのアクセス・タイミングなどの初期化は，カーネルを起動する前に設定します．

注1：SysVinitに変わる新しいsystemdという起動手順の記述方法がFedora15やArch Linuxなどで導入されていますが，ここでは定番の起動スクリプトSysVinitについて説明します．

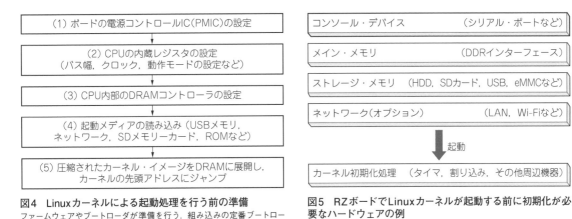

図4 Linuxカーネルによる起動処理を行う前の準備
ファームウェアやブートローダが準備を行う．組み込みの定番ブートローダu-bootは一つで全部の処理を行える

図5 RZボードでLinuxカーネルが起動する前に初期化が必要なハードウェアの例

図の(1)～(3)がファームウェアの処理，(4)以降がブートローダの処理になります．

● ボード向け汎用ブートローダu-boot

LinuxパソコンではGRUBと呼ばれるブートローダが一般的です．

Linux組み込み機器の評価ボードなどにはu-boot[1]（The Universal Boot Loader）と呼ばれるオープンソースのブートローダ・プログラムが多く使われています．

u-bootはファームウェアの機能も兼ねる作りになっており，ボード上のフラッシュ・メモリに書き込んで使われます．u-bootの開発コミュニティは代表的な組み込みLinuxボード用のu-bootソース・コードを多数公開しているので，これらを参考にして自分のボードの仕様に合わせたファームウェアやブートローダを作ることができます．

表1（p.22）に示すようにu-bootは非常に多くのコマンドをサポートしています．

● ターゲット・ボードによって機能を選べる

最高動作周波数400MHzのARM Cortex-A9コアを内蔵するRZ/A1LシリーズR7S721021VLFP（ルネサス エレクトロニクス）搭載するマイコン・ボードCEV-RZ/A1L（コンピューテックス）には，カーネル・イメージとRoot File Systemをネットワークで接続された開発ホスト・マシンから持ってくるネットワーク・ブートと，USBメモリからの起動に対応したu-bootが搭載されています．

このu-bootでLinuxカーネルが起動する前に初期化が必要なハードウェアを図5に示します．

▶ 応用のヒント… メモリ・サイズの超小さなタイプもOK！

もしブートローダ格納用フラッシュ・メモリのサイズに制約がある場合は，u-bootのビルド時にCONFIGを手動で細かく設定することで機能を絞った，サイズの小さなu-bootバイナリを作ることもできます．

手順3：カーネルのデバイス初期化処理

● RAM展開が終わったらカーネルに実行権限が渡される

Linuxカーネルは，すべての機能が一つの塊に集約された全部入りのモノリシック構造を採用しています（図6）．

カーネル・ソース・コードをコンパイルすると数Mバイト程度の大きさを持ったカーネル・イメージの圧縮ファイル（u-bootではuImageがカーネルのイメージ・ファイル）が一つ出来上がります．ブートローダはこ

表1　組み込み向け汎用ブートローダu-bootの機能

種類		コマンド	機能
基本コマンド・セット	情報コマンド	bdinfo	print Board Info structure
		coninfo	print console devices and informations
		flinfo	print FLASH memory information
		iminfo	print header information for application image
		imls	list all images found in flash
		help	print online help
	メモリ・コマンド	base	print or set address offset
		crc32	checksum calculation
		cmp	memory compare
		cp	memory copy
		md	memory display
		mm	memory modify (auto-incrementing)
		mtest	simple RAM test
		mw	memory write (fill)
		nm	memory modify (constant address)
		loop	infinite loop on address range
	フラッシュ・メモリ・コマンド	cp	memory copy (program flash)
		flinfo	print FLASH memory information
		erase	erase FLASH memory
		protect	enable or disable FLASH write protection
	実行制御コマンド	autoscr	run script from memory
		bootm	boot application image from memory
		bootelf	Boot from an ELF image in memory
		bootvx	Boot vxWorks from an ELF image
		go	start application at address 'addr'
	ネットワーク・コマンド	bootp	boot image via network using BOOTP/TFTP protocol
		cdp	Perform Cisco Discovery Protocol network configuration
		dhcp	invoke DHCP client to obtain IP/boot params
		loadb	load binary file over serial line (kermit mode)
		loads	load S-Record file over serial line
		nfs	boot image via network using NFS protocol
		ping	send ICMP ECHO_REQUEST to network host
		rarpboot	boot image via network using RARP/TFTP protocol
		tftpboot	boot image via network using TFTP protocol
	環境変数コマンド	printenv	print environment variables
		saveenv	save environment variables to persistent storage
		askenv	get environment variables from stdin
		setenv	set environment variables
		run	run commands in an environment variable
		bootd	boot default, i.e., run 'bootcmd'
	ファイル・システム・サポート (FAT, cramfs, JFFS2, Reiser)	chpart	change active partition
		fsinfo	print information about filesystems
		fsload	load binary file from a filesystem image
		ls	list files in a directory (default /)
		fatinfo	print information about filesystem
		fatls	list files in a directory (default /)
		fatload	load binary file from a dos filesystem
		nand	NAND flash sub-system
		reiserls	list files in a directory (default /)
		reiserload	load binary file from a Reiser filesystem
基本コマンド・セット	スペシャル・コマンド	i2c	I2C sub-system
		doc	Disk-On-Chip sub-system
		dtt	Digital Thermometer and Themostat
		eeprom	EEPROM sub-syste
		fpga	FPGA sub-system
		ide	IDE sub-system
		kgdb	enter gdb remote debug mode
		diskboot	boot from IDE device
		icache	enable or disable instruction cache
		dcache	enable or disable data cache
		diag	perform board diagnostics (POST code)
		log	manipulate logbuffer
		pci	list and access PCI Configuraton Space
		regdump	register dump commands
		usb	USB sub-system
		sspi	SPI utility commands
	Miscellaneous コマンド	bmp	manipulate BMP image data
		date	get/set/reset date & time
		echo	echo args to console
		exit	exit script
		kbd	read keyboard status
		in	read data from an IO port
		out	write datum to IO port
		reset	Perform RESET of the CPU
		sleep	delay execution for some time
		test	minimal test like /bin/sh
		version	print monitor version
		wd	check and set watchdog
		?	alias for 'help'
アドバンスト・コマンド	ログ・バッファ操作コマンド	log info	show pointer details
		log log reset	clear contents
		log log show	show contents
		log log append	append to the logbuffer
		setenv stdout log	redirect standard output to log buffer
	Bedbug組み込みデバッガ・コマンド	ds	disassemble memory
		as	assemble memory
		break	set or clear a breakpoint
		continue	continue from a breakpoint
		step	single step execution.
		next	single step execution, stepping over subroutines.
		where	Print the running stack.
		rdump	Show registers.
ハードウェア診断コマンド		cache	Cache test
		watchdog	Watchdog timer test
		i2c	I2C test
		rtc	RTC test
		memory	Memory test
		cpu	CPU test
		uart	UART test
		ethernet	ETHERNET test
		spi	SPI test
		usb	USB test
		spr	Special register test
		sysmon	SYSMON test
		dsp	DSP test

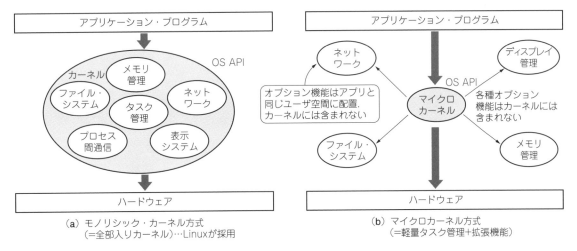

図6 Linuxは全部入りタイプのOS
モノリシックでないモジューラ構造のカーネルをマイクロカーネルと呼ぶ．リアルタイムOS QNXなどが該当する

の圧縮イメージをメイン・メモリ（RZボードの場合は外付けSDRAM）上に展開して，プログラムの実行をカーネルに引き渡します．

● **カーネル起動プロセスの大まかなフロー**

カーネル起動プロセスがスタートすると，**リスト1**（p.24）のようなメッセージをコンソール画面に表示しながら処理が順番に実行されていきます．

ここではカーネル内部の起動の詳細なしくみには言及しませんが，Linuxアプリケーションが実行可能になるまでのシステムの初期化シーケンスを**図7**に示します．

起動処理が完了してログイン・プロンプトが表示された時点からアプリケーション・プログラムが実行可能になります．

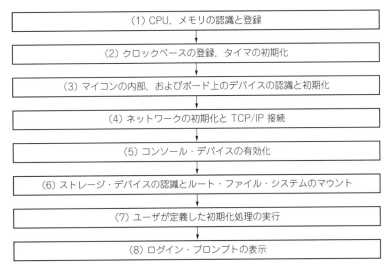

図7 Linuxカーネルによる主な起動処理

第1部　そうなっていたのか！Linuxカーネルが動くメカニズム

リスト1　大量のカーネル起動処理（図7）が完了してログイン・プロンプトが表示されたらOK

```
U-Boot 2013.01-rc3-ga3931a6-dirty (Jun 27 2013 - 16:24:57)

I2C:   ready
DRAM:  128 MiB
Flash: 128 MiB
In:    serial
Out:   serial
Err:   serial
Net:   sh_eth
=> bootp 192.168.1.254:uImage
sh_eth Waiting for PHY auto negotiation to complete. done
Full
BOOTP broadcast 1
DHCP client bound to address 192.168.1.120
Using sh_eth device
TFTP from server 192.168.1.254; our IP address is 192.168.1.120
Filename '/uImage'.
Load address: 0x8000000
Loading: #############################################
         #############################################
         #############################################
         ####
         1.2 MiB/s
done
Bytes transferred = 1991148 (1e61ec hex)
=> bootm
## Booting kernel from Legacy Image at 08000000 ...
   Image Name:    'Linux-3.10.0-rc6-00025-g33fe8b0
   Created:       2013-07-02 5:43:08 UTC
   Image Type:    ARM Linux Kernel Image (uncompressed)
   Data Size:     1991084 Bytes = 1.9 MiB
   Load Address: 08008000
   Entry Point:  08008000
   Verifying Checksum ... OK
   Loading Kernel Image ... OK
OK

Starting kernel ...
```
〜〜〜
```
Debian GNU/Linux 7.0 arm console

arm login: root
Password:
Last login: Thu Jan 1 00:05:54 UTC 1970 on console
Linux arm 3.10.0-rc6-00025-g33fe8b0 #1133 PREEMPT Tue Jul 2 14:43:04 JST 2013 ar
mv7l

The programs included with the Debian GNU/Linux system are free software;
the exact distribution terms for each program are described in the
individual files in /usr/share/doc/*/copyright.

Debian GNU/Linux comes with ABSOLUTELY NO WARRANTY, to the extent
permitted by applicable law.
root@arm:~#
```

● 自作デバイス・ドライバを使うための準備

　マイコンのチップ内やボード上のデバイスをコントロールするためには，「制御レジスタの操作」や「割り込みハンドル」などの抽象化されていない生の物理デバイスを制御する必要があります．しかしLinuxでは，アプリケーションが直接ハードウェアを触ることを許していません．

　そのためアプリケーションは，例えば単純にLEDを点滅させるような簡単なLチカ制御であっても，カーネル内のデバイス・ドライバ経由でデバイスを操作する必要があります．

第2章　Linux起動のしくみ

```
lsetcrc.tex (~/yocto/latex/cq-rza1l) - VIM                    ✖  munakata@U1204M: ~/yocto/latex/cq-rza1l                    ✖
root@wheezy:~# ls -l /etc/rcS.d/
total 4
-rw-r--r-- 1 root root 447 Mar 17 12:10 README
lrwxrwxrwx 1 root root  21 May 21  2013 S01hostname.sh -> ../init.d/hostname.sh
lrwxrwxrwx 1 root root  24 May 21  2013 S01mountkernfs.sh -> ../init.d/mountkernfs.sh
lrwxrwxrwx 1 root root  14 May 21  2013 S02udev -> ../init.d/udev
lrwxrwxrwx 1 root root  26 May 21  2013 S03mountdevsubfs.sh -> ../init.d/mountdevsubfs.sh
lrwxrwxrwx 1 root root  20 May 21  2013 S04hwclock.sh -> ../init.d/hwclock.sh
lrwxrwxrwx 1 root root  22 May 21  2013 S05checkroot.sh -> ../init.d/checkroot.sh
lrwxrwxrwx 1 root root  32 May 21  2013 S06checkroot-bootclean.sh -> ../init.d/checkroot-bootclean.sh
lrwxrwxrwx 1 root root  14 May 21  2013 S06kmod -> ../init.d/kmod
lrwxrwxrwx 1 root root  17 May 21  2013 S06mtab.sh -> ../init.d/mtab.sh
lrwxrwxrwx 1 root root  20 May 21  2013 S07checkfs.sh -> ../init.d/checkfs.sh
lrwxrwxrwx 1 root root  21 May 21  2013 S08mountall.sh -> ../init.d/mountall.sh
lrwxrwxrwx 1 root root  31 May 21  2013 S09mountall-bootclean.sh -> ../init.d/mountall-bootclean.sh
lrwxrwxrwx 1 root root  21 May 21  2013 S10mountnfs.sh -> ../init.d/mountnfs.sh
lrwxrwxrwx 1 root root  18 May 21  2013 S10pppd-dns -> ../init.d/pppd-dns
lrwxrwxrwx 1 root root  16 May 21  2013 S10procps -> ../init.d/procps
lrwxrwxrwx 1 root root  19 May 21  2013 S10udev-mtab -> ../init.d/udev-mtab
lrwxrwxrwx 1 root root  17 May 21  2013 S10urandom -> ../init.d/urandom
lrwxrwxrwx 1 root root  31 May 21  2013 S11mountnfs-bootclean.sh -> ../init.d/mountnfs-bootclean.sh
lrwxrwxrwx 1 root root  21 May 21  2013 S12bootmisc.sh -> ../init.d/bootmisc.sh
lrwxrwxrwx 1 root root  22 May 21  2013 s05checkroot.sh -> ../init.d/checkroot.sh
lrwxrwxrwx 1 root root  20 May 21  2013 s07checkfs.sh -> ../init.d/checkfs.sh
lrwxrwxrwx 1 root root  20 May 21  2013 s11networking -> ../init.d/networking
root@wheezy:~# █
```

図8　Linuxカーネルの起動や停止処理を行うシェル・スクリプトが/etc/rcS.d/にたくさん集められている

　自作デバイス・ドライバを使うには次の二つの方法があります.

その1：カーネルをビルドするときに最初から組み込んでおく

その2：モジュールとして用意しておいてデバイスを使うときにダイナミック・ローディングする

▶ その1：あらかじめカーネルに組み込んでおく

　あらかじめカーネルに組み込まれたデバイス・ドライバは，カーネル起動の最初の段階もしくはロードされたときに初期化されます.実際にデバイスがあるかを確認するために,一定時間デバイスからの応答があるかを待つデバイス・プローブ処理が実行されます.

　これはいわゆるプラグ＆プレイと呼ばれるデバイス自動認識処理で,デバイス構成が多様なパソコンなどでは便利ですが,組み込みボードでは通常,デバイス構成は変わりませんので必要性はありません.

▶ その2：デバイスを使うときにロードする

　ダイナミック・ローディングは,起動時間を短縮するためにも利用されています.

● 起動シーケンスを変更してデバイス・プローブ処理を省略する

● 起動時間を短縮するために,すぐ使わないデバイスの初期化を遅らせる

手順4：ルート・ファイル・システムのマウント

● ルート・ディレクトリを決める

　ハードウェアの初期化が完了すると,カーネルはルート・ファイル・システム（以下,RootFS）をマウントします.RootFSとは文字通りルート・ディレクトリ（Linuxでは,/がディレクトリの最上位を示す）を含んだファイル構造です.

　Linuxパソコンでは通常HDD/SSDに,組み込みLinuxボードではボード上のフラッシュ・メモリ/USBメモリ/SDメモリーカード/ネットワーク接続されたパソコン上のリモート・ファイルなどに格納されます.

第1部　そうなっていたのか！ Linuxカーネルが動くメカニズム

手順5：Linux全体の起動処理

● シェル・スクリプトSysVinitのはたらき

RootFSがマウントされると/sbin/initというLinuxシステムの起動処理がスタートします.

カーネルは,

(1) /sbin/init

(2) /etc/init

(3) /bin/init

(4) /bin/sh

の順番に最初に実行するプログラムを検索します.

init処理内の起動手順,またその起動手順の定義方法はディストリビューションごとにやり方が異なるのですが,一般的なSysVinit（SysVinitはUNIXのsystem V initの略で,もともとはSystemV系の UNIXの起動スクリプトからきている）というシステム初期化シーケンスを参考に見てみましょう.

RootFSにはいろいろなディレクトリがあります.この中の/etcというディレクトリが,Linuxシステムの各種コンフィグレーション情報が集められている場所です.

図8に示す/etc/rcS.d/というディレクトリには,プログラムごとの起動や停止の方法が定義されたシェル・スクリプトがたくさん集められています.このうち,/etc/rc.d/rc.sysinitというシェル・スクリプトがLinuxシステム起動時のふるまいを定義しています.

SysVinitにはランレベルという引き数があり,この引き数によってシステムの起動モード（保守用のシングル・ユーザ・モード,グラフィカル・ログインか文字だけのコンソール・ログインかの指定など）を指定することができます.

rc.sysinitを見ると,Linuxの起動シーケンスでは表面から見えるアプリケーションだけでなく,バックグラウンドでさまざまなサービス処理を実行するデーモン（daemon）と呼ばれる常駐プログラムもいろいろ起動していることがわかります.

またrc.localと呼ばれるスクリプトの中に,自分が作ったアプリケーションが自動起動するように設定することができます.

これらのシェル・スクリプトの設定によって,ログイン・プロンプトが出るまでにいろいろなアプリケーションやデーモンが起動されています.詳細の起動シーケンスは各ディストリビューションのドキュメントを参照してください.

◆ 参考文献 ◆

(1) ブートローダu-bootのウェブ・サイト. http://www.denx.de/wiki/U-Boot

コンピュータの処理性能を最高にするためのRAMの使い方

第3章 仮想メモリ・アクセスのしくみ

本稿では，Linux上で物理メモリを抽象化して保護するための，メモリ管理（MM；Memory Management）機能について解説します（図1）．

Linux流！仮想アドレス空間のメリット

ワンチップ・マイコンを使ってOSレスでハード制御を行ったり，ITRONなどのRTOS（リアルタイムOS）アプリを作ったりするハードウェア制御プログラマが，Linuxソフトウェア開発を始めるときに困惑するトピックの一つが，仮想アドレス空間ではないでしょうか．

● その1：メモリ容量を最大限効率良く使える

一般的な組み込みシステムの物理メモリ空間レイアウトは，図2(a)に示すように，実ボード上のメモリICの配置そのものです．メモリ容量はシステムに搭載された物理メモリ・デバイスのサイズ以上にはなり得ません．

しかしLinuxのプログラムは，図2(b)に示すようにターゲット・ボード上の物理メモリ・サイズとは関係なく，32ビット版カーネルなら，32ビットで指定可能な最大サイズの4Gバイトのメモリ空間が利用可能であると仮定して動作します．この仮定アドレスを，仮想アドレス空間と呼びます．

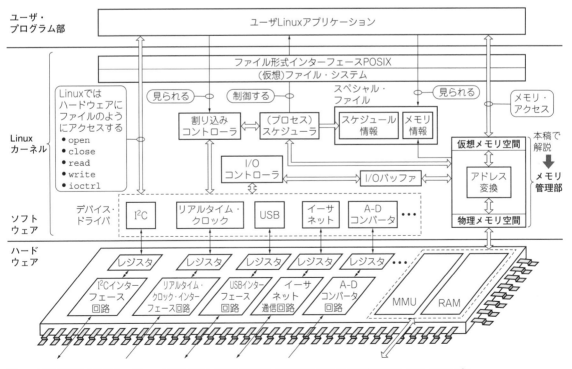

図1 本稿で解説すること…Linux上でRAM（メモリ）アドレスを簡単に扱える仮想アドレスのメカニズム

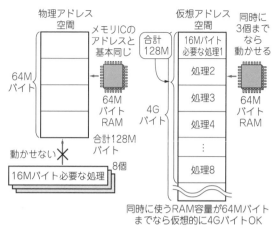

図2　仮想アドレス空間のメリット①：メモリ容量を最大限効率良く使える

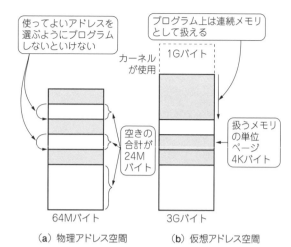

図3　仮想アドレス空間のメリット②：ポインタ指定するだけで大容量メモリが使える…Linuxプログラム側は今どの番地を使ってよいか管理しなくてよい

　Linuxでは，RAMが64Mバイトしか搭載されていないCPUボードでも，仮想アドレス空間にはずっと大きな，例えば1Gバイトのメモリ容量があるかのように振る舞います．こんなインフレ的な考え方はOSレスやRTOSのプログラムにはなじまないかもしれません．しかし，Linuxには「同時に使わないメモリは共有可能と考えることによってメモリの利用効率を高めたほうがよい」という基本的な考え方があります．

▶OSレス/RTOS流 固定的メモリ割り当て

　例えば，RAMを16Mバイト使う処理が8個ある場合にメモリを固定的に割り当てれば16Mバイト×8＝128Mバイトが必要になります．RAM容量が64MバイトしかないCPUボードではメモリ・サイズ不足になり動かせません．

▶Linux流 投機的メモリ割り当て

　しかし，このプログラムがもし「同時には一つしか動かない」と仮定できれば，必要なメモリ・サイズは16Mバイトで十分ということになります．前者の固定的割り当てがOSレス/RTOS的な発想とすれば，後者の動的投機的割り当てがLinux流の考え方です．

　Linuxでは，8個のアプリが初期化処理でそれぞれ16Mバイトずつを要求した時点ではメモリ不足にはしません．実際にメモリ容量以上のプログラムを実行しようとしたときに初めてメモリ不足エラーの処理が起動しますが，同時に実行するプログラムが3個以下なら問題なく実行できてしまいます．

● その2：ポインタ指定一つで大容量メモリが使える

　物理と仮想のもう一つの違いはアドレスの連続性（リニアリティ）です．図3（a）に示すように，物理メモリで24Mバイトの空きがあるといった場合，それは断片化したメモリを集めて合計すると24Mバイトになるという意味であって，24Mバイトの連続領域が空いているわけではないでしょう．

　一方，仮想アドレス空間に対応したLinuxでは，図3（b）に示すように，ひとつひとつのプロセス[注1]ごとに，物理メモリの空きエリアとは無関係に連続した広大なメモリ空間を見せます．このため，アプリケーション・プログラムは，メモリ配置が非連続になっているかどうかを心配することなく，単純なポインタ操作でデータにアクセスできます．

注1：Linuxのプログラムの単位．

● 要はRAMを最大限効率良く使って処理性能を上げたい

　組み込みソフトウェア開発者の多くは，漠然とLinuxのROM/RAM消費量は非常に大きいというイメージを持っているのではないかと思います．それはワンチップ・マイコンなどのコントローラと比較する意味では間違っていません．実際にどの程度RAM容量が必要なのでしょうか．実は，Linuxカーネルのメモリ割り当ての基本戦略は，RAMがたくさん搭載されていれば，あるだけ全部活用しようという考え方です．

　ハード・ディスクなどのストレージ機器（ブロック・デバイス）から読み込んだデータをRAM上に残しておき，すぐに使えるようにしておいて処理性能を上げる機能を，ページ・キャッシュといいます．Linuxは，「RAMがあるだけ全部，ページ・キャッシュとして活用する」という設計思想を採用しているので，RAM容量が大きければそのぶん性能がよくなります．

　システム全体として最低必要なRAMサイズ見積もりは，同時にいくつアプリを動かす必要があるかなどで決まるので，単純には求められません．LinuxカーネルのRAM消費量については後ほど触れます．

　以降の説明では，Linuxがどのように物理メモリ空間と仮想メモリ空間を関連付けているのかなど，Linuxのメモリ管理のメカニズムを解説していきます．32ビット版Linuxを前提としているので，64ビット版の場合はアドレス範囲などが変わります．

仮想アドレス空間の大まかな構造

　Linuxの仮想アドレス空間は32ビット4Gバイトです．図4に示すように，上位の約3Gバイトがアプリケーションが実行されるユーザ空間（＝プロセス空間）に，下位1Gバイトがカーネル用の仮想アドレス空間に割り当てられます[注2]．上位約3Gバイトとは，x86（＝IA32）では0x00000000番地～0xc0000000xx番地，ARMでは0x00000000番地～0xbf000000xx番地です．

● カーネル空間…性能アップのためにコア部分は物理アドレスに直接変換できる

　カーネル空間で動作するプログラムも基本的には仮想メモリを使うのですが，デバイス制御のために物理アドレス空間に配置されたレジスタやメモリを操作するときには，物理アドレスを使うことができます．

　カーネルが利用するメモリ空間は，CPUに内蔵されたメモリ保護機構によって，一般のユーザ空間プログラムからは操作できないようになっています．

　カーネルが仮想アドレスを使うときはテーブル参照ではなく，

　仮想メモリ・アドレス＝物理メモリ・アドレス＋定数

でアドレスが確定します．このとき仮想アドレス空間と物理アドレス空間が一対一対応するので，これをテーブル参照に対してストレート・マップと呼びます．

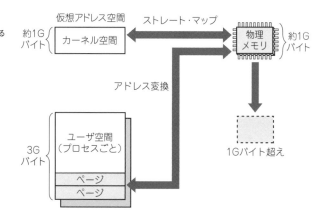

図4　仮想アドレス空間の大まかな構造
カーネル用1Gバイトとアプリ用3Gバイトに分けられる

注2：デフォルトでは4Gバイト，カーネル・コンフィグCONFIG_VMSPLIT_*でサイズ割り振りを変更できます．

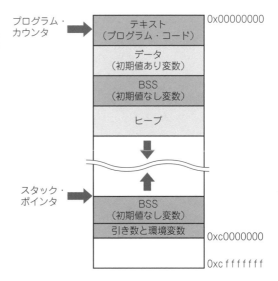

図5　プロセスごとの仮想アドレス空間のレイアウト
アドレスの下限（0x00000000）付近からmallocで動的に確保する領域が，上限（0xc0000000）付近からスタック領域を広げていけるようになっている．アドレスの下限と上限に使用領域が集中する

　仮想アドレスと物理アドレスの変換は，場合によって数千命令程度かかるコストの高い処理なので，1命令で済むストレート・マップを行えると性能をかなり向上できます．

　物理メモリ・サイズが仮想メモリ・サイズより大きくなる場合には，HIGHMEMというしくみで仮想空間に動的に割り付けてアクセスする必要があります．

● ユーザ空間…アドレス変換はカーネルにお任せ！物理的なメモリを知らなくてもプログラムできる

　Linuxのユーザ空間プログラムは，3Gバイトのプロセス仮想メモリ空間内だけで動作します．さらにユーザ・プロセスごとに別々のプロセス仮想空間が割り当てられるので，あるプログラムの0x10000番地と別のプログラムの0x10000番地には，実際には別々の物理メモリが割り当てられます．プロセスごとの仮想メモリ空間の分離は，プログラムにバグがあっても他のプログラムのメモリを壊すことがないという意味でシステムの安全性を高める効果があります．

● プロセス仮想アドレス空間の配置

　図5にLinuxのプロセス空間のメモリ・レイアウトを示します．
- 0番地付近のテキスト・セクションと呼ばれる領域には，プログラムの機械語命令が格納されます．
- その下のデータ・セクションと呼ばれる領域には，初期化済みのグローバル変数やスタティック変数が格納されます．
- 起動時にすべて0で初期化されるBSSセクションには，初期値をもたない静的変数が格納されます．
- その下のヒープ・エリアは，malloc()関数によって動的に確保させるメモリ資源が確保されています．malloc()で領域が割り当てられていくとヒープ・エリアは下方向に伸びていきます．
- 仮想メモリ空間の上位アドレス側にはプログラムの引き数や環境変数が置かれる領域があります．
- その上にスタック空間が上方向に伸びていきます．

　このようなセクション配置になっているので，3Gバイトの空間で実際に使われるのはプロセス空間の下限と上限に集中します．/procファイル・システムを見ると，プロセスごとの実際のメモリ割り付けを確認できます．図6にLinuxカーネル起動直後に最初に作られるPID＝1のinitプロセスのメモリ割り付け状況を/procファイル・システムから読み込んだ例を示します．

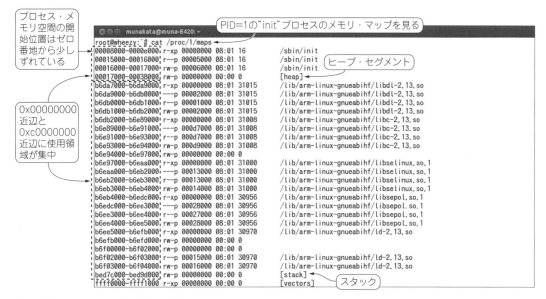

図6 プロセスのメモリ割り当ての例
cat /proc/<process_ID>/mapsで確認できる. 画面はPID=1の場合

物理アドレスを割り当てる基本メカニズム

● メモリ割り当ての単位…ページとフレーム

　Linuxプログラムは安全に分離された広大な仮想メモリ空間内で動作すると説明しましたが，そうはいってもカーネルに物理メモリを割り当ててもらえなければプログラムは動くことができません．カーネルは効率的かつ公平に物理メモリを割り当てるために，仮想メモリ空間をページという固定長ブロック単位に分割して物理メモリを割り当てます．一般的なページの大きさは4Kバイトです．CPUごとにサポートするページの大きさが決まっていて（ARM Cortex-Aは4K，64K，1M，16Mに対応），カーネル・コンフィグで選択します．

　ページに対して，物理メモリにも同じ大きさのフレームと呼ばれる領域を確保して割り当てていきます．

　仮想メモリ空間の大きさと比較して物理メモリの大きさは非常に限られているので，Linuxカーネルは実際のデータの読み書きが発生するページに公平かつ効率的にフレームが割り当たるように物理メモリの割り当てをコントロールします．

● 仮想アドレス-物理アドレス変換方法

　図7に示すように，32ビットの仮想アドレスの下位12ビットは，物理メモリをアクセスするときのアドレス（＝ページ・オフセット）としてそのまま使います．

　上位20ビットはページとフレームの対応付けを管理するためのページIDとして使われます．

● メモリを効率良く使うためのくふう

　プロセスの仮想メモリ空間の中で実際に使われるのは上端と下端のエリアに集中するので，20ビットぶんのフラットなテーブルを作っても未使用領域が多く，効率が良くありません．このためLinuxでは，20ビットを四つの塊に分解して多段のテーブルを作ってリスト参照するようにくふうされています．上位15ビットを3段のページ・ディレクトリ（PGD，PUD，PMD）として，下位5ビットをページ・テーブルとして使って

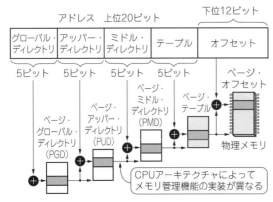

図7 Linuxの仮想アドレス-物理アドレス変換方法

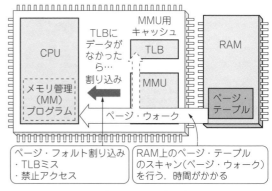

図8 物理アドレス情報PTEを高速に読むための専用回路MMU

います．

ページ・テーブルの中身であるページ・テーブル・エントリ（PTE）には，対応する物理フレーム番号だけでなく，例えばそのページに対する書き込みが許可されているかを管理する情報などが設定されています．このパーミッション情報はバイナリ形式の実行ファイルへの書き込みなど，プログラムの改ざんが疑われるアクセスをブロックする目的でも利用されます．

● 物理アドレスを具体的に指定する！ ページ・テーブル・エントリPTE

PTEの構造はCPUアーキテクチャごとに異なりますが，PTEに登録される代表的な情報を以下に紹介します．

1. ［Pビット］…フレーム確定情報：現在物理ページが割り当てられているかの情報
2. 割り当てられたフレームの物理アドレス
3. ［U/Sビット］…特権レベル情報：メモリ保護のために権利によるアクセス制限設定が可能
4. ［R/Wビット］…アクセス権情報：ページに対するread, write, executeの許可・禁止を設定
5. ［Aビット］…参照実績管理：ページに対する参照実績を記録
6. ［Dビット］…変更実績管理：ページに対する書き換え実績を記録
7. キャッシュ属性管理…キャッシュの有効/無効，キャッシュ・モードの設定

● 物理アドレス情報PTEを高速に読むための専用回路MMU

Linuxなどの高機能OSに対応したCPUには，RAM上に展開されたPTEを高速に読むためのMMU（Memory Management Unit）と呼ばれる，ページ・テーブルの管理やメモリ保護のための専用ハードウェアが搭載されています[注3]．MMUが搭載されていれば，ページ・テーブルのアクセスにCPUを使う必要はありません．図8に大まかな動作を示します．

● MMU専用キャッシュTLBにヒットすると高速アクセスできる

さらにMMUの背後には，TLB（Translation Lookaside Buffer）と呼ばれるMMU専用のキャッシュ機構が組み合わされています．TLBにはCAM（Content Addressable Memory）と呼ばれる，ページIDをハッシュタグにして高速に位置の検索が可能な連想メモリが使われています．TLBにデータが載っていれば高速にアドレスが参照できるようになっています．TLBの数は4096エントリ程度です．TLBにヒットしないケースでは，MMUページ・テーブルをスキャンして仮想アドレスと物理アドレスの対応を探す必要があります．

注3：M68KやH8などMMU非搭載のマイコンで動作するuClinuxというプロジェクトもあります．

第3章　仮想メモリ・アクセスのしくみ

TLBヒットと比べると大きなオーバーヘッドになります．ページ・テーブルのスキャンをページ・ウォークと呼ぶのですが，非常に時間がかかることを示しているのでしょう．

● だいじょうぶ！CPUごとのMMU/TLBを知らなくてもプログラムは作れる

MMUやTLBはCPUアーキテクチャごとに異なります．しかし，Linuxカーネルには対応CPUごとのMMU/TLBに対応したコードが組み込まれているので，アプリケーション・プログラムがCPUアーキテクチャの違いを意識する必要はありません．

仮想アドレスに物理アドレスが割り当てられていないときの動作

● アクセスした仮想アドレスに物理アドレスが割り当てられていないときの例外…ページ・フォルト

物理メモリの容量は限られているので，ページをアクセスしたときにフレームが割り当てられていないケースも当然あります．

参照したPTEのフレーム割り当ての有無を示すPビット（ビットの名前はCPUごとに違うが，通常PTEの最上位ビット）が立っていないことをMMUが検出すると，ページ・フォルトというソフトウェア例外を発生させて，カーネルのページ割り当て処理を呼び出します．

● アクセスが妥当じゃないときの異常終了処理…セグメンテーション・フォルト

カーネルはまずページ・アクセス要求の妥当性を判定します．例えばプログラムが暴走して本来使われていないアドレスにアクセスしようとした場合には，カーネルはアプリに対して不正アクセスであることを意味するセグメンテーション違反（SIGSEGV）を通知します．

Linuxのアプリケーションを実行して，Segmentation faultとかBus errorといったメッセージが出てプログラムが異常終了する場合には，このような不正なページ・アクセスが原因と考えてください．

● アクセスが妥当なときの処理　その1…物理メモリが使える場合

アクセスしたページにフレームが割り当てられていなくてページ・フォルトが発生した場合，割り当て可能なフレームが残っていれば単純にフレームを割り当てればよいので話は簡単です．ただし，その前にチェックするべきことがあります．

Linuxは，デバイスから一度読み込んだデータはRAMが空いているかぎり消さず残しておくページ・キャッシュの管理をしているという説明をしました．ページ・キャッシュに使われている領域はフレームに割り当て可能な領域としてカウントされていないのですが，もし読み込みたいデバイスのデータが運良くページ・キャッシュとして残っている場合には，単純にページをフレームとして割り当てればよいわけです．

ページ・キャッシュがヒットした場合，単純に空きフレームがあれば，ページ・フォルトが発生しても小さなオーバーヘッドでフレームを割り当てることができます．RAMがたくさん搭載されていると，このパターンでページ・フォルトを解決できる可能性が高くなるので，システムの性能が上がる，正確に言えばページ・フォルトのペナルティによる性能劣化が少なくて済むのです．

● アクセスが妥当なときの処理　その2…物理メモリに空きがない場合

カーネルがフレームを割り当てようとしたときに物理メモリの空きがない場合には，カーネルは利用頻度の低いページからフレームを剥がして，割り当て可能なフレームを作り出す必要があります．ページから剥がしたデータを単純に捨ててしまうわけにいかない場合には，HDDなどの低速な記憶装置にバックアップします．このようにしてページに割り当て済みのフレームを剥がす処理を，ページの回収処理と呼びます．ま

33

たデータ・バックアップ用の領域をswap領域と呼びます．もともと限られた物理メモリ資源に対して広大な仮想メモリ空間をアプリケーションに見せているカーネルのメモリ管理（MM；Memory Management）では，このページ回収と再割り当てが中核的な機能を占めます．

▶ 基本思想…一番使っていないページを回収

回収の対象となるのは，

- ● ページ・キャッシュとして使われていた領域
- ● プロセス空間に割り当てられていたページ

で，カーネルが使っているページは回収対象にはなりません．カーネルは回収対象のページの選択アルゴリズムとして，最も参照頻度の少ないものを選ぶLRU（Least Recently Used）という考え方を採用しています．

ページ・キャッシュのアクセス履歴はカーネルが把握していて，プロセス空間のページ・アクセス履歴はPTEのAビットを参照して判定することができます．

ページ・キャッシュは解放しても必要なときにデバイスからまた読み込みを行えばよいので，現在実行中でないプログラムのページで書き換えが発生していない場合には，単純にそのページを破棄してフレームを新しいプロセスに付け替えるだけで，物理メモリ枯渇の問題は解決することができます．

多くの場合，このLRUに基づく物理メモリの使い回しは極めて有効に機能します．

● 組み込みLinux特有の問題…万が一用の退避エリアswapがないことが多い

組み込みLinux特有の問題として，swapデバイスが通常用意されていないという問題があります．

説明したLRUアルゴリズムによる物理メモリの使い回しができているうちはよいのですが，いよいよ物理メモリが足りなくなってきた場合に，書き換えが発生したページの情報をHDD上のswapという一時退避エリアに書き出して保全する（＝ページ・アウト）機能がLinuxにはあります．

HDDのような外部ストレージ・デバイスをもたない組み込み機器の場合には，この機構を利用できません．外部ストレージ・デバイスをメモリの一部に見立てて利用するのは非常にオーバヘッドが大きい処理なので，性能的には有利ではないしくみなのですが，少なくともswapデバイスがあれば物理メモリ不足でシステムが停止してしまうことはありません注4．

▶ Linuxには最終手段も用意されてはいるが…

swapがない場合には，カーネルが一定の基準に基づいてメモリをたくさん消費しているプロセスを強制停止させるOOM（Out Of Memory killer）という処理が起動するようになっています．しかし，OOMはシステムとして成立するかを考慮せずに，強制的にメモリ消費量の大きなプロセスを停止させる緊急処理なので，システムに何が起こるか予測できません．組み込みLinuxシステムの設計では，このような事態に至らないように物理メモリ・サイズを適切に設定することが特に重要な課題となります．

注4：過大なswapアクセスが発生するとswap処理の負担で実質的にシステムが動けなくなるスラッシングが起こる場合があります．

インテリなスケジューリングで高性能処理実現！

第4章 プログラム実行順序決定のしくみ

　本稿では，Linuxカーネルが大事な処理を優先しつつ高性能処理を行うためのキー・テクノロジである，プログラム実行順序決定（タスク・スケジューリング）のメカニズムについて解説します（**図1**）．

● OSは複数プログラムを時分割で並列に実行する

　Linuxカーネルは，各アプリケーションに対して時分割（タイム・スライス）で優先度や緊急性などを考慮して，順番を入れ替えながらCPU資源を割り当てることで，複数のアプリケーションを同時実行しているように見せています．このしくみをプリエンプティブ・マルチタスク・スケジューリング機構といいます．タイム・スライスを使い切ったプログラムは，実行途中でも中断して他の処理にCPU資源を開放するしくみなので，一つの負荷の重いプログラムがCPU資源を長時間握ってしまって他の処理が実行できなくなることを回避できます．

　組み込み機器で使われてきたリアルタイムOSであるITRONもタイム・スライスによるタスク切り替えを行うことができますが，スケジューリングの複雑さという意味でLinuxのスケジューラのほうがずっとインテリジェントな制御を行います．では具体的に見ていきましょう．

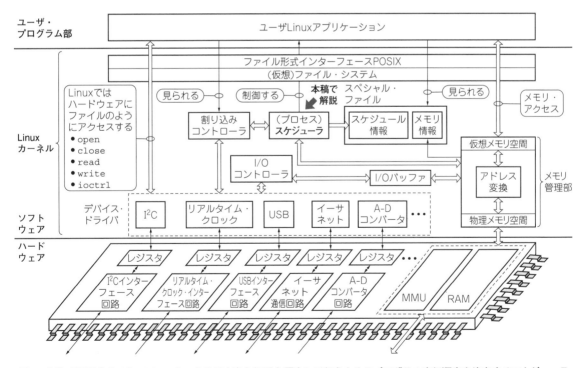

図1　本稿で解説すること…Linuxカーネルが大事な処理を優先して行うためのプログラム実行順序を決定するスケジューラのメカニズム

● Linuxの時分割のしくみはかなりインテリ

ITRONのタスク切り替え間隔は固定時間です．次に実行するタスクの選択は，静的優先度ベースのラウンドロビンなどの直感的に挙動が予測しやすい，単純なポリシーが採用されています．

一方Linuxは本格的なマルチユーザ，マルチタスクのサーバOSとして進歩してきたので，マルチプロセッサ環境の最適利用なども考慮された，高度なタスク切り替えのアルゴリズムが導入されています．

本稿ではLinuxカーネルのタスク・スケジューリング機構について説明し，与えられた時間制約条件を守ってアプリケーションを実行させるためのLinuxアプリケーション・プログラミングのコツを紹介します．

Linux上で実行されるプログラムの単位

Linuxのタスク・スケジューリングの考え方を理解するために，まずタスク，プロセス，スレッドの概念を整理しておきます．

● その1：プロセス…互いにメモリを参照できない独立なプログラム

ITRONとLinuxの違いの一つに，仮想記憶のサポートがあることを説明しました．ITRONのマルチタスクのしくみでは，タスクは分割されていても共通の物理メモリ空間を参照しているので，プログラムにバグがあると他のタスクの領域を誤って書き換えてしまうリスクがありました．

Linuxでは，CPU内蔵のMMU（Memory Management Unit，物理仮想アドレス変換，メモリ保護を行う回路）を使った仮想メモリ・アドレッシングを利用して，各タスクに対して完全に独立な，お互いに参照することができないメモリ空間を見せています．**図2**のような独立したタスク実行環境をプロセスと呼びます．Linuxカーネルはこのプロセス単位でタスク切り替えを行います．

各プロセスはtask_struct構造体[1]というディスクリプタ（識別子）を持っています．タスク切り替え時にはこの構造体の中身（プロセス・コンテキストと呼ぶ）を交換することによって，タスクごとに独立したプログラムの実行環境を提供しています．task_struct構造体の主なメンバ変数を**表1**に示します．

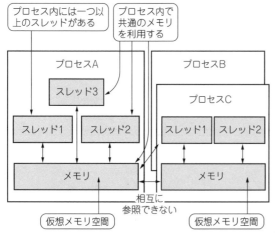

図2　押さえておこう！Linux上でのプログラムの単位
お互いにメモリを参照できるスレッドとお互いにメモリを参照できないプロセスから構成される

表1　Linuxがプロセスを管理するのに使うtask_struct構造体

構造体メンバ	説　明
state, exit state	プロセスの実行状態（実行中／実行待ち／待機中／停止中）
prio, static prio	nice値を元に計算された優先度
thread info	スタック・ポインタ，インストラクション・ポインタ
pid, tgid	プロセスID
user	タスクのユーザ
comm	実行コマンド名
files	プロセスが開いているファイル・ディスクリプタ情報の保持
namespace	名前空間情報の保持
signal	シグナル情報の保持
vruntime	これまでに確保されたCPU時間の累積値（CFSの判定基準）

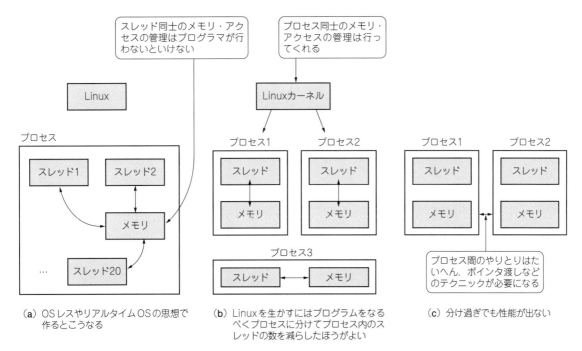

図3 性能の良いLinuxアプリを作るコツ…スレッド数は少なくする

● その2：スレッド…互いがメモリを参照できるのでプログラマがアクセスを管理しないといけない

　各プロセスには，スレッドと呼ばれるプログラム・カウンタを持ったプログラムの実行実体が必ず一つ以上あります．プロセス内に複数のスレッドを作ることもでき（マルチスレッド），マルチコアCPUでも効率良く処理を行えるようなしくみになっています．同一プロセス内のスレッドはメモリ空間を共有するので，スレッド間でメモリの相互参照が可能です．

　Linuxでは各プロセスは独立したメモリ空間を持っているので，タスク切り替えが発生した時点でメモリ・イメージが保存されますが，同一プロセス内の別スレッドを並列実行した場合にはメモリ保護はありません．このようなケースではプログラムの中で排他制御を行って，メモリ破壊が発生しないように考慮する必要があります．

　例えばあるスレッドが別のスレッドの実行結果を利用する場合には，スレッドの実行順序の調停が必要になります．このような場合には，セマフォによるスレッドの同期が利用できます．また，あるスレッドが特定のメモリ領域を操作しているときに別のスレッドがその場所を触らないことを担保する必要がある場合には，カーネルの排他制御機能を利用しないといけません．

▶ Linuxタスク分割のコツ

　図3（a）にRTOS経験者が作りがちなLinuxアプリを示します．せっかくOSがプロセスごとに独立したメモリ空間を確保してくれるのですから，プログラムをなるべくプロセスに分割して，プロセス内のスレッド数を少なくしたほうがLinuxを生かせます．

▶ 実際には…プロセスは異なるが，メモリ空間を共有したスレッドが作れるしくみも用意されている

　バージョン2.6以降のLinuxカーネルは，NPTL（Native POSIX Thread Library）と呼ばれるPOSIX互換のスレッド・モデルを採用しています．このモデルではpthread_create()関数で新しいスレッドが作られるときに，元のスレッドが帰属していたプロセスとメモリ空間を共有した新しいスレッドを作れます．このしくみによって，複数CPUコアをもったマルチコア環境では並列度が上がるようになっています．

第1部 そうなっていたのか！ Linuxカーネルが動くメカニズム

図4 Linuxでは一つ一つのタスクにプロセスIDが割り当てられている
Linuxコンソールでpsコマンドを実行した結果

　この結果，Linuxカーネルは実際には次のような動作を行うので注意してください．
- Linuxでは仮想CPU環境（プロセス）の中に複数の実行実体（スレッド）を持つことができる
- マルチプロセッサ環境では同一プロセス内の別スレッドが別CPUで並行実行されることもある

　図4を見ると，同じコマンドから派生した複数のスレッドが別のPIDを持ったプロセスとしてタスク・リストに登録されているものがあることがわかります．

● その3：タスク…スケジューリングの単位でLinuxではスレッドのこと

　psコマンドを使うと，図4のように現在実行中のタスクのユーザ名，PID，CPUやメモリの使用率，タスクの状態，呼び出したプログラムの名前などを確認することができます．ここに並んでいるPID（＝Process ID）の単位でスケジューラが実行状態を切り替えます．Linuxでは同じプロセス内に複数スレッドがある場合には，スレッド単位でスケジューリングを行います．一般にマルチタスクとかタスク切り替えという用語を使いますが，このタスクがスケジューリングの単位を意味すると規定すれば，Linuxではタスク＝スレッドと考えるのが自然でしょう．

実行順序決定！ カーネル・スケジューラの基本動作

● スケジューラに求められること

　Linuxのカーネル・スケジューラは，CPUの利用効率（＝スループット）が最大になるように，
(1) 次にどのタスクを実行させるか
(2) そのタスクにどの程度CPU時間を割り当てるか

を最適決定します．GUI操作のような「割り込み応答性が求められる対話型処理」と，データベース検索などの「連続的にCPUで演算をさせる計算型処理」のように，背反するタスクの要求を最大限に両立させなくてはなりません．

表2 Linuxカーネルの標準スケジューラ

カーネル・バージョン	標準スケジューラ	特 徴
2.6 以前	Order (N) scheduler	最初の実装，単一線形リスト探索方式
2.6 〜 2.6.22	Order (1) scheduler	優先度別リスト採用で探索時間が一定
2.6.23 以降	CFS (Completely Fair Scheduler)	高精度時間計測で割り当ての公平性を追求

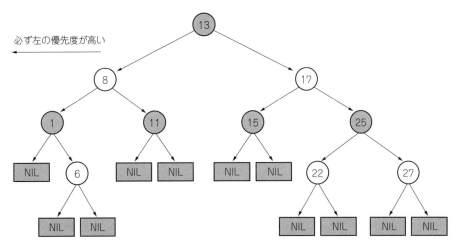

図5[2] 最近のLinuxの標準スケジューラCFSのタスク実行順序決定メカニズム
実測したCPU使用時間を基にタスクの赤黒木を作成し，図の左側から順番に実行していく

● スケジューラの課題

単純なリスト構造でタスクを管理していると，タスク数が増えてきたときに，スケジューリング処理の中で次に実行するタスクを決定するためのタスク・リストのスキャン処理の負荷が指数的に増加して，スケジューラの処理自体が大きなCPU負荷になってくるという問題があります．大規模サーバなどへの対応，マルチプロセッサ構成やメモリ・サイズ拡大などのハードウェア革新への対応のために，表2に示すように過去3回Linuxカーネルの標準スケジューラが大きく変更されています．

● タイマの高速化で実現可能に！　実測ベースの標準スケジューラCFS

従来のO(1)[注1]スケジューラは優先度別テーブルを持つことで，タスク数が増えた場合でもリスト検索時間が一定の値に収束するという特徴がありました．一方で，O(1)スケジューラには，厳密な意味での資源割り当ての公平性確保の困難さや優先度調整操作が複雑になるといった欠点もありました．

これらの課題を解決するべく開発されたのがCFS (Completely Fair Scheduler) です．CFSでは優先度別テーブルの代わりに図5に示す赤黒木と呼ばれるデータ木構造を使用し，この赤黒木に各タスクが実際に使うことができたCPU時間=$vruntime$順にタスクをマッピングします．

赤黒木の左端には$vruntime$の値が一番小さい（＝今まで一番待たされた）タスクが配置されるので，CFSスケジューラはこのタスクを次に実行させます．タスクが実行されると$vruntime$の値は加算され，逆にスリープしたタスクはボーナスとして$vruntime$の値が減算されます．

タスクには，実行中，実行順番待ち，待機という三つの実行状態があります．状態遷移を図6に示します．

CPUのタイマの時間分解能が向上し，1nsの精度で実行時間をカウントできるようになったので，CFSでこのスケジュール方法が実現できるようになりました．

注1：Oは「ランダウの記号」と呼び，アルゴリズムの計算量を表します．O(1)は処理時間が一定値になるという意味です．

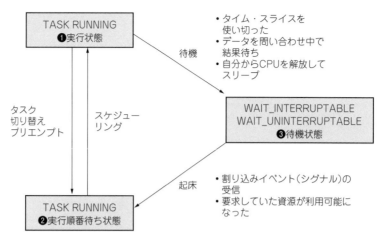

図6　プロセスの状態遷移

▶ここがインテリ！　対話型処理を優先させるしくみ

　ユーザ操作がきっかけとなって処理が進んでいく対話型処理の場合，大部分の時間は割り込みイベントを待つスリープ状態になるのですが，長くスリープすることによって$vruntime$の値が減算され，赤黒木の左のほうに移動してきます．この状態でキー入力を受け取ってタスクが実行可能状態になった時点で$vruntime$の値が小さいことがスケジューラに評価されて，優先的にタスクがスケジューリングされます．従来のO（1）スケジューラでは，タスク実行時の属性から類推（ヒューリスティックス）でどのタスクが対話型なのか決定していたので曖昧さがあったのですが，CFSはスリープ期間のボーナス評価の導入によって，対話型イベントに対する応答性が向上しています．

　赤黒木にタスクを検索，挿入，削除するコストは最大O（log N）となるのでO（1）のような固定値ではありません．タスク数Nが大きくなったときでも対数（log）で計算量が増えるだけなので，単純線形リストのような急激にスケジューリング計算の負荷が大きくなる心配はありません．

● 知っておこう！　優先度を決めるための方針

　Linuxのプロセスを作るときには，nice値と呼ばれる40段階の優先度を設定します．nice値は－20〜19の値をとります．小さいほうが優先度が高く，一般ユーザは値を大きく（優先度を低く）することだけできます．

　Linuxカーネル・スケジューラはタスクの静的な優先度（＝nice値）やシステム全体の稼働状況に応じて，各タスクごとにCPUを使用できる時間（＝タイム・スライスと呼ぶ）を割り当てます．タスクの特性に応じて，異なったタイム・スライス値が割り当てられる点が特徴です．その上でCFSスケジューラは，すべてのタスクが公平に実行される機会をもらえるように，以下のようなスケジューリング戦略を採用しています．

1. 各タスクのCPU消費時間＝$vruntime$は，64ビット・カウンタを使ってns単位で精密に測定する
2. 実行中タスクの$vruntime$が，赤黒木の中で待っているタスクの値より大きくなったらタスクを切り替える
3. 全タスクを一巡する時間が一定になるように，タスク数が多いときはタイム・スライスを短くする
4. nice値を反映するために，nice値が1大きいタスクには相対的に10％少ないタイム・スライスを与える
5. タスク切り替えが増えすぎると，コンテキスト切り替えのコストが高くなりすぎるのと，キャッシュが効かなくなるので，最低連続実行時間時間$granularity$が決められている

　CFSスケジューラがタスクの実行順序を決めるためにタスクを赤黒木にマップするときは，$vruntime$だけが参照され，nice値を直接は使わない点を理解しておいてください．

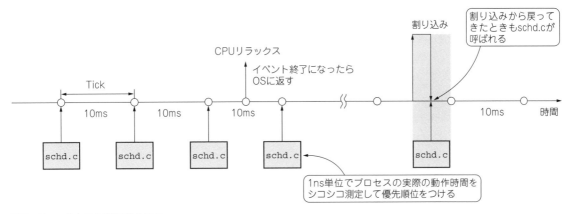

図7 Linuxのタスク実行のようす

● タスク切り替えが行われるタイミング

　実際のタスク切り替えはsched.cと呼ばれるスケジュール関数が呼び出されることによって実行されます．スケジュール関数は次のイベントを契機にタスク切り替えが実行されます．
　図7にLinuxのタスク実行のようすを示します．

1. 実行中のタスクが与えられたタイム・スライスを使い切ったとき
2. 実行中のタスクが他のタスクに実行権を譲ろうとして，自らスケジュール関数を呼び出したとき
3. より高い優先度を持った新しいタスクが生成されたとき
4. カーネルの周期タイマ（1ms〜10ms）が呼び出されたとき

ハード制御向け！ 応答時間を確実に守るために用意されたしくみ

● スケジュール管理用に用意された三つのクラス

　ここまで，現在のLinuxカーネルに標準採用されているタスク切り替えポリシであるCFSスケジューラを紹介してきましたが，実はスケジューラ関数が呼び出されたときにすべてがCFSでスケジューリングされるわけではありません．実際にはプロセスを生成するときにはsched_rt, sched_fair, sched_idleという三つのスケジューリング・クラスを選択できるようになっていて，sched_rtにタスクが登録されている間はsched_fairは実行されず，sched_fairがあるうちはsched_idleは実行されないという排他実行の関係になっています．
　CFSスケジューラをブロックできるsched_rtは，リアルタイム・スケジューリング・クラスというものです．sched_rtに登録されたタスクは，リアルタイム・タスクといいます．リアルタイムといっても，RTOSのようなハード・リアルタイム性を保証するものではありませんが，Linuxのリアルタイムはタイム・スライスによる実行時間制限がないので，「自分から処理を終了する」か「より優先度の高いリアルタイム・タスクに切り替える」かされないかぎり，ずっとCPUを握ってしまい，他の処理を実行できない状態にしてしまうことができます．

● 心得：リアルタイム・タスク化は禁断の技

　ハードウェア制御用のソフトウェアではトリガ・イベントに対する処理の応答時間を保証しなければいけないケースもあるので，リアルタイム性を気にするプログラマは多いと思います．ITRONはリアルタイム応答性能を最重要度課題に開発された軽量OSで，組み込み機器制御用として非常に使いやすいのですが，

第1部　そうなっていたのか！Linuxカーネルが動くメカニズム

ITRONの考え方をそのままLinuxに持ち込んでリアルタイム・タスクをたくさん作ってしまうと，結果的にはシステム全体としてのスループットやイベントに対する応答性がかえって悪くなるケースが多いのです．

制御対象によっては，トリガ・イベントに対する応答時間の最大許容値（デッドライン）が決まっていてリアルタイム・タスクで処理しなければならない状況も出てくると思いますが，筆者はあえて「原則としてリアルタイム・タスクは使うべきではない」と申し上げておきます．

デバッグ中にリアルタイム・タスクの中から非リアルタイム・タスク属性をもったタスクの解析処理をリアルタイム・タスク内から呼びだしただけで，システムはデッドロックに陥ってしまいます．これは典型的な障害事例です．

● スケジュール管理をOSに任せるのがLinux流

Linuxはデッドラインの最悪値を保証するハード・リアルタイムOSではありません．しかし今回紹介したCFSのアルゴリズムや高速高性能プロセッサを活用することで，ハードウェア制御を含む多くの領域でLinuxを活用することができます．

基本的には，Linuxカーネルに組み込まれたいろいろなインテリジェンスに身をゆだねることが重要です．システム全体の応答性を確保するためには，自分だけがCPUを握ってずっとポーリング的にイベントを待つのではなく，イベント待ちのときには積極的にCPUを解放して自らをスリープさせたほうが，結果的にシステム全体の性能改善になることが多いのです．Linuxカーネルの相当賢いインテリジェンスにタスク・スケジューリングをゆだねることがLinuxプログラミングの極意であることを，ぜひ理解していただきたいと思います．

◆ 参考・引用[*]文献 ◆

(1) task_struct構造体に関するウェブ・サイト．
http://lxr.linux.no/linux+v3.10/include/linux/sched.h#L1034
(2) *Wikipediaの赤黒木の項目（最終更新 2013年4月29日06：48）．
http://ja.wikipedia.org/wiki/赤黒木

I/Oはファイル操作だけ！ 同じアプリが使い回せる理由

第5章 ハードウェア制御の基本的なしくみ

本稿では，組み込みでLinuxを使うことによる大きなメリットの一つである，ハードウェア抽象化について，そのしくみを解説します（**図1**）．

汎用OS Linuxの特徴…ハードウェアの違いをOSで吸収する

スマートフォンでは自分好みのアプリをダウンロードして使うことができます．しかし，スマートフォンのハードウェア仕様は機種によって少しずつ異なります．なぜ別機種でも同じアプリを動かせるのでしょうか．これは，スマートフォンに搭載されたOSがアプリに対して，仮想的にハードウェアが共通であるように見せているためです．このようなOSの機能を，ハードウェアの抽象化といいます．Linuxなどの汎用OSでは重要な機能の一つです．

● メリット…ハードウェアを更新しても同じアプリが使える

これまでの組み込み機器に汎用OSが使われることは稀で，アプリはターゲット・ボードごとの専用品でした．産業分野では一度開発したアプリを5年，10年と使い続けることは珍しくありません．しかし現実にはハードウェアの陳腐化のため数年でボードが入手できなくなり，結果として同じアプリを使い続けることができなくなる場合も多いのです．組み込み機器へLinuxを採用すれば，ハードウェアが更新されても条件を

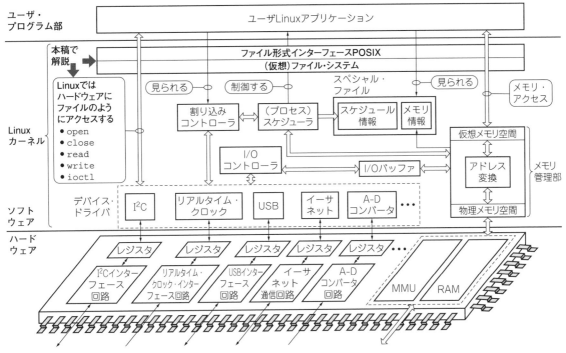

図1 本稿で解説すること…仕様が異なるハードウェアであっても同じLinuxアプリケーションを使えるようにするハードウェア抽象化のメカニズム

第1部　そうなっていたのか！ Linuxカーネルが動くメカニズム

満たしていれば10年以上同じアプリが使えるようになります．

本稿では，Linuxがどのようにして仮想的なハードウェア環境をアプリに見せているのか解説します．

ユーザ・アプリからのハード（デバイス）見え方

Linuxカーネルには，最初からファイル・システムとネットワーク機能がカーネルのコア機能として組み込まれています．Linuxカーネルはシステム外部とのデータの受け渡しだけでなく，カーネルの内部インターフェースにもファイル・インターフェースを活用しています．

● ファイル・アクセス感覚でハードを操作する

オンチップ，オンボードのハードウェアの制御は，カーネル空間で動作するデバイス・ドライバの仕事です．ユーザ空間で動作するアプリケーション・プログラムは，直接デバイスを制御することができないので，ドライバに対してPOSIXと呼ばれるユーザ空間とカーネル空間の標準的なインターフェースを利用してデータを受け渡します．具体的にはopen()でデバイスの初期化，read()でデータ読み込み，write()で書き込み，close()でデバイスの終了処理を行います．デバイスごとの特別な操作が必要な場合には，ioctl()で任意のデバイス・アクセスAPIを拡張することができます．Linuxアプリはどんなデバイスでも，open()/read()/write()/close()およびioctl()という一般化された手続きで制御できるのです．ユーザ空間のアプリケーションは，POSIXで規定されたデバイス・ドライバのインターフェースだけを介してデバイスを制御するというのが，Linux流のデバイス制御です．

LinuxではどんなデバイスでもPOSIXの標準インターフェースを利用してアクセスすると説明しました．デバイスは/devというディレクトリに仮想的なファイルとして見えているので，この仮想ファイルに対するread/write操作を行うことでデバイスへの読み書きができます．組み込みシステムで利用する代表的なデバイス・ファイルの例を表1に示します．

● デバイスの特徴に応じて適切に制御

デバイスは，データ・アクセスの方法やデータ・キャッシュの有無など，それぞれ特徴を持っています．それらの特徴をもとに，デバイス・ファイルに対してデバイス・タイプを指定し，カテゴリ分けを行います（表2）．Linuxカーネルはデバイス・タイプを参考に，インテリジェントなデバイス制御を行います．

表1　Linuxがハードウェアを操作するのに使うデバイス・ファイル

デバイス・ファイル	デバイス名	デバイス・タイプ	メジャー番号
/dev/tty0	ターミナル	キャラクタ	3
/dev/i2c-0	I^2C	キャラクタ	89
/dev/rtc0	Real Time Clock	キャラクタ	254
/dev/sda0	USBメモリ，HDD	ブロック	8
/dev/mmcblk0p1	SDカード	ブロック	8

表2　アクセス方法やバッファリング有無などデバイス・タイプごとに異なる

デバイス・タイプ	特　徴	代表例
キャラクタ	通常はシーケンシャル・アクセス，バッファリングなし	サウンド・カード，コンソールなど
ブロック	ブロック単位のランダム・アクセス，バッファリングあり	HDD，SDカードなど
ネットワーク	ソケット・インターフェースでアクセス	LAN，Wi-Fi

たとえばLinuxカーネルには，データを先読みして蓄積するキャッシュ機構が組み込まれています．どの程度データの先読みをするか，デバイス・タイプも判断材料の一つとしてカーネルが自動で判断しています．

また，SDカードなどのブロック・デバイスに対しては，アプリが個々のデータを書いたタイミングごとには，実際のカードには書き込まないのです．いったんライト・キャッシュと呼ばれるバッファにデータを保存しておいて，カーネルが適切なタイミングを見計らって実際のデバイスに書き込む「遅延書き込み」を行います．このためLinuxシステムでは規定のシャットダウン処理を行わずに不用意に電源を切ると，このライト・キャッシュの書き戻し操作が適切に行われず，データが壊れることがあります．

使えるデバイスを検出する

● Linuxのデバイス動的検出機能udev

動作中のLinuxシステムの/devディレクトリを見ると，現在接続されているデバイスにアクセスするためのデバイス・ファイルが並んでいるのが見えます．以前は将来接続される可能性のあるデバイスに対応したデバイス・ファイルを，あらかじめすべて/devディレクトリに配置していたので，/devには膨大な数のファイルがありました．

しかし，udev[注1]というデバイス動的検出のしくみが採用されてからは，/devの中身がすっきりしました．udevはカーネルが起動時に検出したデバイスのデバイス・ファイルを/devの中に自動登録します．このため，従来からあったデバイスに対応したデバイス・ファイルがないためにデバイスが利用できない，という問題は解決されています．

● udevの問題…そのままではデバイス・ノード名が毎回バラバラ

ところが，udevにも問題がないわけではありません．物理デバイスとデバイス・ノード名の対応関係が一定にならないという問題があります．たとえば，Linuxマシンで二つのUSBメモリ（A）と（B）を認識させた場合に，/dev/sdb1と/dev/sdc1というデバイス・ノード名でマッピングされたとします．このとき，USBメモリ（A）が/dev/sdbになるか/dev/sdcになるかは，デバイスを挿した順序で決まってしまいます．同じデバイスであってもデバイス・ノード名が一意に確定しない点に注意しなければなりません．

● 解決方法…デバイス固有の識別情報を使う

この問題を解決するには，/etc/udev/udev.dの下にあるudev.rulesファイルを使用します．

USBメモリ（A）接続中に/sys/devというディレクトリを見に行くと，USBメモリ（A）固有の識別情報を取得することができます．その情報と任意のデバイス・ノード名をudev.rulesファイルで紐づけることによって，USBメモリ（A）のデバイス・ノード名を毎回同じとすることが可能です．デバイス識別情報の規定方法はデバイスの種類によって異なります．デバイスによっては固有の識別情報を持たないものもあるので，ルールを工夫する必要があります．

次に，実際にudevがどのようにデバイスを見つけて名前をつけているのかについて説明します．

● Linuxカーネルでは接続中のデバイスをいつも探している

Linuxカーネルは，起動時にマシンに接続されたいろいろなデバイスを見つけるため，プローブ（検出）処理を実行します．プローブ処理でカーネルが見つけたデバイスの情報は，ユーザ空間に存在する/sysディレクトリにマウントされた，SYSFSという仮想ファイル・システム経由で参照できます．SYSFSの情報は，カーネル起動後にデバイス挿抜が発生した場合にも，逐次最新のデバイスの情報に更新されるようになっています．/sysディレクトリの中身をlsコマンドで見ると，いくつかのサブ・ディレクトリに分かれています．

注1：udev…userspace device managementの略称.

45

図2 /sys/bus/ディレクトリの中でさらに
インターフェースごとのサブディレクトリに
分かれている

```
munakata@U1204M:~$ ls -l /sys/bus/
合計 0
drwxr-xr-x 4 root root 0 11月 11 11:31 clocksource
drwxr-xr-x 4 root root 0 11月 11 11:31 cpu
drwxr-xr-x 4 root root 0 11月 11 11:31 event_source
drwxr-xr-x 4 root root 0 11月 11 11:31 firewire
drwxr-xr-x 4 root root 0 11月 11 11:31 hid
drwxr-xr-x 4 root root 0 11月 11 11:31 i2c      ← I2C
drwxr-xr-x 4 root root 0 11月 11 11:31 memory
drwxr-xr-x 4 root root 0 11月 11 11:31 mmc
drwxr-xr-x 4 root root 0 11月 11 11:31 node
drwxr-xr-x 5 root root 0 11月 11 11:31 pci      ← PCI
drwxr-xr-x 4 root root 0 11月 11 11:31 platform
drwxr-xr-x 4 root root 0 11月 11 11:31 scsi
drwxr-xr-x 4 root root 0 11月 11 11:31 sdio      SPI
drwxr-xr-x 4 root root 0 11月 11 11:31 spi   ←
drwxr-xr-x 4 root root 0 11月 11 11:31 usb   ←  USB
```

例えば，/busというサブ・ディレクトリを見ると，**図2**のようにi2c，spi，usb，pciなど実際のインターフェースごとに，どのようなデバイスが現在接続されているかを確認することができます．

● udevはSYSFSの情報に合わせてデバイス・ファイルを更新する

このSYSFSの情報を元に，/devの下に必要なデバイス・ファイルを自動的に生成するためのユーザ空間常駐プログラムがudevです．中心となるのはudevdというデーモン・プログラムで，カーネルがデバイスの接続，切り離しを認識して，SYSFSのファイルを更新するかどうかを常時監視しています．

デバイスの構成に変化があった場合，udevdは/devの下のデバイス・ファイルを更新します．このとき，デバイス・ファイルにどのようなファイル名をつけるのかがudevの一番重要な役割です．

● 毎回同じデバイス・ノード名にしたいなら…あらかじめudev.rulesファイルに定義しておく

システムに複数の類似のデバイスがつながっている場合を考えます．たとえば複数のプリンタがつながっている場合，アプリケーションは，/dev/lp0といったデバイス・ノード名ではなく，特定のプリンタ識別名でデバイスを指定したいと考えるでしょう．このような場合，udev.rulesファイルにその対応関係を定義しておけば，udevがデバイス・ファイルを生成するときにudev.rulesファイルを参照して，特定のデバイス・ノード名を指定できます．

このように，カーネルが認識したデバイスに対してユーザがデバイス・ノード名を指定したい場合，またはデバイス・ノード名でアクセスするときでも，認識された順番や接続されたコネクタの位置に関わらず，デバイスごとに特定のデバイス・ノード名を割り当てたい場合，udev.rulesファイルを定義しておくことは有効な手段です．

● デバイス・ノード名の指定方法

前述のとおり，デバイスによっては固有の識別情報を持たないものがあります．たとえば，キーボード/マウスだと，製造メーカ名やモデル名は読み出せても，固有のシリアル番号などは保存されていない場合があります．このような場合でも，固有デバイス・ノード名を割り当てられるように，複数のキーを組み合わせてudev.rulesファイルで定義できるようになっています．

具体的なデバイスの指定方法にはいくつかの方法があります．

第5章 ハードウェア制御の基本的なしくみ

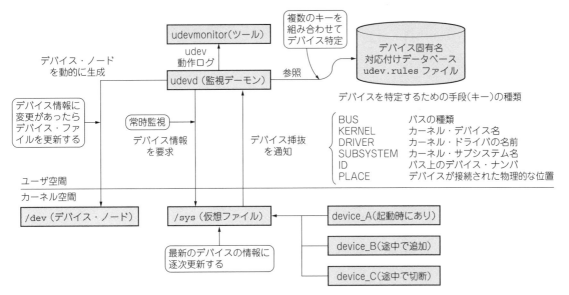

図3 udevがLinuxでプラグ・アンド・プレイを実現しているしくみ

▶ その1…キーを使って指定する

　図3に示したBUS, KERNEL, DRIVERなどのキーによってデバイス・ノード名を特定することができます．BUSを例に説明します．BUSというキーを参照するとUSBやCSIなどのバスの種類の情報が入っています．バスの種類の情報と他のキー情報を組み合わせて，デバイスを特定させます．

▶ その2…udevがどうやってデバイス・ノード名を命名しているか確認して指定する

　また，udevmonitorというプログラムを使うと，動作中に挿抜可能なデバイス（たとえばUSBメモリなど）を利用して，udevがどのようにデバイス名を命名しているのか，udev内部の動作を確認することができます．

隠ぺいしているハードを制御できるしくみ

　Linuxアプリケーションがデバイスにアクセスするときには，デバイス・ファイルに対するopen()/read()/write()/close()を行うと説明しました．では，デバイス・ファイルへのアクセスが発生してから，デバイスに制御が到達するまで，OSの内部では何が起こっているのでしょうか．この説明の前に，ユーザ空間，カーネル空間，その間のPOSIX境界について，おさらいしておきましょう．

● ハードへのアクセスはカーネル空間のデバイス・ドライバが行う

　図4に示すように，ユーザ・アプリケーションはユーザ空間で実行されます．CPUはユーザ・モードで動作するので，カーネル空間にアクセスすることができません．そのため，ユーザ空間のプログラムから直接物理デバイスにアクセスしたり，割り込みを受け取ったりすることはできません．

　ユーザ・アプリケーションは，自分で直接ハードウェアを操作することができませんので，カーネル空間のデバイス・ドライバにお願いしてデバイスにアクセスします．

● デバイス・ドライバの危険性…バグがあるとシステム全体をクラッシュさせるかも

　一方，デバイス・ドライバはカーネル空間で実行されます．CPUはスーパバイザ・モード（＝特権モード）

47

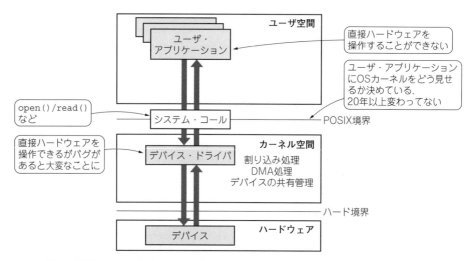

図4 ユーザ・アプリケーションとデバイスの間にカーネル空間が存在するため，直接デバイスを操作できない

で動作するので，物理デバイスへのアクセスを含む，すべてのCPU命令を発行可能ですが，あくまでもユーザ空間からの指示に基づいて受け身で動きます．

特権モードで動作するカーネル空間のデバイス・ドライバにバグがあると，システム全体を容易にクラッシュさせてしまいます．このため，デバイス・ドライバの開発，カーネルのマスタ・コードにデバイス・ドライバを登録するときには，厳密なコード・レビューが実施されています．

● ユーザ・アプリとデバドラのデータ受け渡しには専用の命令を使う

ユーザ空間で動作するアプリケーションと，カーネル空間で動作するデバイス・ドライバの間で，どうやって引き数を受け渡すのでしょうか？ ユーザ空間で動作するアプリケーションは，それぞれが独立したプロセス空間を持っているので，お互いのメモリ空間を相互参照することはできません．同様に，ユーザ空間とカーネル空間でも直接参照可能なメモリ空間を共有していません．そのため，POSIX境界をまたいでシステム・コールの引き数の受け渡しをするには，get_user, put_user, copy_from_user, copy_to_userといった専用の命令注2を使ってデータをコピーする必要があります．

● 性能を落とさないコツ…あまり頻繁にユーザ空間とカーネル空間でやりとりしない

システム・コールが発行されると，割り込みが発生してプログラムの実行がカーネル空間に移ります．シングル・コアの場合，CPUのプログラム・ポインタが一つしかないので，実際の命令実行はユーザ空間とカーネル空間を行ったり来たりすることになります．

こういったユーザ空間コンテキストとカーネル空間コンテキストの切り替えは，目に見えないオーバーヘッド（＝コスト）になるので，アプリケーションがあまり頻繁にシステム・コールを発行すると，システム・パフォーマンスにネガティブな影響を与えることになります．コンテキスト・スイッチの概念はμITRONにはなかったものですが，UNIX系のOSやWindowsでは基本となる重要な考え方です．

● 問題解決のコツ…自分の書いたプログラムから疑うべし！

プログラムが正しく動かないときに，原因がユーザ空間のプログラムにあるのか，カーネル空間のドライバにあるのか，またはカーネルのコア部分に起因するのかを正しく見極めることは重要です．言うまでもな

注2：http://www.tamacom.com/tour/kernel/linux/S/36466.html 参照．

く，最初に疑うべきは自分で書いたユーザ空間のアプリケーションで，間違っても最初からカーネルが壊れているなどと言ってはいけません．

● キー・テクノロジPOSIXインターフェース…10年以上前のアプリも使える！

　ユーザ空間とカーネル空間の境界で，アプリケーションにOSカーネルをどう見せるかを決めているのが，POSIX[注3]インターフェースです．この境界定義は20年以上のLinuxの歴史でもずっと変わらずに堅持されてきたので，POSIXに準拠したアプリケーション・プログラムであれば，10年以上前のものであっても最新のカーネル上で動かすことが可能です．

　現在Linuxカーネルが約75日程度という非常に短い周期でメジャー・バージョン・アップを行っていることに対して，こんなに早くバージョン・アップしたらアプリがついていけなくて困る，といった懸念を持たれている方もいるようですが，ユーザ空間のアプリケーション・プログラムは，原則としてカーネルのバージョンには依存しないことを覚えておいてください．

　一方で，カーネルの内部インターフェースにはどんどん新しいアイディアや機能が取り込まれているので，カーネル・バージョンが変わったときにはデバイス・ドライバの書き直しが必要になることがあります．

ユーザ空間からカーネル空間へのAPI：システム・コール

■ ユーザ空間からカーネル機能を呼び出す方法

　実際にユーザ空間からカーネルに働きかけるときには，どのような手段がとられるのでしょうか？　図5のように2通りの手段について説明します．

● その1…ユーザ空間からシステム・コールを実行

　ユーザ空間プログラムが発行するopen()/read()/write()/close()などのカーネル機能の呼び出しを，システム・コールと呼びます．

　ユーザ空間から実行可能なシステム・コールには表3のようなものがあります．Linuxに組み込まれている

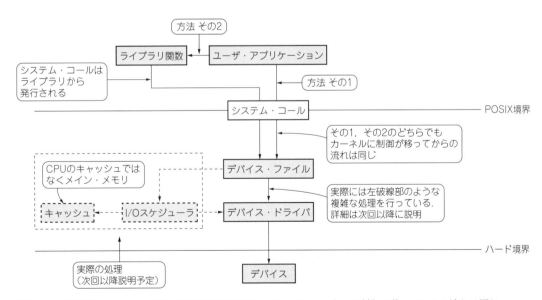

図5　ユーザ空間からカーネル機能を呼び出す方法は二つあるが，カーネルに制御が移ってからの流れは同じ

注3：POSIX…portable xxxx for unix, IEEE Std 1003.1

第1部 そうなっていたのか！ Linuxカーネルが動くメカニズム

表3 ユーザ空間からシステム・コールを実行してカーネル（デバイス・ドライバ）に仕事を依頼

システム・コール	カーネルへの依頼内容
open()	ファイルまたはデバイスのオープン，作成
read()	ファイル・ディスクリプタ（デバイスを含む）から読み込む
write()	ファイル・ディスクリプタ（デバイスを含む）に書き込む
close()	ファイルまたはデバイスをクローズ
fork()	子プロセスを生成
execve()	指定されたプログラムを実行
stat()	ファイルの状態を取得
unlink()	ファイル・システム上の名前を削除．場合によってはそれが参照しているファイルも削除

manというマニュアル・ページの第2章に，システム・コールに関する情報が集められています．たとえばコンソールのコマンド・ラインで，man 2 openと打ち込めばopenシステム・コールに関する詳細な仕様を確認できます．

● その2…ユーザ空間に配置されているライブラリ関数を利用する

ユーザ空間からカーネル機能を呼び出すもう一つの方法は，ユーザ空間に配置されているライブラリ関数を利用する方法です．たとえば，read()はシステム・コールですが，fread()はライブラリ関数です．

Linuxのユーザー空間にはいろいろなライブラリが用意されていますが，特に重要なのが標準Cライブラリ（Standard C library）です．GNU projectがツールチェインの一部として提供しているglibcというものが一般に使われています．

▶ CPUアーキテクチャ特有の設定はglibcで吸収する

glibcは各CPUの特権モード移行設定などアーキテクチャ特有の設定を吸収しています．glibcを呼び出すことでCPU環境に依存しない移植性の高いアプリケーション・プログラムを作ることが可能です．アプリケーションがglibcを呼び出した場合，実際のシステム・コールはglibcから発行されることになりますが，最終的にカーネルに制御が移ってデバイスを制御するという流れは変わりません．

ライブラリ関数の説明はmanページの第3章に書かれているので，manの後ろに3を付けて関数名を検索すると，ライブラリ関数の仕様を確認することができます．

● 実際に使用されているシステム・コール

straceというコマンドを使うと，Linuxのアプリケーションを実行したときに実際にカーネルに対してどんなシステム・コールが発行されたかを確認できます．図6にlsコマンド[注4]実行時のシステム・コールをstraceした結果の最初の部分を示します．open()/read()/close()/execve()などのシステム・コールが発行されていることがわかります．

また，図7のように，straceに-cオプションを付けると，システム・コールのサマリ統計情報を表示できます．

● システム・コール発行後すぐデバイスが応答しない場合…

ユーザ空間アプリケーションはプロセスの中で実行され，他のプロセスと時分割で並行実行されています．あるアプリケーションがシステム・コールを発行してデバイスをリードしたものの，「デバイスはまだデータ

50   注4：Linuxのディレクトリを表示するコマンド．

第5章 ハードウェア制御の基本的なしくみ

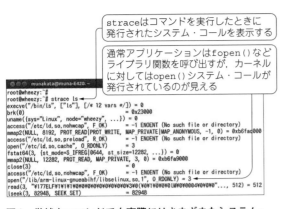

図6 単純なコマンドでも実際にはさまざまなシステム・コールを発行している

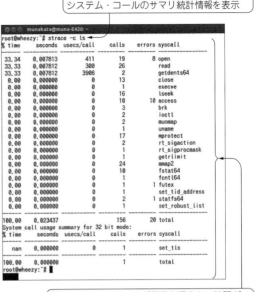

図7 システム・コールのサマリ統計も表示できる

を受信していなくて，次のデータ受信を待っているうちにアプリケーションが自分のCPUの持ち時間を使いきってしまう」といったことは，よく起こります．

▶Linuxでは原則ポーリングによるイベント待ちは禁止！

従来の組み込み系のプログラムでは，ハードウェアからの応答をポーリングで待つ実装を多く目にしますが，これだとポーリング中は他の処理を実行することはできません．

一方，Linuxではプロセス（＝アプリケーション）はread()システム・コールを発行した状態でスリープに移行して資源待ち状態になり，CPUは次にスケジューリングされたプロセスからの命令を実行します．Linuxではハードウェア資源待ち状態になったプロセスは，いったん休止させてCPUに別の仕事をさせるようになっているのです．

割り込みイベントへの応答速度（レイテンシ）だけに注目すれば，当然ポーリングのほうが早くなりますが，ポーリング待ちしている間はCPUはいっさい他の処理を行うことができないので，システムのスループットがどちらが優れているかは明らかでしょう．

Linuxのようなマルチタスクのシステムを動かす場合には，デバイス・ドライバの中でポーリングによってCPU資源を握ってしまうような実装を回避することが，非常に重要な考え方となるのです．

高速応答割り込みハンドラ作成のコツ

第6章 割り込みのしくみ

Linux流割り込み処理の基本

● なぜ割り込みが必要か

　最近のマイコンには，内蔵タイマなどをトリガにする内部割り込み，外部信号の変化を捉えた外部割り込みなど，数多くの割り込みイベントを各CPUコアに伝達可能な高機能割り込みコントローラが内蔵されています（図1）．では，そもそもなぜマイコンには割り込み処理が必要なのでしょうか？

　一つの外部信号の変化を捉えることだけに専念するシーケンサなら，単純にその信号をずっと読み続けていて，信号が変化したら即座に必要な処理を行えばよいので，割り込みは必要ありません．このように，信号を周期的に読む処理をポーリングと呼びます．図2に示すように，ポーリングでずっと信号変化を監視する処理に専念できれば，割り込みイベントへの処理の応答時間を最小にすることができます．この特徴を活かすために，変化を捉えたい外部信号の数だけ専用CPUコアを割り当てられれば，専用のハードウェアとまったく同等の性能を，ソフトウェアによるポーリング処理で達成できることになります．

　しかし，現実にはCPUのコア数は限られていて，一つのコアに同時並列的にたくさんの仕事をこなしてもらわなければなりません．そのため，CPUには時間制約のある処理を優先して実行させることを可能にする割り込みのしくみが欠かせません．

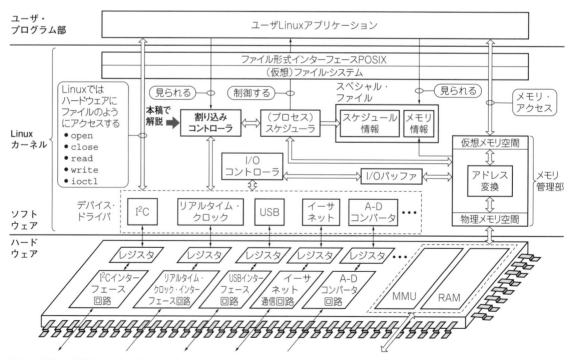

図1　本稿で解説すること…割り込み処理がCPUを占有しないように，前処理と後処理に分割するLinux流割り込み処理

52

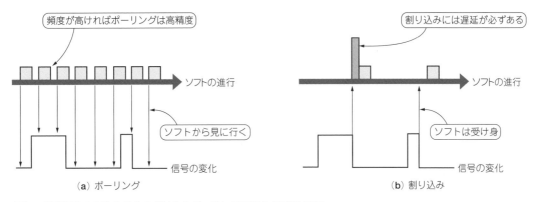

図2 外部信号の変化を捉えるだけならポーリングのほうが精度が高い

　同じアプリをいろいろな環境の上で動かせるようにするために，個々のハードウェアの仕様を抽象化してアプリに見せる機能をもったLinuxでも，チップ内外の割り込みイベントを扱うしくみが実装されています．本稿ではLinuxの割り込み処理のしくみと効率良く割り込み処理を行うため基本的な方法を紹介します．

● うまく使うコツ…割り込み処理がCPUを占有しないようにする

　割り込みの実装では，割り込み要因が発生してから実際の割り込み処理が実行されるまでの遅延時間（レイテンシ）を一定の制限時間内に納めることが重要です．このため，RTOSを搭載した組み込み機器では，割り込み処理プログラム（Linuxでは通常，割り込みハンドラと呼ぶ）の中で割り込み処理を完結させるのが一般的です．ネットワークのパケット受信処理などでは，ハンドラ内に通信手順（プロトコル）処理を実装するので，割り込み内で比較的大きな処理を実行する場合もあります．

　通常，割り込みハンドラ実行中は，別の割り込みを受け付けない割り込み禁止モードになります．割り込み処理が長い時間CPUを占有してしまうと，通常のメイン・プログラムが，ほとんど実行されなくなってしまう懸念があります．シンプルな組み込み機器ならこのような実装でも整合性を取ることができるでしょうが，Linuxの場合，マルチユーザを前提としており，見知らぬ誰かがCPU資源を独り占めしてしまうリスクがあるため，割り込み処理内で長時間他の割り込みを禁止する処理は望ましくありません．

ハードで割り込みを受けてからアプリに伝えるまでの道のり

● アプリは割り込みがあったことを直接知ることができない

　図3に示すとおり，Linuxは物理ハードウェアを制御するカーネル空間とアプリケーションを実行するユーザ空間のあいだに明確な境界を設けています．これは，異なるハードウェア環境でも同じアプリケーション・プログラムが実行できる仮想ハードウェア環境を実現するためです．個々のアプリケーションは，プロセスと呼ばれる独立した仮想メモリ空間（仮想コンピュータ環境）に閉じ込めて動作させています．ここで問題になるのは，割り込みイベントはユーザ空間には直接通知できないという制約です．

● 割り込みがアプリに伝わるまでの流れ：キー入力の例

　アプリケーションがキー入力イベントを受け取る場合を例に説明します．カーネル空間にキー入力割り込みをキャッチするデバイス・ドライバを配置し，割り込みイベントが発生したら自分のアプリケーションまで通知してもらうしくみを実装します．RTOSのように単純に割り込みハンドラ内で直接処理する構造と比較すると，Linuxの割り込み処理は遠回りで複雑な構造になっています．キー入力イベントがアプリに到達す

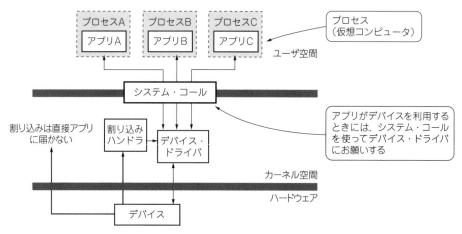

図3 Linuxの割り込みイベントは直接ユーザ空間に通知されない

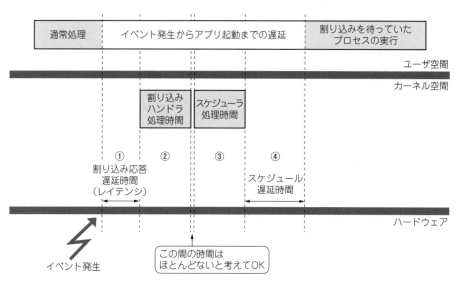

図4 割り込みイベントがアプリに到達するまでには遠回りで複雑な経路を辿る

るまでの経路は，次のように分解して考えることができます．

1. キー入力
2. カーネル空間のキー割り込みハンドラ起動
3. キー情報をユーザ空間アプリケーションに通知
4. このイベントを待っているアプリケーションが起動されるまで待つ
5. ユーザ空間アプリケーション内での処理
6. 表示更新など，キー入力に応じた処理を更にアプリケーションから起動
7. キー入力結果が画面上で確認できる

● 割り込み処理にかかる時間

　図4はこの一連の流れを示したものですが，さらに細かく各段階でどのような処理が行われているかを説明していきます．

第6章　割り込みのしくみ

```
munakata@muna-E420:~$ cat /proc/interrupts
            CPU0       CPU1       CPU2       CPU3
   LOC:   1628573     798042    1957859     879529   Local timer interrupts
   SPU:         0          0          0          0   Spurious interrupts
   PMI:       156        361       1200        371   Performance monitoring interrupts
   IWI:         0          0          0          0   IRQ work interrupts
   RES:   2665092    1063368    3057994    1146399   Rescheduling interrupts
   CAL:      4756      11279      10191      11411   Function call interrupts
   MCE:         0          0          0          0   Machine check exceptions
   MCP:       193        191        191        191   Machine check polls
```

コアごとに受け取った割り込みの数を表示

内蔵タイマの割り込み数

ビルトイン・プロファイラの実行回数

スケジューラ処理の実行回数

リモート・ファンクション・コールの実行回数

ハードウェア・エラー検出処理の実行回数

図5　マルチコアのCPUではコアの数だけ独立したスケジューラが動き，それぞれに処理を割り振る

▶ 割り込み応答遅延時間…①

①の割り込み応答遅延は，CPUが割り込みをキャッチしてから，対応した割り込みハンドラが起動するまでの時間です．割り込み禁止になっている場合などは，ここで待たされることがあります．

▶ 割り込みハンドラ処理時間…②

②は実際の割り込みハンドラの処理にかかる時間です．RTOSでは，ネットワークのパケット受信などの重い処理もハンドラ内で実行していますが，Linuxではハンドラ自体は短時間で終了するように実装します．この部分のしくみについては後述します．

▶ スケジューラ処理時間…③

③はスケジューラ処理自体に必要な時間です．スケジューラは，Linuxカーネルの中で次にどのプログラムを実行させるかを決める処理のことです．たくさんのプログラムを動かす場合には，スケジューリング順序決定の処理自体が相当重くなることがあります．しかし，最近のカーネルに実装されるスケジューラは，プログラムの数が増えても判定処理時間が指数関数的に大きくならないように工夫されています．マルチコアのCPUの場合は，コアの数だけ独立したスケジューラ処理が動きます．/proc/interruptという仮想ファイルを見ると，CPUコアごとに受け取った割り込みの数を確認することができます．これはどんな頻度でどの割り込みが発生しているのか，どのコアがその割り込みをハンドルしているかなどを簡単に確認する方法として有用な情報です．図5に4コアのLinux PC上でcat /proc/interruptsを実行した例を示します．

また，ARMのGICと呼ばれる割り込みコントローラには，割り込み要因ごとに通知をあげるコアを選択できる機能があるので，特定のコアに割り込み処理が集中するのを防ぐことができます．

▶ ②と③の間はほとんどないと考えてOK

②と③の間にわずかに時間がありますが，この遅延はほとんどないと考えて構いません．割り込み処理から戻るタイミングでは，必ずスケジューラ処理が呼ばれるようになっています．

▶ スケジュール遅延時間…④

④のスケジュール遅延時間は，割り込みハンドラの処理が完了してから，イベントを待っていたアプリが起動するまでの遅延です．Linuxアプリは，プロセスという仮想CPU環境に閉じ込めて実行させると紹介しました．プロセス内のプログラムは，さらに分割された並列実行可能なスレッドという単位でスケジューラに登録されています．スケジューラは，各スレッドを公平に実行できるように，実行順序を最適調整します．しかし，必ずしも割り込みイベントを待っている処理がすぐに実行されるとは限りません．このような，スケジューラに実行権を与えてもらうのを待つ時間を，スケジュール遅延と呼びます．

スケジュール遅延の大きさは，他のスレッドの優先度，属性などに依存して変化するので，誰に待たされたのかを見つけるのは簡単ではありません．最近のスケジューラは，長くイベント待ちをしたスレッドに高

55

い優先権を付与するしくみなどが実装されました．そのため，CPU資源を独り占めしてしまうような，お行儀の悪いプログラムがないかぎり，ずっと割り込みを待っていたスレッドが優先されるようになっています．しかしレイテンシ制約が厳しい場合には，一連の割り込みのしくみをよく理解したうえで，プロセス優先度の調整やスケジューリング・ポリシの見直しなどのチューニングを行うこともあります．

割り込みハンドラ作成の基本方針

● 割り込みを受けている間は他の処理ができない

　Linuxでは割り込みハンドラが実行される状態を割り込みコンテキストと呼び，通常のプログラムが実行されるプロセス・コンテキストと区別しています．割り込みコンテキストには特別な制約があり，たとえば自らをスリープさせることができません．カーネル・プログラムが比較的大きなメモリを使うときは，vmalloc()関数を使って仮想メモリを割り当てます．しかしメモリに空きがない場合には，メモリ解放を行う別処理を起動させるためにプログラムをいったんスリープさせる必要があります．ところが，割り込みコンテキスト内ではスリープできないので，仮想メモリが利用できません．

　割り込みコンテキストでは真に時間的制約の厳しい処理だけを記述し，割り込みハンドラを軽量化させます．これがLinux流の割り込み処理実装の極意です．たとえばデバイスからデータを読み出す処理だけを記述し，データ分析などの重い処理を割り込みハンドラの外に追い出すことで，割り込みハンドラを軽量化させます．

　またデバイスによっては，割り込みを受け取ってから一定時間待ってデータを遅延リードする必要があるものがあります．このようなケースでも割り込みハンドラ内にudelayなどのループを挿入して時間を待つのはCPU資源の利用効率から得策ではありません．このような遅延リードが必要な場合にも，ハンドラを一度抜けてから別途データのリード処理を行います．では，割り込みハンドラ外に追い出された処理はどうなるのでしょうか？

● 重い処理は後回しにする方法

　図4のケースでは，ドライバがキャッチした割り込みイベントを直接ユーザ空間のアプリに渡していましたが，割り込みハンドラに収まらなかった後処理の実行が必要となるケースもあります．このため多くのLinuxの割り込み処理は，割り込みハンドラ部と少し遅れて実行される後処理部に分割されて実装されています．以前は後処理のことをボトム・ハーフ（後半部）と呼んでいたのですが，最近では図6のように，タスクレットと呼ばれるソフトウェア割り込みを別に起動する方法，またはワークキューと呼ばれる後処理用のスレッ

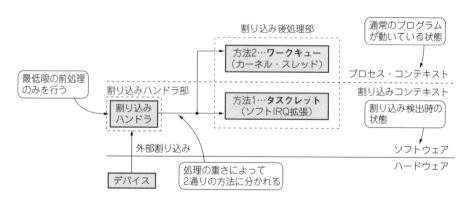

図6　重い処理を後回しにする方法は2通りある

第6章 割り込みのしくみ

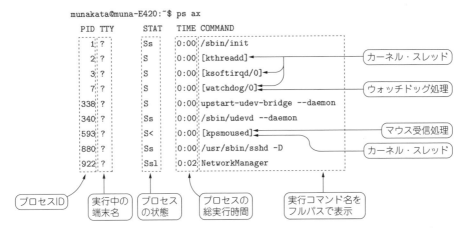

図7 カーネル・スレッドの登録状況はpsコマンドにaxオプションを付けて実行することで確認できる
ここではどんなスレッドがスケジューラに登録されているかを確認したいのでCOMMANDに注目する

ドをスケジューラに登録する方法を利用するのが一般的です．

▶方法1…タスクレット：そこまで重くない処理の場合に手軽に使える

　タスクレットは，割り込みハンドラがデバイスからの外部割り込みを受け付けてデータ取得だけ行って，引き続き時間的に余裕があるときや，別の外部割り込みなどを実行していないときに優先的にデータ解析の処理を別のソフトウェア割り込み処理として実行するものです．ソフトウェア割り込み実行中も仮想メモリは使えませんが，比較的大きな後処理，たとえばネットワークのパケット解析処理などに使われています．

▶方法2…ワークキュー：重い処理で使う

　ワークキューは，後処理をプロセス空間のカーネル・スレッドとして実行する方法です．通常のスレッドはユーザ空間のプログラムが生成するものですが，カーネル・スレッドはカーネルが生成する特殊なスレッドです．カーネル・スレッドも，他のスレッドと同じようにスケジューラに登録されて，優先度に応じて定期実行されます．カーネル空間に常駐してハードウェアを管理する処理などの実装に使われています．カーネル・スレッドの実行中は，仮想メモリの利用もできますし，マルチコアの場合には，並列実行することも可能です．Linuxのpsコマンドにaxというオプションをつけて実行すると，スケジューラに登録されているスレッドの一覧が表示されます．リストの中で [ ] に入れられているスレッドがカーネル・スレッドです．図7の例ではウォッチドッグ・タイマの管理や，マウス・イベントの受け取りなどのカーネル・スレッドが登録されているのがわかります．

高速割り込み処理の例…スマホのタッチ・パネル操作

　では最後に，実際のLinuxシステムでの割り込み処理の例を見てみましょう．

●RTOS機器でもそこまで頑張っていない…10ms間隔でタッチ位置を更新したい

　最近のスマートフォンにはフルハイビジョン対応の高精細LCDパネルが搭載され，タッチ・パネルのフリック操作で画面切り替えしたときのなめらかさ，いわゆるヌルヌル感が大きく進化しています．これには3Dグラフィックス・エンジンの描画性能の進化が大きく寄与していますが，タッチ・イベントを十分短い間隔で読み込んでアプリケーションに伝える割り込み処理の応答性能が基本にあります．

　ヌルヌル感を出すためには，表示の更新レートである60Hz（＝16.6ms）より十分早い10ms程度のインタ

57

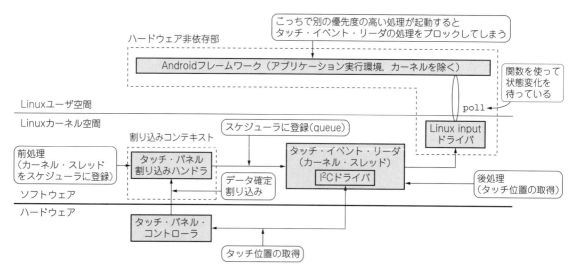

図8 割り込み処理によるタッチ・パネルのタッチ位置取得のしくみ
前処理ではカーネル・スレッドの登録のみ行い，位置情報の取得は後処理で行っている

ーバルでタッチされた位置情報をAndroidアプリに通知する必要があります．家電機器や産業機器などの一般的なキー・スキャン処理がRTOSを搭載している場合でも，30ms程度の更新です．このことを考えれば，Androidのような大規模なソフトウェアが動作しているシステムで10ms間隔でタッチ位置を更新させるのは簡単なことではありません．

● **タッチ位置の取得は後回しにして高速応答させる**

図8は，実際のスマートフォンでタッチ・パネル・コントローラからの入力が，どのような経路でAndroidアプリに伝えているかを説明したものです．

タッチ・パネル・コントローラが画面へのタッチを検出すると，SoCの外部割り込み端子の信号レベルを変化させ，タッチ位置情報が取得できたことを知らせるデータ確定割り込みが発生します．Linuxは，割り込みに対応した割り込みハンドラを実行して，タッチ位置情報を読み取るためのカーネル・スレッドをスケジューラに登録します．

ここでポイントは，割り込みコンテキストで実行されるハンドラはタッチ位置の取得は行わないことです．データ読み込み処理を担当するカーネル・スレッドの登録だけをして割り込み処理から抜けます．タッチ位置のデータは，タッチ・イベント・リーダというカーネル・スレッドが実行されたタイミングでタッチ位置を取得します．カーネル・スレッドから呼び出されたI^2Cドライバがコントローラから位置データを読み込み，さらにそのデータをLinux inputドライバに引き渡します．

ここでは，ユーザ空間からカーネル機能を呼び出すシステム・コールの一つであるpollという関数を使ってLinux inputの状態変化を待っています．Linux inputは，特定の機器に依存しない汎用的なデバイス・ノードです．Androidは，タッチ位置の取得元をこの汎用デバイス・ノード経由とすることによって，いろいろな機器への高い移植性を確保しているのです．

● **遅延の原因は割り込み処理…とは限らない**

問題は，実際にタッチ・パネル上で指を動かしてフリック動作をしたとき，どの程度の精度で指先の繊細な動きをAndroidのフレームワークに伝えることができるか，別の言い方をすれば，どこの部分に遅延が発生する可能性があるのかです．

この例では，割り込み処理をハンドラ処理と後処理に分割し，ハンドラは軽量にして，割り込みコンテキストから最短で抜け出すという，原則通りの実装となっています．しかし実際には，他の外部割り込みイベントが競合しないかぎり，後処理のカーネル・スレッドは割り込みコンテキストから抜けだした直後に実行されるので，この処理分割が遅延要因となることはほとんどありません．

実際に問題になるのは，Androidのフレームワーク内で別の優先度が高い処理が起動してタッチ・イベント・リーダの処理をブロックしてしまうようなケースです．たとえばJavaアプリケーションが開放したメモリ資源を回収するガベージ・コレクタのようなCPUを長い時間拘束する処理が動き出すと，どんなに精度よくタッチ位置の更新を取得できていても，Android本体には情報が伝わりません．結果的には，ときどきフリック操作が引っかかるというユーザ・エクスペリエンスになるでしょう．

＊　　　　　＊　　　　　＊

本稿ではLinuxの割り込み処理の実装について紹介しました．実装は前後半に分割されること，最終的に割り込みを待っているアプリケーションに届くまでの経路が複雑なこと，さらに他のプログラムの優先度やスケジューラの設定などによって割り込み応答の挙動が変わってくることなど，RTOSなどの単純な割り込み処理とは比較にならないほど複雑な動きをしています．

Column タダ？ 自由に使える？ という理解じゃ不十分！
オープンソース・ソフトウェアの定義

Linuxはオープンソース・ソフトウェアというカテゴリに分類されるコンピュータ・プログラムです．

オープンソースという名称は，プログラムのソースコードが公開（＝オープン）されていることを示していますが，特徴はこれだけではありません．OSI[注A]というオープンソースの開発活用促進を推進する団体では，成立条件として以下の10項目を定義しています．

1. 再頒布の自由
2. ソースコードが入手可能なこと
3. プログラムの改造（派生物を作るという）が自由にできること
4. 改造した場合にはオリジナルのソースコードからの改訂経緯を明らかにすること
5. 特定の個人やグループに対するオープンソース利用に関する差別の禁止
6. オープンソースを利用する分野に対する差別の禁止
7. 再配布する場合には，オリジナルのライセンスが変更されることなく誰にでも適用されること
8. 特定製品でのみ有効なライセンスの禁止
9. 他のソフトウェアを制限するライセンスの禁止
10. ライセンスは技術中立的でなければならない

これはオープンソースの包括的な定義の試みの一つであり，実際の運用にあたっては各プログラムの中で宣言されているライセンスの規程に従う必要があります．少なくとも，オープンソースは無料で入手できて自由に使えるプログラムである…という理解だけでは十分ではありません．

注A：Open Source Initiative…http://opensource.org/osd，http://www.opensource.jp/osd/osd-japanese.html
（日本語）

カーネルが知っている！ ハード情報のGETが高性能化の近道

第7章 ハードウェア資源管理のしくみ

アプリから見えるカーネル管理ハードウェア情報

　本稿では，ユーザ空間のアプリケーションが，カーネル空間にアクセスしたりハードウェアを制御したりするときに使う，以下の三つの手段について解説します（**図1**）．
- procファイル・システムとsysファイル・システム
- mmap()システム・コール
- ハードウェア資源の共有管理（排他制御）

● ユーザ・アプリから見たハード制御手段

　図2に示すように，Linuxアプリケーションは完全に独立したメモリ空間を持ったプロセスと呼ばれる仮想CPU環境内に閉じ込めて動作させます．これは，プログラムに万一バグがあっても，他のアプリケーションを止めてしまうことがないようにするための安全策です．

　アプリケーションがハードウェアを利用するときには，デバイス・ドライバに依頼して（実際には呼び出して）カーネル空間から操作してもらう必要があります．これは，システムの整合性を確保するため，各アプリから直接ハードウェアを操作させないようにカーネルがハードウェア資源を隠蔽しているためです．

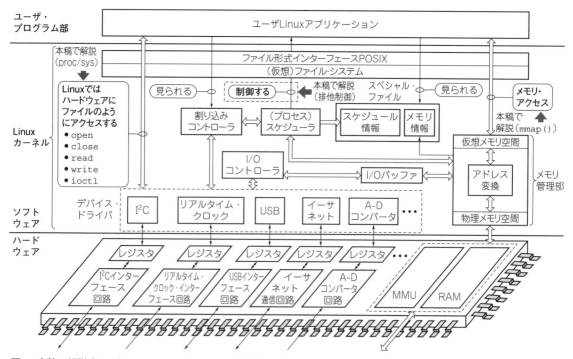

図1　本稿で解説すること…Linuxカーネルとユーザ空間アプリケーションの三つのインターフェース

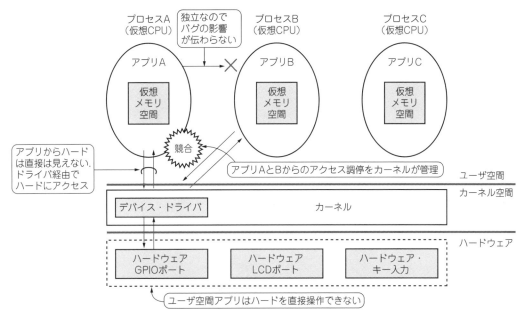

図2 アプリはそれぞれ独立した仮想メモリ空間で動作する．ハード資源は隠蔽されて見えない

　各プロセス内のアプリケーションは，自分がすべてのハードウェア・リソースを独占できると思い込んでいますが，実際には複数のアプリケーションが同じハードウェアを取り合ってしまうケースもあります．このためカーネルには，ハードウェア資源利用の調停管理が組み込まれています．
　今回は，ハードウェアの制御手段をカーネルがどのようにユーザ空間に見せているか解説します．

その1：プロセス情報とデバイス情報

● デバイス・ドライバを介さなくてもカーネルと会話できる

　現在PCやスマートフォンはすべてGUI（Graphical User Interface）操作になっていますが，以前はキーボードからコマンドを打ち込むCUI（Character User Interface）操作でプログラムを起動していました．
　CUI操作のキーボード入力を受け付けるプログラムをシェルと呼びます．Linuxではbashと呼ばれるシェルが標準的に使われています．Linuxのシェルはキーボード入力だけでなく，シェル・スクリプトというバッチ処理手順を記述した簡易プログラムから呼び出して使うこともできます．シェル本来の意味は貝殻ですが，bashはカーネル・インターフェースに殻を被せてユーザに見せるプログラムと考えると，イメージしやすいでしょう．シェルにはカーネルと会話するためのインタプリタ機能が組み込まれています．シェルからコマンドを実行した場合には，図3のようにデバイス・ドライバを介さず対話的にカーネル管理情報にアクセスすることができます．

● 擬似ファイルによってファイル・アクセス感覚でハードの情報を見られる

　今回はファイル・システムのルート・ディレクトリの中にある/procと/sysという二つのディレクトリに注目します．/procや/sysは一見ごく普通のディレクトリに見えますが，ディレクトリ内のファイルはHDD上にデータの実体があるわけではありません．これらのファイルは，アプリケーションにハードウェア情報を見せるため，カーネルが一時的にRAM上に展開したファイルです．通常のファイルとは違い，ストレージ・デバイス上にデータの実体がないことから，/procや/sysを擬似ファイル[注1]と呼ぶこともあります．

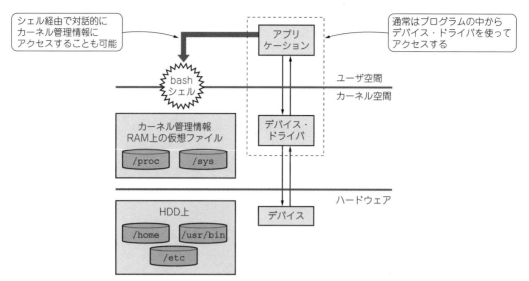

図3 bashシェルを介して，対話的にカーネル管理情報にアクセスすることもできる

Linux環境では擬似ファイルや，ネットワーク越しにアクセスするNFSなどのリモート・ファイルも，すべてフラットにディレクトリ上に配置されます．これにより，アプリケーションはファイルが実際に置かれている場所を意識せずにファイルにアクセスできます．ファイルの置かれている場所とドライブ・レターが紐付いているWindowsとは考え方が違う部分です．

● プロセス情報を見せるしくみ…/procファイル・システム

名前から類推されるように，/procはカーネルがアプリケーションにプロセス情報を見せるためのしくみです．/procディレクトリの直下には数字名のサブ・ディレクトリがたくさんあります．これは，現在Linuxシステム上に存在するすべてのプロセスの内部情報をプロセス番号（＝PID）名のサブ・ディレクトリに格納しているものです．

たとえばシェルからcatコマンドを使って/proc/1/statusというファイルを見ると，PID=1のinitプロセスの内部情報を確認できます．/procディレクトリ下の大部分の情報は読み取り専用です．ファイルのタイム・スタンプは，カーネルが逐次データを更新しているので，常にファイルを読んだ時刻となります．また，データによってはroot権限を持ったユーザだけが中身を見ることができるようにアクセス権が設定されているものもあります．

/proc以下に格納された情報は，アプリケーション・プログラムの中からも通常のファイルとして読むことが可能です．

▶ プロセス以外のカーネル内部情報も/procに格納

擬似ファイル経由でカーネル内部情報を見せる方法が手軽で便利ということで，プロセス関連以外のカーネル管理情報も次々に/proc擬似ファイル・システムに追加されてきました．

たとえば/proc/cpuinfoにはCPUコア名称，コア・バージョン，動作周波数，キャッシュ・サイズ，コアがサポートしている機能，BOGOMIPSという性能指標などの情報が格納されています．

また/proc/meminfoにはトータル・メモリ・サイズ，空きメモリ・サイズ，キャッシュやバッファに一時利用されているサイズなど，メモリに関する詳細な情報が展開されています．

/proc/interruptsはカーネルにどの割り込みが何回通知されたかを逐次カウントして表示します．たとえばI^2Cポートにつながれたセンサからカーネルに割り込みがちゃんと通知されているか確認したい場合

注1：ややこしいのですが，ブロック・デバイスを抽象化する仮想ファイル・システムVFSとは別です．VFSは第1部第8章で紹介します．

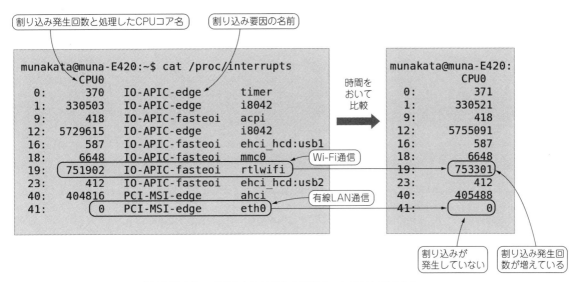

図4 /proc/interruptsを時間差をおいて見るとシステムの挙動をつかむことができる

は，時間をあけてカウント値を比較することで簡単に確認できます．

　割り込み処理カウントはコアごとに分けて表示されるので，割り込み処理の負荷が特定のCPUコアに集中的にかかっていないかといったシステム性能プロファイル解析にも応用できます．**図4**はWi-Fi通信のパケットは受信しているものの，有線LANからは割り込みがまったくあがっていないことを確認している例です．

　このように非常に使い勝手の良い/procですが，あまりにも多くのデバイス関連の情報参照が追加されたため，全体の見通しが混乱してしまった面もあります．たとえば/proc/iomemには，カーネルが認識しているデバイスのメモリ空間マッピング情報がフラットに表示されます．そのままでは，接続されているバスによる分類やデバイスの種類ごとの情報が把握しにくいです．そのため，デバイスに係る情報をもっと見やすく再整理する目的で，/sysファイル・システムが追加されました．

● デバイス関連情報を見せるしくみ … /sysファイル・システム

　/sysファイル・システムは，カーネルが管理するデバイスに関する情報をアプリケーションに見せるために作られた擬似ファイル・システムです．/procと同様に，逐次最新状況が反映されます．/sysは，最初からデバイスに関するカーネル・インターフェースを見せる目的で考案されたので，物理的なデバイス接続の階層構造がディレクトリ構成にも反映されるようになっています．これには重要な意味があります．

　たとえば**図5**のように，USBコントローラがPCIバス経由でCPUに接続されている場合，カーネルは，USBを使うためにはPCIインターフェースも有効にしなければならないといった依存関係を確認することができます．/sysの下にはいくつかのサブ・ディレクトリがありますが，ここでは/sys/busと/sys/devicesという二つのディレクトリに注目しましょう．

　/sys/busには現在稼働中のカーネルがサポートしているバスの一覧が表示され，/sys/bus以下のサブ・ディレクトリには，バスにつながれたデバイスに関する情報が整理されています．アプリケーションは，プログラムの中から/devディレクトリ配下にudevによって自動生成されたデバイス・ノードを読み書きすることで，デバイスをコントロールします．しかし，root権限を持った特権ユーザであれば，シェルからcatコマンドやechoコマンドを使って，直接/sys下のファイルを読み書きすることで物理デバイスを操作することができます．物理デバイスを直接コントロールするのは危険が伴うので，特権ユーザだけに/sys経由の操作が許されます．

第1部　そうなっていたのか！Linuxカーネルが動くメカニズム

図5　/sysは物理的なデバイス接続の階層構造がディレクトリ構成にも反映されるようになっている

その2：物理メモリ情報

● アプリから直接ハードウェアに触れられないことが障壁になることも

　Linuxアプリケーションが実行されるユーザ空間とカーネル空間の間にはPOSIXという境界があり，メモリ空間は完全に分断されています．このためPOSIX境界をまたいでデータを受け渡しする必要がある場合には，copy_to_user/copy_from_userという専用命令を使ってデータの実体を都度コピーする必要があります．

　このような，アプリケーションから直接カーネル管理下のメモリ空間を触らせないようにする分離は，Linuxシステムの堅牢性の基盤となる技術です．しかし同時に，システム性能的には非常に大きなオーバーヘッド要因になります．

　たとえば，1080pのHD解像度の画面を秒間60フレーム書き換える場合，約498Mバイト/秒[注2]のデータをコピーする必要がありますが，これはCPUにとってもメモリ・バスにとっても非常に大きな負担です．

　組み込み機器でLinuxを使う場合には，マルチユーザを想定しなくてもよい場合があります．その場合，共有されることがなく，特定のアプリだけから操作されるハードウェアもあるでしょう．例外的にアプリが直接デバイスにデータを読み書きできれば，大幅なオーバーヘッド削減が可能になります．

● アプリから直接カーネル空間にアクセスする方法…mmap()システム・コール

　Linuxには直接アプリからカーネル管理のメモリ空間に触る手段として，mmap()というシステム・コールが用意されています．これはroot権限をもった特権ユーザだけが利用できるものです．

　mmap()は図6のように通常はバッファ経由となるファイルのread/writeを，ダイレクトなページ・アクセスに置き換えて，ファイル・アクセスを高速化するシステム・コールです．mmap()でファイル・ディスクリプタの代わりにデバイス・ファイルを指定すると，ページ・テーブル上に仮想的なデバイス・エントリをマップすることができます．アプリが仮想的なデバイス・エントリをアクセスすると，カーネルはページフォルトを検出して，実際のデバイスをread/writeします．この方法を使えば，デバイスに対する高速アクセス手段として，mmap()を活用することができます．

　ただし，カーネルはmmap()アクセスに起因するデータ破壊の対策はしません．そのため，アプリケーション・レベルでデータを完全に保全しなければならないので，注意が必要です．

注2：1920×1080画素×4バイト（24ビット）/1画素×60FPS=497.66Kバイト/秒．

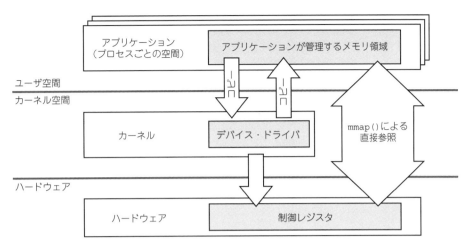

図6 mmap()システム・コールでダイレクトにアクセスすることによってコピー操作にともなうオーバーヘッドを削減

● mmap()を使うには物理メモリ内に連続した空き領域が必要

　mmap()がユーザ空間に見せることができるのは，アドレスが連続した物理メモリです．Linuxのユーザ空間は100％仮想メモリで，カーネル空間でも特別に指定しないかぎり，仮想メモリが使われています．mmap()を使ってアプリとカーネルでメモリ空間を共有するためには，カーネル管理下の物理メモリ内に連続領域を確保する必要があります．

　しかし，物理メモリ空間はページという小ブロック単位に分割されて利用されるので，メモリの断片化（フラグメント）が進んだ場合には，HD画面表示用に必要になる数Mバイト～十数Mバイト単位の大きな連続領域が確保できない可能性もあります．

　対策として，カーネル起動前にmmap()用の連続物理メモリ領域をあらかじめ確保してしまって，そこをカーネルに見せないようにする，という方法があります．たとえばシステムに512Mバイトの物理メモリが搭載されている場合，先頭の128MバイトをHD画面表示用のフレーム・バッファ専用領域としてリザーブして，カーネルには128M番地以降の384Mバイトだけを見せるという方法です．mmap()用に確保した領域は物理アドレスがわかっているので，アプリとカーネル双方から物理アドレス指定でアクセスしてデータを受け渡すことができます．

　この方法の欠点は，カーネル管理外に確保した領域が，mmap()専用に固定的にリザーブされてしまうので，その領域が仮想メモリ用の資源としては利用できなくなることです．たとえば1080pビデオ出力はスマートフォンでは使用される頻度が低いですが，その対応のためにmmap()専用領域を確保すると，カーネルが利用できるメモリ・リソースが実質的に圧迫されてしまうことになります．

　物理連続メモリ領域をユーザ空間とカーネル・ドライバで共有するという課題に対して，実際には離散して配置された物理メモリを仮想的に連続にアクセスさせるためのIOMMU[注3]機能の活用や，DMAで確保したバッファ・ポインタを受け渡すためのDMA-mappingのしくみ，さらにカーネル内で連続物理メモリ領域を一度確保した上で使わないときだけ他のアプリケーションにメモリを貸し出すためのCMAというしくみなど，カーネルの新しい機構が開発されています．

注3：IOMMU…Input/Output Memory Management Unit，デバイスに対して仮想連続メモリ空間を見せる機構．

第1部　そうなっていたのか！ Linuxカーネルが動くメカニズム

その3：ハードウェア資源の共有管理（排他制御）情報

● 複数プログラムを同時に実行するLinux環境ではハードウェア資源の排他制御が不可欠

　Linux環境で動作するプログラムは，自分がすべてのハードウェア資源を専有していると思っていると説明しました．Linuxカーネルは，複数のプログラムを短い時間で切り替えながら見かけ上並列実行させるプリエンプション機能や，複数プロセッサを利用して複数のプログラムを実際に並列実行させるSMP動作にも対応しています．そのため，ハードウェア資源を利用する一つのプログラムの処理が完結しないうちに，別のプログラムが同じハードウェア資源を利用しようとするような競合状況（レース・コンディション）が発生する可能性があります．Linuxデバイス・ドライバは，このようなレース・コンディションが発生しても，アプリケーションをクラッシュさせてしまうことがないようにデバイスを制御しなければなりません．

　マルチユーザ，マルチタスクに対応したLinuxでは，プログラムはお互いに完全に独立に動作させることができますが，逆に複数のプログラムを連携させて一つの目的のための協調動作させたい場合もあります．複数のプログラムを同時に動かせる環境でプログラム連携を考えたプログラミングを，スレッド・プログラミングと呼びます．Linuxにおけるマルチタスクのスレッド間の同期には，以下の手段が用意されています．

1. セマフォ（semaphore）
2. ミューテックス（mutex）
3. 読み取り／書き込みロック（reader-writer lock）
4. バリア（barrier）
5. スピン・ロック（spin lock）
6. 条件変数（condition variables）

　ここではSystemV IPC注4というプロセス間通信の機構の中から，利用される機会の多いセマフォ（Semaphore）とミューテックス（mutex）を紹介します．

● 方法1：セマフォ…共有したい資源の数が二つ以上ある場合に使う

　セマフォの概念自体はRTOSなどに採用されているものと同じです．はじめに資源の数をセマフォ・カウンタの初期値に設定しておいて，プログラムが資源を利用する時にカウンタ値を減算し，返却するときに加算するしくみです．カウンタ値がゼロのときには，利用できる資源がない状態なので，利用できる状態になるまでプログラムに実行開始を待たせます．Linuxカーネル内部にもセマフォ機構がありますが，SystemV IPCのユーザ空間のセマフォ・カウンタは，プロセスをまたいで参照することが可能です．そのため資源を用意（＝セマフォ・カウンタを加算）したプログラムとは別のプログラムがそれを利用（＝カウンタを減算）する生産者消費者モデルと呼ばれるマルチ・スレッド実装にも対応できます．

　セマフォ・カウンタのしくみを正しく機能させるためには，あるプログラムがカウンタを操作中に，他のプログラムが操作できないように厳密に管理する必要があります．ここで注意しなければならないのは，カウンタ値を操作するプログラムがcounter++;のようにC言語で1行で書かれている場合であっても，コンパイラがアセンブラ命令に展開すると複数行になる場合があることです．Linuxのように複数プログラムが並列実行されるマルチスレッド環境では，複数行にアセンブラ展開されたセマフォ・カウンタ操作実行中のように，他のプログラムに実行が切り替わっては困るケースがあります．このように途中で中断されては困る操作を"不可分な操作"と呼び，そのような不可分な性質をアトミック性と呼びます．セマフォ・カウンタを操作する時には，不可分な演算を実行するためatmic_incなどのアトミック演算命令を使う必要があります（図7）．

注4：もともとはUnixバージョンVで導入されたプロセス間通信Inter Process Communicationからきています．

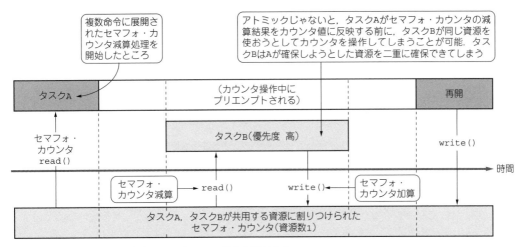

図7 セマフォ・カウンタの操作はアトミックに行う必要がある
タスクAのセマフォ・カウンタは専用のアトミック減算命令を使った不可分（アトミック）な減算処理として実行する必要がある

● 方法2：ミューテックス…マルチコア環境などで一つの資源を共有する場合に使う

　セマフォがカウンタで利用できる資源の数を管理していたのに対し，ミューテックスは単純に資源が使えるかどうか（＝ロックが掛けられるかどうか）によって資源の排他制御を行います．また，セマフォではプロセスをまたがってカウンタの加減算を行うことができましたが，ミューテックスの場合はロックの開放（＝資源の開放）はロックをかけたスレッドだけに許されています．この説明からは，ミューテックスはセマフォ・カウンタの上限を1とした排他制御の実装と同じ動きをすることになりますが，実際にはミューテックスには「優先度継承」や「優先度上限」など高度なマルチスレッド・プログラミング機構が拡張されています．最近は組み込み機器向けのソフトウェア開発でもマルチコアCPUを使う機会が出てきているので，これらの新しいスレッド同期のしくみを研究してマルチコア環境でも動作するプログラムを開発することができます．

仮想ファイル・システムVFS×キャッシュ・メモリでフル回転！

第8章 メモリに高速アクセスするしくみ

データ読み書きの課題

● データ読み書きの時間はデバイスによりけり

　CPUがデータを読み書きするコスト（＝必要な時間）は，ターゲットとなるデバイスによって大きく異なります．

　たとえば，キャッシュ用のSRAM領域は，CPUコアと同じシリコン・ダイに内蔵されるため，容量は小さいですが非常に高速です．その上，サイズやアドレスに関わらずバイトあたりのアクセス時間が一定になるという特性もあります．

　主記憶用のDRAM領域は，CPUに32/64/128ビット幅のパラレル・バスで接続され，連続アドレス領域に対するバースト・アクセスを得意とします．ただし，バイト単位のランダム・アクセスは苦手です．

　一方，アプリケーションを含めたLinuxプログラムの容量はかなり大きいため，HDDやSDカード，USBメモリなど大容量の外部記憶デバイスにプログラムを保存するのが一般的です．これらの外部記憶デバイスにデータを読み書きする場合には，バイト単位ではなくセクタという単位を利用します．セクタのサイズは512バイトや4Kバイトであることが多いです．Linuxではセクタという塊（＝ブロック）単位でアクセスをするデバイス（ハードウェア）をブロック・デバイスと呼んでいます（図1）．

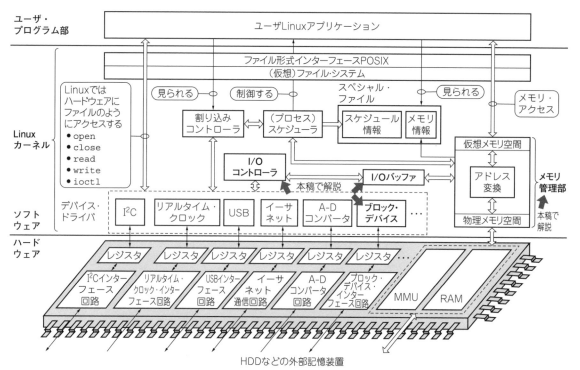

図1　本稿で解説すること…アクセスにえらく時間がかかるHDDなどのブロック・デバイスを高速に扱うためのしくみ

第8章　メモリに高速アクセスするしくみ

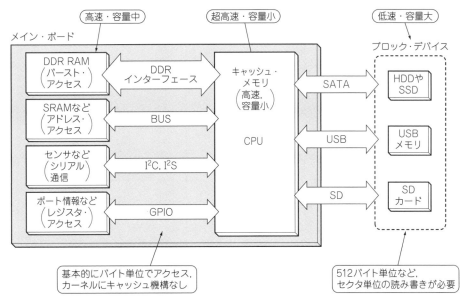

図2　ブロック・デバイスへのアクセスには時間がかかる

● 容量が大きいブロック・デバイスはデータを読み書きするまで手間と時間がかかる

　図2に示すように，オンボードのメモリ・デバイスのアクセスと比較すると，ブロック・デバイスへのアクセスには非常に大きなコストが必要となります．中でも，ハード・ディスク・ドライブ（HDD）やCD-ROMのようにメカを持った装置の場合，実際にデータを読み書きするまでに必要なメカの駆動時間が一番大きなコスト要因になります．

　たとえばHDDの場合，円盤状のメディアにデータが記録されているので，データ読み取り用の磁気ヘッドを適切なポジションに移動させるシーク動作の時間が必要です．さらにその後，読み取りたいデータが入っている場所まで円盤が回転してくるのを待つ，回転待ち時間も必要です．

高速アクセスの定石…キャッシュ・メモリを効率良く使う

　ブロック・デバイスへのアクセス効率を良くする一般的な方法は，高速なメモリ上にデータを一時保管して，低速なブロック・デバイスへのアクセス回数を減らすことです．このデータの一時保管に使うメモリをキャッシュ・メモリと呼びます．Linuxカーネルには，ブロック・デバイスへのアクセスのためのキャッシュ・メモリ管理のしくみが組み込まれています．カーネル管理キャッシュというソフトウェア・キャッシュです．キャッシュ・メモリは，Linuxカーネル以外にもいろいろな場所に組み込まれているので，整理しておきます．

● そこかしこに散りばめられたハードウェア・キャッシュ・メモリ

▶ その1：CPU内蔵キャッシュ

　Linux対応のCPUには実行命令コードやデータを記憶するための多段のキャッシュ・メモリや，仮想メモリ番地と物理メモリ番地の対応付けを覚えておくMMUのキャッシュであるTLB（Translation Lookaside Buffer）などが組み込まれています．これらは専用のハードウェアによるキャッシュ機構です．

▶ その2：記憶装置内蔵キャッシュ

　HDDやCD-ROMなどの記憶装置の中にも，キャッシュ用のSRAMが搭載されています．そのため，外部デバイスにアクセスしたからといって，必ずメカが動くというわけではありません．

69

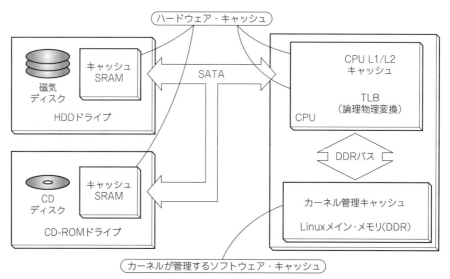

図3 キャッシュ・メモリはシステム全体に分散して組み込まれている

　図3に示すように，実際のシステムはいくつものキャッシュ機構が組み合わされて動作しています．アプリケーションからデータを読み書きした場合，どこのキャッシュがヒットするかを予測することは困難です．
　通常のアプリケーションは，システム内に組み込まれているキャッシュ機構を意識する必要はまったくありません[注1]．Linuxを使わない純粋な組み込み機器制御用のファームウェアでは，データ・アクセス時間を含む命令のサイクル数（＝実行時間）をカウントして，精密な制御タイミングを作り込むこともあります．しかし，複雑にキャッシュ機構が組み合わされたシステムの場合，キャッシュにヒットするかどうかで実行時間が大きく変化してしまうので，命令サイクル数でタイミングを管理することはできません．
　高度なキャッシュ機構が組み込まれたLinuxには，実時間性（＝リアルタイム性）はありません．しかし，キャッシュのアルゴリズムを最適化してヒット率を高めることができれば，毎回外部記憶デバイスにアクセスしてデータを読み書きするシステムよりもはるかに高い性能を達成できる可能性があります．つまり「実時間性がないこと＝悪」ではありません．
　次に，Linuxカーネルのブロック・デバイスへのアクセス方法を見てみましょう．

仮想ファイル・システムVFSとは

● めんどうなブロック・デバイスとのやりとりを隠ぺいしてくれる

　Linuxカーネルはext3，ext4，UBIFS，jffs2などいろいろなファイル・システムに対応しています．ファイル・システムが異なると，外部記憶装置上のデータの配置が異なるのですが，アプリケーションがファイルにアクセスするときに外部記憶装置上のデータ配置を意識する必要はありません．これは，アプリケーションからはLinuxカーネルに組み込まれたVFS（Virtual File System：仮想ファイル・システム）だけが見えるようになっているからです．図4に示すように，Linuxカーネルの中ではアプリケーションに見せるVFSアクセスと，ブロック・レイヤと呼ばれる実際のブロック・デバイスに対するアクセスを分離しています．ファイル・システムの違いはブロック・レイヤの中に隠蔽されているので，アプリはファイル・フォーマットを意識する必要はありません．

注1：データのリード/ライト性能をベンチマークする場合には，例外としてキャッシュされたデータをクリアしたりキャッシュ機構を無効化したりする必要があります．

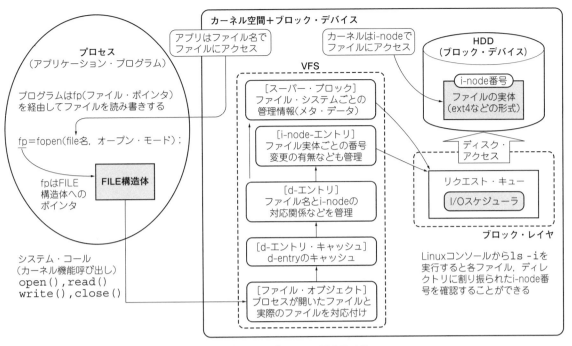

図4 VFS（仮想ファイル・システム）はアプリとブロック・デバイスの間を取り持つ

● ブロック・デバイス情報を管理している

　アプリケーションは，ファイル・ディスクリプタに対するリード/ライトを行うことでファイルを読み書きします．VFSレイヤでは，Linuxカーネルの内部でディスクリプタと実際のブロック・デバイス上のファイル・データを関係付けるため，次のような情報を管理しています．

- file：アプリケーションがファイルを操作するためのオブジェクトで，ファイルの状態を管理する
- super_block：ファイル・システムに関するメタデータ（管理情報）が格納された構造体
- inode：ファイルに対するindex番号，カーネルはファイル名ではなくinodeでファイルを指定する
- dentry：ファイルの階層構造（ディレクトリ・エントリ）を管理する情報

キャッシュ・フル回転! 仮想ファイル・システムVFSの動作

● リード/ライト時の動き

　アプリケーションからのデータのリード/ライトに，低速なブロック・デバイスとのアクセスが発生すると，アクセスが完了するまで待たされることになります．この問題を解決するため，VFSにはブロック・デバイスとのアクセスを効率化するキャッシュ機構が組み込まれています．

▶リード時：時間がかかる場合は要求元のプロセスをスリープさせて他のプロセスを動かす

　リードしたいデータがキャッシュ上にあれば，すぐにデータを返すことができます．もし，リードしたいデータがキャッシュになければ，ブロック・デバイスからデータを読み込む必要があります．その場合，ブロック・デバイスのリードをスケジュールするだけでなく，データを待っている間に他のプロセスが動けるように，データを要求したプロセスを一度スリープさせます．

▶ライト時：とりあえず書き込んだと見せかけておいて…その後タイミングを見計らって書き込む

　一方，アプリケーションがデータを書き込む場合は，キャッシュ・メモリ上にデータが保存された時点で

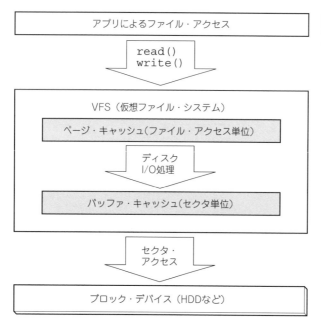

図5 VFSのキャッシュは2段構造！ページ・キャッシュはソフト寄り，バッファ・キャッシュはハード寄り

アプリケーションに書き込み完了と伝えます．ブロック・デバイスに対するデータ・ライト完了は待ちません．ブロック・デバイス実物へのライトは，カーネルが全体の動作を見ながらタイミングを調整します．そのため，ブロック・デバイスへの書き戻しが完了しない状態で電源が切れると，キャッシュ・メモリの内容が消えてしまうので，ファイルにはデータが書かれないままになってしまいます．正常なシャットダウン処理の中では，ライト・キャッシュの書き戻し処理が行われます．しかし，緊急時に強制的にシステムを停止するようなプログラムを作成する場合には，キャッシュ・データをブロック・デバイスに書き戻すsyncコマンドを必ず実行しないといけません．

● 2段構造になっている
▶ その1：アプリ側にあるページ・キャッシュ
　Linuxカーネルには，ブロック・デバイスに対するリード／ライト効率を高めるために，ページ・キャッシュとバッファ・キャッシュという2種類のキャッシュ機構が組み込まれています．図5に示すように，アプリケーションからのファイル・アクセス単位で読み込んだページ・データを一時記憶するのがページ・キャッシュです．
▶ その2：ハードウェア側にあるバッファ・キャッシュ
　バッファ・キャッシュは，HDDなどブロック・デバイスをアクセスするときに経由されるもので，アプリケーションからのデータの読み書きのタイミングと実際のHDDなどへのアクセスを非同期にすることができます．カーネルが，アプリケーションに書き込み完了（writeシステム・コールの完了）を通知したデータも，実際にHDDに書き込まれるまでの期間はバッファ・キャッシュに保存されています．

● 実際にキャッシュの使用状況を見てみる
　ページ・キャッシュとバッファ・キャッシュは，カーネルが自ら管理するシステム・メモリの中にキャッシュ用のデータを一時保存するものです．専用ハードウェアがそれぞれ別にあるわけではありません．ページ・キャッシュ，バッファ・キャッシュの使用状況は，Linuxコンソールでfreeコマンドを実行すると簡単に調べられます．freeコマンドで出力される各項目には，次のような意味があります．

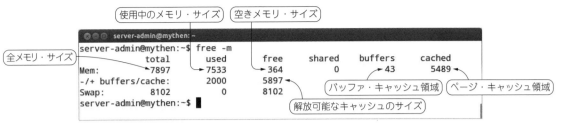

図6 空き容量が全然ない…ように見えても実は大丈夫
freeコマンドでメモリの空き容量を確認すると実は空き領域をキャッシュとして確保しているだけ

図7 vmstatコマンドを実行するとすぐに解放できないキャッシュが確認できる

- total：カーネルが認識しているメモリのサイズ
- used：現在カーネルが使用中のメモリ・サイズ
- free：カーネルが使用可能な空き領域
- buffer：バッファ・キャッシュ領域
- cached：ページ・キャッシュ領域

● メモリ枯渇でシステム・クラッシュの危機!?…ではない

　図6は，稼働中のLinuxサーバ・マシンで，freeコマンドを実行した結果です．1行目の Mem: 行のtotalを見ると，カーネルは7.89Gバイト認識していることがわかりますが，驚くことに7.53Gバイトがused（使用済）になっていて，free（空き容量）は0.36Gバイトしか残っていません．メモリ使用率は7.53Gバイト/7.89Gバイト=95%で，今にもメモリ枯渇でシステムがクラッシュしてしまうギリギリの状態に見えます．

　しかし，冷静になってcachedの列のページ・キャッシュ・サイズを確認すると，全メモリ7.53Gバイトの72%に相当する5.48Gバイトは，ページ・キャッシュとして確保された領域であることがわかります．キャッシュは一時保存用領域なので，デバイスへの書き込みなど必要な処理が完了した領域は，必要なときには解放できます．freeコマンドの出力の2行目の-/+ buffers/cache: には，解放可能なキャッシュのサイズが表示されます．2行目を見ると，usedはわずか2.0Gバイトで，実際には約6Gバイトの十分余裕のある空きメモリがあることがわかります．

● 空き領域もムダにしない！高速化のためハード資源を積極的にキャッシュに流用

　freeコマンドの実行結果から，Linuxカーネルが自分で管理するシステム・メモリの中で，プログラムによって確保されていない空き領域を積極的にキャッシュ用に流用していることがわかります．Linuxカーネルには，メモリがあればあるだけ活用して，ブロック・デバイスに対するリード/ライト性能を自動最適化する機構が組み込まれています．

　図7のように，vmstatコマンドに-aというオプションをつけて実行すると，キャッシュされたデータのうち解放可能なものがどの程度あるかを確認できます．ここでinactとなっているのは，すぐに解放可能なキャッシュ領域です．ブロック・デバイスへの書き戻しが完了していて，最近参照されていないデータが解放

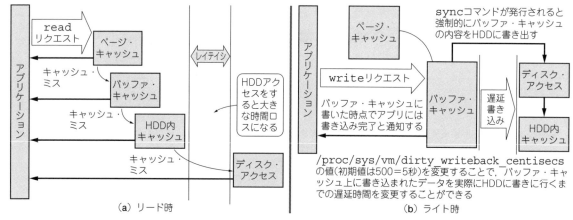

図8 HDDにデータをリード/ライトする時のバッファリング動作

可能なデータに分類されます．

通常はカーネルが自動的に必要に応じたキャッシュ解放を管理しますが，次のように/proc/sys/vm/drop_cachesというファイルを操作することで，キャッシュされたデータを強制的に解放することもできます．

- echo 1 > /proc/sys/vm/drop_caches
  →ページ・キャッシュのクリア
- echo 2 > /proc/sys/vm/drop_caches
  →dentryとinodeキャッシュのクリア
- echo 3 > /proc/sys/vm/drop_caches
  →上記をまとめてクリア（syncを実行してからクリアすること）

ブロック・デバイス・アクセスを制御するI/Oスケジューラの動作

● ブロック・デバイスは低速なのでアプリとは非同期

最後にカーネルがブロック・デバイスを読むしくみを見てみましょう．アプリケーションからハードウェアにアクセスしたときは，通常，カーネル空間のデバイス・ドライバが呼び出されて，すぐにデバイスへのアクセスが発生します．当然プロセス・スケジューリングに伴う順番待ちは発生しますが，基本的にはアプリケーションのトリガに同期してデバイスへのアクセスが開始されます．

それに対してブロック・デバイスは，アプリケーションからのアクセスと実際のデバイス・ドライバの動作をわざと非同期にしています．これは低速なブロック・デバイスにシステムの性能が制約されないようにするカーネルのインテリジェンスです．ブロック・デバイスのアクセス・タイミングは，I/Oスケジューラと呼ばれるLinuxカーネル機構が決めています．図8に示すように，キャッシュ機構との連携によりアプリケーションから見えるデータ・アクセスのタイミングと実際にHDDにアクセスするタイミングは一致しません．

● メカの動きまで考慮！高速化のための涙ぐましい努力

図9はHDDの内部構造を示したものです．毎分5,000回転以上で高速回転する複数枚の磁気円盤（プラッタ）の横にアームと呼ばれる腕木が置かれています．その先端にデータを読み書きする磁気ヘッドが取り付けられています．ディスク上のあちこちの場所に分散して記録されているデータの場所を見つけるため，ディスク・アクセス中はアームがディスクの内周と外周の間を激しく往復します．カリカリとかカカカカとい

図9 HDDドライブの内部構造

ったHDDの動作音は，ヘッドが激しく動く音です．カーネルはアプリケーションから要求されたリード/ライトの順序を故意に入れ替えて，無駄なヘッドの動きを抑えてアクセス効率を高めようとします．

● ユーザが任意にデバイスに合わせた設定もできる

I/Oスケジューラの最適値は，ブロック・デバイス内に組み込まれたキャッシュ・メモリの大きさや，ブロック・デバイス側での読み取り順序最適化機能[注2]の有無など，ブロック・デバイスの構造によって変わります．そのため，I/Oスケジューリングの設定はブロック・デバイスごとに設定できるようになっています．設定可能な代表的なI/Oスケジューリング・ポリシには次のようなものがあります．

- noop（No Optimization）：要求された順番どおりにブロック・デバイスにアクセス
- cfq（Complete Faireness Queeing）：各プロセスごとにアクセスのチャンスを公平に再分配
- deadline：ヘッドの移動量を最小化，ただし最大待ち時間を超えないように自動調整
- anticipatory：すぐ近くのデータが呼ばれる可能性を予測してわざと遠くへのシークを待たせる

各ブロック・デバイスごとのI/Oスケジューリング・ポリシの設定は，/sys/block/（ブロック・デバイス名）/queue/schedulerというファイルから操作します．図10はこのファイルの表示例です．これを見ると，このシステムで/dev/sdaというHDDに設定可能なポリシは，noopとdeadlineとcfqの3種類で，現在cfqが設定されていることがわかります．このファイルにechoコマンドでスケジューリング・ポリシを書き込むことで，ディスクごとの設定を変更できます．

通常はあまり意識する必要のないブロック・デバイスのアクセス・タイミング設定ですが，パラメータを調整することで性能の改善が期待できるケースもあります．また，ブロック・デバイス自体の高性能化，高機能化に伴い，あえてカーネルでI/Oを再スケジュールしないnoopを使ったほうが性能が出るケースもあります．

＊　　　　＊　　　　＊

ブロック・デバイス内のデータ配置，障害が起こった場合のデータ保全は，ブロック・デバイス内のファイル・システムに依存します．各ファイル・システムの特徴については，第14章で説明します．

```
munakata@muna-E420:~$ cat /sys/block/sda/queue/scheduler
noop deadline [cfq]
munakata@muna-E420:~$
```

スケジューリング・ポリシに cfq が設定されている

図10 I/Oスケジューリングの設定を確認した結果

注2：NCQ…Native Command Queuing．ドライブ内で命令の実行順序を入れ替えて最適化する機構です．

第9章 グラフィック描画＆表示のしくみ

Linuxボード使用時は知っておきたいWindow System & 最新フレーム・バッファ

● インテリな描画＆表示機構が必要な理由…複数アプリが動かせてもディスプレイは一つしかない

　画面出力を持つ複数のLinuxアプリケーションを同時に利用する場合，それぞれのアプリケーションは，オフスクリーン・バッファと呼ばれるRAM領域に，画面のピクセル・イメージ（ビットマップ）を描画します．この画面イメージをカーネルが管理する表示コントローラに渡すことで，最終的にLCDパネルなどの表示デバイスに画像が表示されます．

　LinuxはマルチタスクOSなので，アプリケーションはそれぞれに確保したオフスクリーン・バッファに非同期に画面イメージを書き出しますが，画面のあるアプリケーション（＝描画クライアント）が複数ある場合には，共用しているディスプレイ装置にどのアプリケーションの画面を表示するのかを管理するために，描画サーバ機能が必要になります（図1）．

　ディスプレイに画面を描画することをレンダリングと呼びます．描画サーバはディスプレイの数や解像度，画面更新レート，表示可能な色の数，ローテーション（横長か縦長か）などディスプレイ装置の仕様に合わせたレンダリングを行う必要があります（図2）．

　組み込みLinuxボードの起動/停止やコマンド実行などを制御するコンソール端末は，文字表示だけのキャラクタ画面の場合が多いです．

　Linuxパソコンでは，グラフィック画面上に複数のアプリケーションを並べてマウスなどでアプリを切り

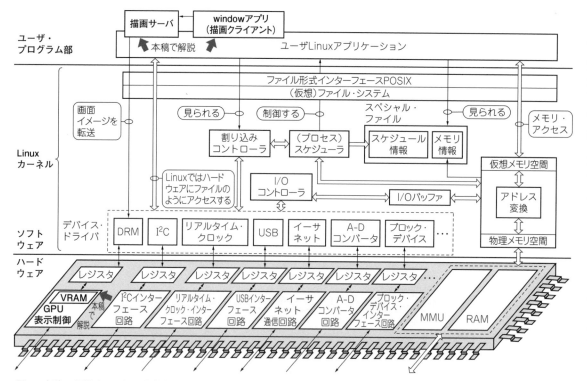

図1　本稿で解説すること…進化中！いくつものアプリからのグラフィックス描画＆表示要求を整理してくれるしくみ

第9章　グラフィック描画&表示のしくみ

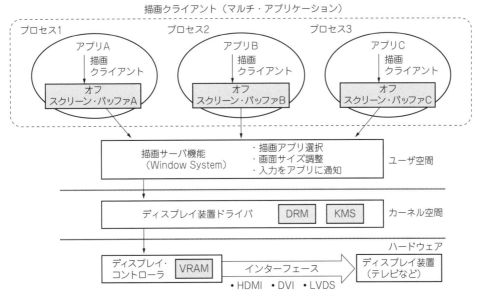

図2　Linuxのグラフィックス描画&表示を管理する描画サーバ機能…複数アプリの画面を選択・表示してくれる

替えながら操作するマルチウィンドウの利用が一般的でしょう．

スマートフォンやタブレットの場合には，基本的には一つのアプリが全画面を専有します．アプリを切り替えるときにはフリック操作などで画面ごと切り替える使い方になります．組み込み機器では画面描画を行うアプリは一つだけというケースもあるでしょう．本稿ではLinuxカーネルのディスプレイ制御機構について説明します．

組み込みLinux機器における制約

● パソコンと組み込み機器の違い

リーナス・トーバルズ氏がインテル80386プロセッサを搭載した彼のパソコンでLinuxカーネル開発をスタートしてから今日に至るまで，Linuxの基本開発環境はパソコンです．グラフィックス・サポートについても，PCI Express（PCIe）やAGPポートで接続されたグラフィックス・カードで利用することを前提に開発されてきました．

表1はパソコンとLinuxを応用した組み込み機器のグラフィックス機能実現方法を比較したものです．はじめにパソコンと組み込み機器のLinuxグラフィックス機能の実装の違いについて確認しておきましょう．

● 制約①：画像処理にもシステム・メモリを使う

表示イメージを格納するVRAMと呼ばれるメモリの違いに注目してください．パソコンのグラフィックス・カード上には画像処用専用の高速メモリ・チップが搭載されていて，PCI Experssなどのバス経由でシステム・メモリから描画イメージを転送します[注1]．

一方，組み込み機器では専用VRAMを使うケースはほとんどありません．一般的にVRAMはシステム・メモリ内の物理アドレス連続領域に確保します．

MMUは，CPUが仮想アドレスを利用できるように仮想/物理アドレスの変換を行う専用ハードウェアですが，IOMMUは，GPUなどのハードウェアでも仮想アドレスが利用できるように仮想/物理アドレス変換

注1：最近のノート・パソコン用グラフィックス機能内蔵CPUでは，システム・メモリの一部をVRAMに割り当てるケースがあります．

77

表1 組み込みLinux機器のグラフィックス機能はパソコンと比べると制約がある

比較項目	パソコン	組み込みシステム
GPU	外付けグラフィックス・カード	SoCに内蔵
バス	PCI Express，AGP経由	内部バス結合
VRAMの場所	ボード上に専用VRAM	システム・メモリの一部
VRAMアドレス配置	仮想連続 IOMMUで変換	物理連続空間
Window System	X Window System Mir (Ubuntu)	DirectFB Wayland
ハードウェアによるレイヤリング管理	なし	あり ハード合成
3D描画 API	OpenGL	OpenGL/ES

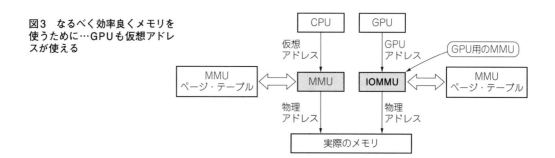

図3 なるべく効率良くメモリを使うために…GPUも仮想アドレスが使える

をするCPU以外向けのアドレス変換ユニットです（図3）．描画用回路（グラフィックス・エンジン）にIOMMUが組み込まれている場合には，物理非連続なメモリ上に展開された描画イメージを取り扱うこともできます．

● 最近のプロセッサにはGPUや描画エンジンが内蔵されている

　最近の多くの組み込み機器制御用のSoCには2D/3D描画エンジンが内蔵されています．CPUは描画命令を発行するだけで，あとは描画エンジンが実際の描画イメージ作成に必要となる複雑な演算処理を肩代わりして計算してくれます．さらにblitと呼ばれるVRAMへのメモリ・コピーなども描画エンジンがCPUの助けを借りずに処理できるようになっています．

　グラフィックス・カードやSoCの描画エンジンを総称してGPU（Graphics Processing Unit）と呼びます．最近流行のタッチ操作ベースのユーザ・インターフェースを実現するために，GPUはCPUと同じくらい重要な意味を持っています．

● 制約②：VRAMの転送速度が遅い

　図4に示すようにパソコン・アーキテクチャと比較すると組み込み機器のメモリ転送速度はやや遅いです．もし描画イメージのコピーをなくすことができれば，ハードウェア・アーキテクチャ上のハンディキャップの影響を受けなくなります．

▶ 対策…VRAMアドレスをポインタ渡しすることで描画の効率UP！

　SoC内蔵の3Dグラフィックス・エンジンを制御するデバイス・ドライバには，GPU内蔵のMMUが管理するVRAMの物理アドレスを読み出す機能を持ったものがあります．物理アドレスがわかれば，3Dグラフィックス・エンジンが確保したVRAMの開始位置をポインタとしてアプリケーションに通知することができます．そうすることによって，アプリケーションは直接，画面イメージ・データをVRAMに書き込むことができます．

第9章　グラフィック描画&表示のしくみ

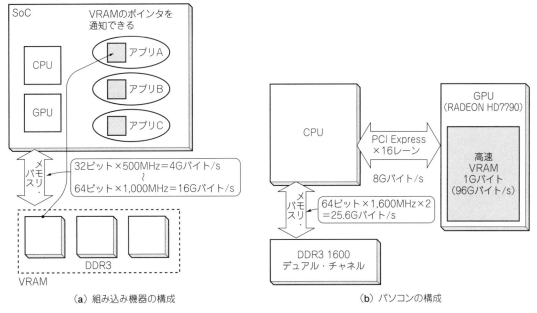

（a）組み込み機器の構成　　　　　　　　　　（b）パソコンの構成

図4　組み込みLinux機器の制約②：VRAMの転送速度がやや遅い

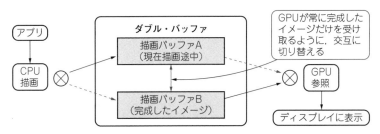

図5　イメージ転送のダブル・バッファ構造
GPUには常に完成したイメージだけを見せる

　近年，Linuxカーネルの進化によって，このようなコピーレスのインテグレーションが可能になりました．結果として，電池駆動のスマートフォンでもハイエンド・パソコンに近い描画性能を達成できるようになりました．

● GPUを使うとき避けて通れない…アクセス競合対策ダブル・バッファ

　GPUにはメモリ・コントローラが内蔵されているので，直接メモリの読み書きができます．このようにCPUの助けを借りずデバイス・アクセスができるものを，バス・マスタ・デバイスと呼びます．DMAコントローラやマルチコアの各CPUコアもそれぞれがバス・マスタ・デバイスです．

　ここで考慮しなければならないのは，CPUがアプリケーションの表示イメージを書き込んでいる途中で，GPUが同じイメージをディスプレイ装置に転送してしまって描画途中の書きかけの画面が表示されてしまうようなアクセス競合を起こすケースです．このようなバス・マスタ・デバイス間のアクセス競合の調停を行うことを「表示の同期をとる」と呼ぶことがあります．

　CPUによるアプケーション画面描画とGPUのイメージ転送の同期をとるためにはダブル・バッファ（2面）構造を導入して，GPUには常に完成した画面イメージ面だけを見せるような実装が必要となります（**図5**）．

　アプリがOpenGL/ESなどを使った描画を多用するシステムで，画面更新レートが60Hz以上になるような

79

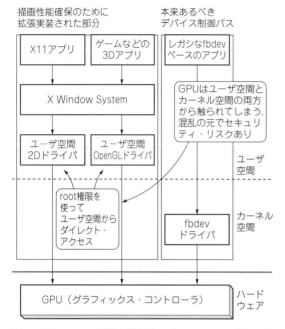
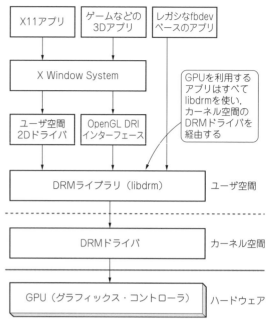

図6 最近のLinux機器の問題点…グラフィックス描画＆表示を制御するパスが複数存在する

図7 対策…GPUへのアクセスをすべて管理する最新DRM機能を使う

最近のスマートフォンのようなケースでは，3D描画エンジンの描画処理との同期も考慮したトリプル・バッファ構造を採用しているケースもあります．

Linuxの最新フレーム・バッファ管理機能DRM

● 単純な画面構成であればフレーム・バッファでよかったが…

次に表示装置を制御する部分を見てみましょう．Linuxカーネルには，さまざまな表示デバイスを接続するためのHDMI，DVI，USB，LVDSなどのインターフェース制御用のデバイス・ドライバがあらかじめ組み込まれています．ここではそのような物理的な表示装置の手前で，抽象的な表示面をアプリケーションに見せている部分に注目します．

伝統的にLinuxカーネルは，アプリケーションがビットマップ・データを出力するターゲットとして，`/dev/fb`といった名前でアクセス可能なフレーム・バッファ・デバイスを見せていました．文字表示だけのコンソール端末や単純な画面構成の組み込みシステムであれば`/dev/fb`でよかったのですが，最近の複雑な画面表示への対応にはいくつかの課題が見えてきました．

● 最近のLinux機器の問題点…描画や表示が複雑過ぎて管理できない

図6に示すようにLinuxパソコンでは，フレーム・バッファ描画以外にも画面表示の手段があります．

X Window system APIを使うアプリケーションや，OpenGLなどの3D描画命令を直接発行するアプリケーションなどです．また，メディア・プレーヤのように動画デコード結果をV4L2（Video for Linux 2）というマルチメディア・インターフェース経由で表示させるケースも増えてきています．

これらのケースでは，ユーザ空間から直接，データを出力するので，結果的に表示デバイスは複数の経路から制御されることになります．これだと複雑なアクセス調停が必要となるだけでなく，ユーザ空間からも

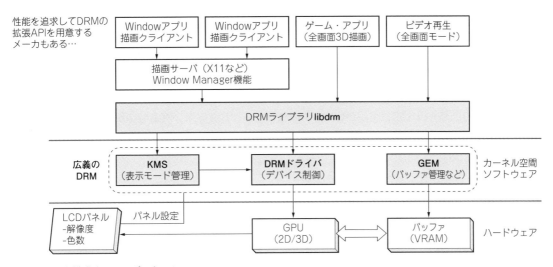

図8 DRMを構成するコンポーネント

ハードウェアを直接触らせる実装になるので[注2]，ユーザ空間とカーネル空間の切り替えレイテンシに起因する画面解像度切り替え時の画面ちらつきなどが発生します．またユーザ空間のプロセスにroot権限を付与する必要があることが，セキュリティ上の懸念としてもクローズアップされてきました．

● 対策…GPUへのアクセスをすべて管理する最新DRM機能を使う

このような混乱を解決するため，フレーム・バッファの置き換えとして考案されたのがDRM（Direct Rendering Manager）と呼ばれるしくみです．DRMでは従来のフレーム・バッファに対して以下に列挙した機能が拡張され，カーネル空間のDRMドライバだけが表示デバイスを制御できる構造にしました．この結果，図7のようにすべての描画アプリケーションは直接GPUを制御するのではなく，DRMをターゲットに描画を行うように変更されました．

- 複数アプリから同時に利用可能な抽象化された表示デバイス・ドライバの提供
- ハードウェアに直接データを書き込むためのDRIインターフェースの提供
- GPU固有の拡張機能を利用できるようなベンダ固有の拡張APIのサポート
- DMA，AGPなどのメモリ管理，リソースの競合（ロック）管理，セキュリティ管理

DRMは新世代のLinux表示フレームワークの総称として，「このシステムはレガシーなフレーム・バッファの代わりにDRM（またはDRM/KMS）が採用されています」という言い方もします．詳しく見ると図8に示されたようにDRM，KMS，GEMといった複数のコンポーネントから構成されています．

- libdrm：上位プログラムにDRMの機能を見せるためのユーザ空間ライブラリ
- DRM（Direct Rendering Manager）：実際の表示デバイスにアクセスするカーネル・ドライバ
- KMS（Kernel Mode Setting）：画面の解像度，色数などを設定するもの
- GEM（Graphics Extention Manager）：バッファ（VRAM領域）管理，GPUの実行コンテキストの管理を行うドライバ

注2：ソース・コードを公開したくないという理由から，ユーザ空間にデバイス・ドライバが実装される例があります．

第1部　そうなっていたのか！Linuxカーネルが動くメカニズム

● メーカ専用DRM拡張ヘッダはOne kernel for Allの基本原理に背く

　DRMはフレーム・バッファを置き換えるしくみなので，/dev/fbと同じようなチップ非依存な抽象化
された表示デバイス・インターフェースを提供すべきという意見もあります．しかし実際には，インテルや
NVIDIAなどのGPUメーカ各社が，自社のGPUに内蔵されたチップ固有の拡張機能が活用できるようなメー
カ専用DRM拡張ヘッダ[注3]を提供しています．

　ハード非依存の汎用APIを定義するか各ハードの個性を尊重した専用APIを見せるかは，二律背反の難し
い問題で，One kernel for Allの汎用性を基本原理とするLinuxカーネルにとってはセンシティブな問題とな
ります．

　当初はパソコン向けを中心に開発が進められたDRMですが，組み込み機器への適用が進むのに合わせて，
最近のカーネルではGPU固有の機能を排除して標準DRM機能のままで汎用的に使えるdumb-KMS[注4]も導
入されています．

マルチ画面を出力するしくみWindow System

● 表示画面の共有や重ね合わせ機能は組み込み機器にも必要

　パソコンのデスクトップ画面にはブラウザやメーラなど，複数のアプリの画面が表示されているでしょう．
アプリの背後で黒子として動作しているOSは，ユーザが現在どのアプリを選択しているかも把握している
ので，キーボードから文字データが入力されたときにはユーザが意図したアプリに正しくデータを受け渡す
ことができます．

　画面上でアプリの作業領域が重なっている場合には，現在選択されたアプリの作業ウィンドウを前面に表
示するといった表示の重ね合わせ（＝レイヤリング）の管理もOSが担当しています．

　組み込み機器の画面にはユーザが場所や大きさを操作できる作業領域（＝ウィンドウ枠）の概念はありま
せんが，パソコンと同じようにOSレベルで表示画面の共有や入力イベントの受け渡しを管理する必要があ
るケースがあります．例えばメディア・プレーヤのビデオ再生画面上に再生・停止などのタッチ操作ボタンが
オン・スクリーン表示されているときには，ユーザが画面をタッチした位置に応じてOSが適切な操作イベン
トをアプリに通知する必要があります．またカーナビの画面は，それぞれが独立に動作している地図表示ア
プリ，経路計算アプリ，現在位置管理アプリ，渋滞情報などを受信して表示するアプリなどの出力が，一つ
の画面上に重ね合わされています．このようなグラフィックス・ユーザ・インターフェースの管理を行うOS
の機能をWindow Systemと呼びます．

● Linuxパソコンで定番のX11が組み込みでも！

　Linuxパソコンでは，X11[注5]と呼ばれるWindow Systemが長く標準的に使われてきました．図9に示す
ようにX11はクライアント・サーバ・モデルで実装されています．X11では描画を行うアプリ側をクライアン
トと呼びます．また，キーやマウスの入力を，現在選択されているアプリケーションに通知したり各アプリ
からビットマップ・イメージを受け取ったりする機能をXサーバと呼びます．

　Xサーバとクライアントは，Xプロトコルと呼ばれる標準化された言語で通信します．Xプロトコルを理解
するアプリであれば，後からインストールしたものでも連携させることができます．

▶ 最近はあまり見ない… 軽量版Tiny X

　最近はほとんど見なくなりましたが，以前はLinuxワークステーションが非常に高価だったので，X端末
と呼ばれる安いマシンを何台かネット経由で接続して，複数の開発者や教室の生徒がワークステーションの

注3：カーネル・ソースの/usr/include/libdrm下にi915用とかRadeon用などの拡張ヘッダ（/usr/include/li
bkms/libkms.h）があります．
注4：/usr/include/libkms/libkms.h
注5：X window system，X，X orgなどとも呼ばれます．

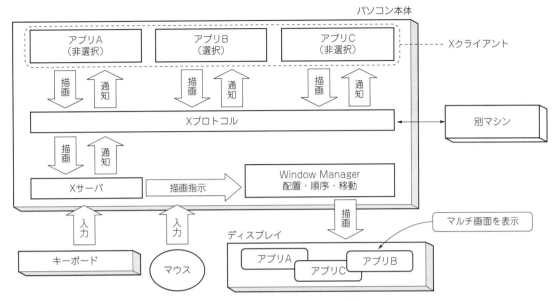

図9 最近の高性能組み込みLinux機器はパソコンと同じWindow Systemを使う
X11はクライアント・サーバ・モデルを採用している

計算機資源を共同利用していました．Xプロトコルは，このようなネット越しに接続されたX端末からもグラフィックス・インターフェースが使えるようにと考えられたものなので，あえてクライアントとサーバに役割分担させた実装になっています．

クライアント機能とサーバ機能が同一マシン上で動作している組み込み機器では，X11は過剰と感じるかもしれません．実際，以前の組み込み機器ではクライアントとサーバに機能分割されていない軽量版のTiny Xと呼ばれるしくみが使われたこともあります．アプリがパソコン並みに複雑になってきた最近のスマートフォンやカーナビでは，クライアント・サーバ型のWindow Systemが使われるようになっています．

● テレビやカーナビで活用されているハードウェア描画機能がパソコンで使われる!?

　Window Systemの中で実際にユーザ入力のアプリへの受け渡しや各アプリの作業領域の移動，拡大縮小，表示位置順序の調整など描画を担当しているプログラムをWindow Managerと呼びます．組み込み機器で使われるWindow Managerの中には，GPUが管理するVRAM領域への直接描画に対応できるものがあります．この機能が特に有効なのは，ハイビジョン解像度などの大画面を何枚も合成して最終画面を作っているケースです．具体的には，カーナビの画面合成や，地デジ・テレビなどがあります．これらの表示制御の専用LSIには，ハードウェア的にビットマップを合成するハードウェア・レイヤ合成機能が内蔵されています．Window Managerがチップに内蔵されたレイヤ合成エンジンに対して画面合成の順序や領域設定などを指示することができれば，ハードウェアの合成機能を使った表示ができます．

　X11系のWindow Managerにはハードレイヤの概念がありません．しかし，デジタル・テレビ用のWindow Systemとして開発されたDirectFB[注6]など，積極的に専用LSIに内蔵されたハードウェア描画のしくみをサポートしたものもあります．今後パソコンの画面高精細化やタブレットの高機能化に対応していくために，組み込み系Window Managerで先行して活用されているハードレイヤ合成活用の機能をサポートしていく必要があると考えています．

注6：http://www.directfb.org/

デバドラ経由からDMA転送，最新の取り組みまで

第10章 大容量データ受け渡しのしくみ

● アプリは仮想メモリを使うが…ハードウェアとデータの受け渡しをするには物理アドレスが必須

　第1部では，Linuxのアプリケーションがプロセスと呼ばれる仮想CPU環境の中で動作していることを紹介してきました．それぞれのプロセスは独立したメモリ空間を持っています．そのため，プロセスをまたがってデータを受け渡す場合，直接相手のプロセスのメモリ空間に書き込むことはできません．さらに，各プロセスから見えているメモリ空間は仮想メモリなので，実際に搭載されている物理的なメモリ領域よりもずっと大きな空間が見えています．

　プロセス内でデータの演算を行っているかぎり，自分が仮想メモリを使っていることを意識する必要はありません．しかし，プロセスの外側であるカーネル空間に配置されているデバイスにアクセスする場合，転送先の物理アドレスがわからないとデバイスまで到達できません．

　本稿では仮想メモリを使うLinuxで大きなデータを効率的に扱うためのカーネルのしくみを紹介します（図1）．

Linuxにおける大量データ受け渡し方法

　Linuxにおけるデータ受け渡しの方法は，大きく次の三つに分類できます．

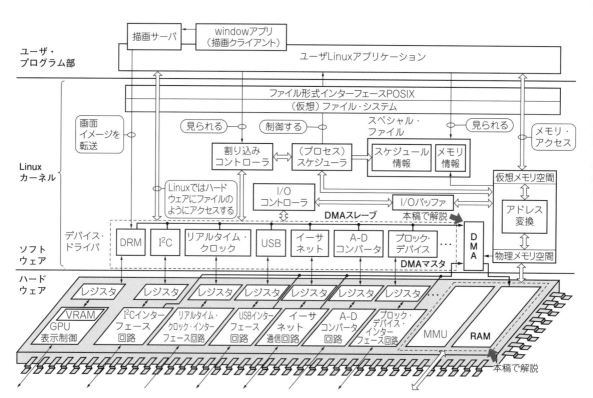

図1　本稿で解説すること…DMA転送などの大量のデータを送る方法
Linuxはマルチタスク OS としての安全性を優先しているので大量のデータの受け渡しには向かないが，しくみがいくつかある

第10章 大容量データ受け渡しのしくみ

Column　アプリどうしなら簡単！ 共有メモリ経由で受け渡す

　図Aは，あるアプリケーション・プログラムAが，別のアプリケーション・プログラムBにデータを渡しているようすです．プログラムAがカメラからデバイス・ドライバ経由でHD画像を読み込み，別のプロセスで動作するプログラムBにデータを渡して，ソフトウェア・エンコーダ処理を行っています．このように，ユーザ空間のプロセスどうしで大きなデータを受け渡しが必要になることがあります．

● データ格納場所を共有できれば簡単にデータを受け渡しできるが…肝心の物理アドレスがわからない

　各プロセスは独立した仮想メモリのメモリ空間を持っています．別々のプロセスで動作するプログラムから同じアドレスにアクセスしても，別々の仮想メモリのアドレスなので物理メモリ上では必ず別の場所を指します．このため，プログラムAとは別プロセスで動作するプログラムBに，データを格納したプログラムAの仮想アドレスを教えても，データにたどり着けません．現実には，ユーザ空間のプログラムは，自分がどの物理アドレスにデータを書いたのか知ることができないので，物理アドレスを直接伝えることはできません．かといって，仮想アドレスと物理アドレスの翻訳のために，read/writeシステム・コールを使ってカーネルに問い合わせをしていたのでは，コンテキスト・スイッチ注Aのオーバーヘッドが問題になります．こんなケースを想定して，プロセスどうしで物理アドレスを使わず（＝カーネルの助けを借りずに）にデータを受け渡す方法がいくつか用意されています．

● 物理アドレスがわからなくてもOK！
　Linuxに用意されている二つの手段

　物理アドレスがわからなくても，プロセス間でメモリを共有することは可能です．通常だとプロセス間で重ならないように指定していた仮想メモリと物理メモリのマッピングを，わざと部分的に重なるように指定することで，メモリを共有することが可能になります．
　ここではSystem V IPC共有メモリ（shared memory）とPOSIX mmapという二つの方法を紹介します．

▶ 方法1：共有メモリ領域にアタッチしてデータを受け取る…System V IPC

　System V IPC共有メモリを使う手順は次のとおりです（**図B**）．
　最初に仮想メモリ空間の一部データを共有させたいプロセスAが`shmget()`システム・コールで共有メモリを確保します．次に，メモリを参照したい別プロセスBから`shmat()`を実行すると，共有メモリをアタッチ（＝接続）できます．
　解放するときにはアタッチした側のプロセスBから`shmdt()`を実行し，先にデタッチ（＝切り離し）します．その後，最初に共有メモリを作成したプロセスAで`shmctl()`を実行し，共有メモリを解放します．

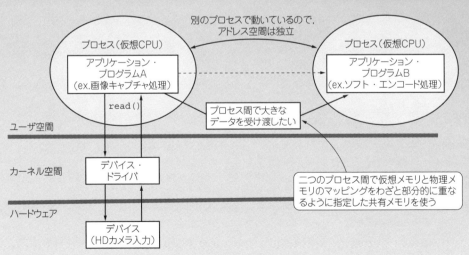

図A　アプリどうしならこのパターン！ メモリを共有することでコピー・レスでサッとデータ受け渡し
物理アドレスがわからなくてもOK！ ムダなオーバーヘッドも発生しない

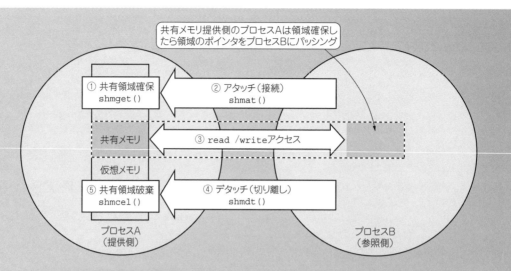

図B　プロセスAが共有メモリ領域を確保したあとプロセスBからアタッチできる…System V IPC

▶**方法2：ファイル・ディスクリプタ経由でメモリを共有する…mmap()システム・コール**
　mmapは，カーネル空間とユーザ空間で物理メモリ空間を共有する方法として第7章で紹介しました．mmapは，ファイルをメモリ上にマッピングするシステム・コールですが，プロセス間の仮想メモリの共有にも利用できます．手順は次のとおりです．
　最初に共有メモリを見せたいプロセス（プログラムA）が，shm_open()というライブラリ関数を使ってPOSIX共有メモリを確保します．次に，仮想メモリを共有したい別のプロセス（プログラムB）が，共有メモリのファイル・ディスクリプタをmmap()システム・コールで共有します．これによって，プロセス間での仮想メモリ空間の共有ができます．

●**注意！　どちらも書き換え途中のメモリ保護がない**
　いずれのケースでも，プロセス間の共有メモリにはカーネルによるメモリ保護はかかっていません．書き換え途中のデータを別のプロセスが参照してしまうといった同期の問題がある場合には，セマフォなどによる排他制御を組み合わせる必要があります．

注A：ユーザ空間とカーネル空間の切り替え頻度が高いとオーバーヘッドになります．

パターン1：デバイス・ドライバを使ってデータをコピーして受け渡すケース（基本形）
パターン2：カーネル空間内のデバイスどうしで直接データを受け渡す方法
その他のパターン：ユーザ空間のプロセス間で共有メモリを使ってデータを受け渡す方法（コラム参照）

● **基本形…デバイス・ドライバ経由で受け渡す**
　通常プロセス内のプログラムからデバイスにアクセスするときは，図2に示すようにデバイス・ドライバを使ってデータを受け渡します．これをパターン1とします．

▶**基本形だが大量データの受け渡しは苦手**
　パターン1では，カーネル空間とユーザ空間でデータを受け渡すとき，データが置かれているアドレス（＝ポインタ）を知らせるのではなく，データそのものをコピーします．RTOSのように，アプリケーションが直接ハードウェアのレジスタからデータを読み出す場合と比較すると，デバイス・ドライバが都度コピーしてデータを受け渡すのは，オーバーヘッドになります．これはプログラムから直接ハードを触れさせないための安全性の代償です．一般的にLinuxが動作するCPUは高性能なので，通常の使い方であれば，コピーのオ

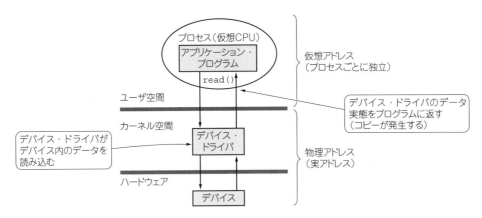

図2 パターン1：基本形！デバイス・ドライバ経由でデータ受け渡し
大量データの受け渡しには向かない

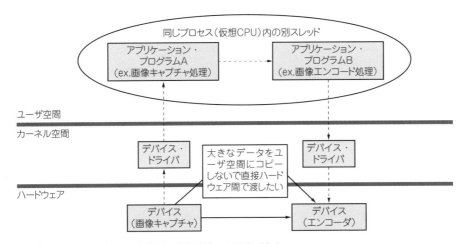

図3 パターン2：ハードウェアどうしで直接データを受け渡す
ハードウェアに直接連携するためのしくみがあればよいが，ない場合はデバイス・ドライバ経由となり無駄なオーバーヘッドが発生する

ーバーヘッドは大きな問題にはなりません．しかし，受け渡すデータが非常に大きな場合や，データ・アクセスの頻度が特に高い場合，コピーのオーバーヘッドが性能上のボトルネックになります．具体的な例としては，カメラからHD画質の動画を読み込むような処理を行う場合が該当します．

● 連携できれば効率的！…ハードウェアどうしで直接受け渡す

図3はHD画像の取り込み処理を示しています（**図A**と同様）．ビデオ・エンコード処理にチップ内のハードウェア・エンコーダが利用できるケースです．このケースでは，カメラからユーザ空間にデータをコピーせずに，データの読み出し位置（＝ポインタ）を直接ハードウェア・エンコーダに渡すことができれば，ハードウェアどうしで直接データの受け渡しができます．しかし，ハードウェアどうしが直接連携できない場合は，アプリケーションからデバイス・ドライバ経由でハードウェアどうしをつなぐ必要があります．

このように，ハードウェアどうしでデータを受け渡すパターンを，パターン2とします．

第1部　そうなっていたのか！ Linuxカーネルが動くメカニズム

効果的な方法…DMA転送

● デバドラ経由はオーバーヘッドが発生する

コラムで紹介したパターンは，デバイス・ドライバを経由せずにプロセス同士で直接データの相互参照を行うことができるので，無駄なオーバーヘッドは発生しません．

一方，パターン1とパターン2の場合，仮想アドレスと物理アドレスの翻訳のためにデバイス・ドライバを経由してデータの受け渡しを行います．そのため，どうしても余分なオーバーヘッドが発生してしまいます．

メモリ・コピーによるオーバーヘッドの原因は二つあります．一つはread/write命令の実行でCPUを長時間拘束してしまうこと，もう一つは大量のデータ移動でメモリ・バス帯域を多く消費してしまうことです．CPUのread/write命令を使わずにデータをコピーできれば，CPU拘束時間削減の効果が期待できます．そのための手段として，データ転送にDMAを用いる方法があります．

LinuxでDMAを使う場合には，いくつか考慮しておかなければならないポイントがあります．

● 物理アドレスと転送バイト数が必要

Linuxではユーザ空間だけでなく，カーネル空間でも仮想アドレスが多く利用されます．DMAを起動するには，データのコピー元アドレス，コピー先アドレス，転送バイト数を設定する必要があります．しかし，仮想アドレスのままでは物理メモリ上のどこからどこにデータをコピーすればよいかわかりません．また，USBのように転送データ・サイズが可変長で，常にバルク・サイズのデータを転送するのではなく，転送開始時に通知されるデータ・サイズを解釈しなければ通信ができない[注1]プロトコルもあります．このようなケースでは，デバイス・ドライバ経由でデータ転送サイズを見て，DMAを使ったほうが効率的かどうかを判断させる必要があります．LinuxのDMAが実際にどのように動作しているのか見ていきましょう．

LinuxのDMA転送の基本

● 基本1…デバイス・ドライバ内で使う

一般的なDMAは，仮想アドレスを解釈することができないので，DMA転送を起動する前に転送元，転送先の物理アドレスを確定させる必要があります．一方，Linuxアプリケーションは物理アドレスを扱うことができないので，直接DMAを操作することはできません．

このため，DMA転送を使いたい場合には，アプリケーションが呼び出したデバイス・ドライバの中でDMAを使うようにする必要があります．言い方を変えると，アプリケーションはDMAが使われているかどうかは把握できません．

● 基本2…物理メモリにDMA用の領域を確保する

基本形の転送パターン1でDMAを利用してデバイスからデータを読み込む場合を，図4に示します．

まずデバイス・ドライバが，DMAバッファと呼ばれるアドレスが連続した物理メモリ領域を確保します．そこにDMAを利用してデバイスからデータを読み込みます．DMAバッファにデータがたまったら，割り込みを発生させてユーザ・プロセスを呼び出し，データをユーザ空間にコピーして渡します．このような2段階のデータ転送が，LinuxでDMA転送するときの基本パターンです．DMAバッファは貴重な物理メモリ上に確保する必要があるので，DMA転送時に動的に確保（＝DMA mapping）して，転送が終わったら解放（＝unmapping）します．

注1：たとえばUSBで600バイトを転送するときにはバルク・サイズの512バイト＋端数の88バイトの転送になります．

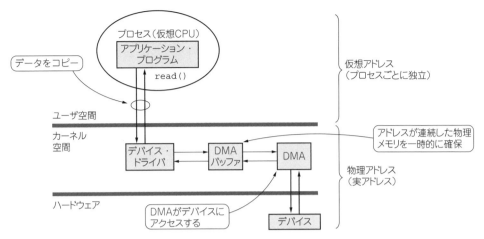

図4　DMA転送の基本形：物理メモリにDMA用の領域（DMAバッファ）を確保してデータを受け渡す

● 基本3…アプリが確保したメモリ領域をDMAで使うには課題がある

　ユーザ空間のプログラムがmalloc()で大きなメモリ領域を予約すると，プログラムから見てアドレスが連続した領域が確保されます．しかし実際には，連続した物理メモリ領域を確保できるとは限りません．

　物理メモリを確保する際，ページ・サイズ（通常は4Kバイト）という単位で確保しますが，これより大きな領域を要求すると，複数のページが割り当てられます．その場合，必ずしも隣り合わせのアドレスが連続したページがマッピングされるとは限りません．

　これは，物理メモリのページの確保と解放を繰り返すうちに，メモリが断片化（フラグメント）するためです．それでもCPUがプログラムを実行するときには，MMUが仮想メモリ・アドレスと物理メモリ・アドレスを自動変換してくれるので，離散したメモリを連続領域のように扱えます．しかしDMAは，MMUを利用することができません．このため，デバイス・ドライバがDMAを利用する前には，

1) 仮想アドレスの解釈
2) 非連続のページからの転送

という二つの課題を解決する必要があります．これらの課題を解決できる二つの方法を紹介します．

▶ 解決方法1：DMAがどう動くか記したリストを作る…scatterlist

　図5は，アプリケーションからバッファ領域を見た場合，アドレスが連続した空間に見えますが，実際のメモリ上のバッファ領域は離散したページに展開されて確保されているという状態を示しています．

　DMAコントローラは，アドレスが連続したメモリ空間上のデータのみを，CPUの力を借りずに連続自動転送する機能を持っています．しかし，LinuxのDMAドライバは，物理的に非連続なページであっても分散（＝スキャッタ）したバッファを集めて（＝ギャザー）DMA転送することができます．

　具体的には，DMAを起動する前にどのページ（＝物理アドレス）に何バイトのデータを書き込めばよいのかを記したscatterlistと呼ばれるリストを読み込みます．これによって，離散したページで構成された領域へのDMA転送を，1回のリクエストでまとめて処理できます．

▶ 解決方法2：ハードウェアで擬似的に連続アドレスに見せる…IOMMU

　scatterlistを使ったDMA転送は，Linuxで以前からサポートされていたソフトウェアの機能です．しかし，最近のCPUやSoCには，ハードウェア的に離散したページを連続空間に変換させて見せるIOMMUという機能が内蔵されたものが出てきました．MMUはCPUに仮想メモリと物理ページの対応関係を知らせるハードウェア機能ですが，IOMMUはIO空間のデバイスに対して擬似的に連続アドレスでアクセスさせるためのしくみと言えます．ハードウェアがIOMMUをサポートしている場合には，DMA転送は単純な連続メモリ領

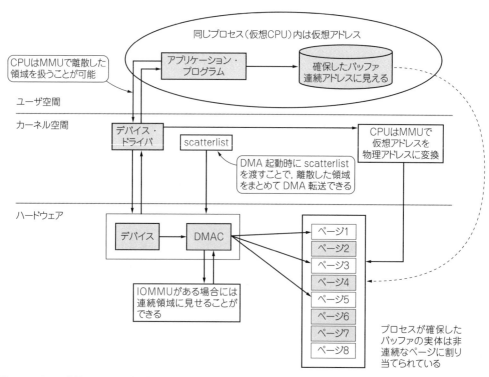

図5 アプリで確保したメモリ領域がバラバラに配置されてる場合がある…配置を記したリスト(scatterlist)を使うことで対応
IOMMUを使えばリスト不要！そのままDMAが使えるようになる

域の転送になります．そのため，ソフトウェアによるリスト検索処理が減るぶん，転送性能向上が期待できます．

● CPUの手助け不要！ 自力でDMA転送できるDMAマスタ・モード

　基本1～3では，デバイス・ドライバの中からDMA転送をスタートさせていました．つまり，CPUからプログラムすることでDMA転送を行っていました．これを，DMAスレーブ転送と呼びます．

　しかし，DMA転送のトリガとなれるのは，CPUで実行されるプログラムだけではありません．イーサネット，SATA，グラフィックスなど，比較的大きなデータを扱うコントローラや，I^2C，USBなど応答性が要求されるインターフェースには，専用DMAを内蔵したものがあります．それにより，CPUの割り込み処理を待たず，自力でメモリにデータ転送することができます．このしくみをDMAマスタ・モードと呼びます．DMAマスタ・モードに対応したデバイスを，バス・マスタ・デバイスと呼びます．

　DMAマスタ・モードと，指定サイズ分のデータを一気に連続転送するDMAバースト転送モードを組み合わせれば，最大のデータ転送効率が得られます．しかし，バースト転送中はバス・マスタ・デバイスがバスを専有してしまうので，CPUが動けなくなる可能性もあります．システム全体の整合性を確保するためには，バス・アクセスの優先度を管理するバス・コントローラによる調停（＝アービトレーション）と，DMAバス・マスタ動作を適切に連動させることが重要です．

第10章　大容量データ受け渡しのしくみ

DMAを使いやすくするためのLinuxのとりくみ

　基本1～3のような，汎用DMAコントローラをCPUからプログラムすることでDMA転送を行う，DMA
スレーブ動作への対応がLinuxカーネル側で考慮されています．その取り組みについて紹介します．

● その1：チップごとでバラバラなDMAコントローラ設定方法を汎用化…DMA engine

　本来デバイス・ドライバは，CPUアーキテクチャには非依存な移植性のあるコードであるべきです．しかし，
デバイス・ドライバの中でDMAスレーブ転送を利用しようとした場合には，チップごとのDMAコントロー
ラの設定方法の違いが問題になります．具体的には，チップによってDMA転送可能なアドレスの範囲，1回
のデータ転送サイズ，特定のアドレス境界をまたげるか，IOMMUの機能が利用できるかなどが異なってい
ます．

　このような問題の対策として，LinuxカーネルにDMA engineという汎用的なDMAインターフェースが
用意されました．これにより，チップごとのDMAコントローラの実装の違いを吸収して，汎用的にDMAス
レーブ転送を利用するデバイス・ドライバが記述できるようになりました．DMA engineを使ったDMAスレ
ーブ・モード転送の手順を見てみましょう[注2]．

1. 使用するDMAのチャネルを指定する（明示的に使用するチャネルを指定する必要がある場合あり）
2. DMAコントローラに固有な転送パラメータをdma_slave_configという構造体に設定する
   - DMA転送の方向
   - DMA転送元，転送先のアドレス
   - バス幅
   - バースト・サイズ（1回の連続転送サイズ）
   - その他（チップごとに必要な項目がある場合は追加で指定する）
3. ユーザ空間からDMA転送を利用するためのディスクリプタを取得する
4. DMA転送を開始する
5. 1回のDMA転送終了後の処理を行う

● その2：DMAバッファを共有メモリとして利用…DMA Buffer Sharing

　先ほど図3で紹介した，ハードウェアどうしで大きなデータを受け渡すパターン2のときに，DMAを活用
する方法について見てみましょう．

　前述のとおり，デバイス・ドライバがDMA転送を利用する場合には，DMAバッファという物理メモリ領
域を一時的に確保しています．通常のパターンではDMAバッファにたまったデータをユーザ空間にコピー
していましたが，もしカーネル空間内のデバイス・ドライバどうしでDMAバッファを共有することができれ
ば，ユーザ空間に一度データを戻さなくて済みます．

　これは，p.84のコラムのパターンで紹介した，ユーザ空間内で仮想メモリ上にとったバッファ領域を共有
する方法とやりたいことは似ています．しかし，ユーザ空間とカーネル空間ではメモリ共有の実現方法が異
なるので，DMAバッファ共有専用のDMA Buffer Sharingというしくみを利用します（図6）．

　具体的なDMAバッファ共有のAPIも，System V IPC共有メモリに似ています．DMAバッファを公開し
たデバイス・ドライバが，バッファ領域のattach()/detach()を行い，バッファを参照したいドライバが，
map_dma_buf()/unmap_dma_buf()で公開されたバッファを参照するというしくみです．また，DMA
バッファは貴重な物理メモリ上に確保されているので，バッファの参照が必要なくなった時点でDMAバッ
ファをリリースしましょう．

注2：DMA engine APIのカーネル・ドキュメントはhttps://www.kernel.org/doc/Documentation/dmaengine.txt
にあります．

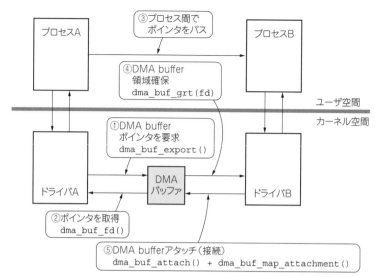

図6 アプリとのデータ共有もできる！DMAバッファを共有メモリとして使う…DMA Buffer Sharing

▶ディスクリプタを渡すしくみだから，デバドラだけじゃなくアプリとデータ共有もできる

　DMAバッファ共有APIは，バッファ領域の物理アドレスを渡すのではなく，ディスクリプタを渡すしくみになっています．このため，バッファを共有しているデバイス・ドライバは，どこにDMAバッファの実体があるかを知らなくてもデータを共有できます．さらに，ユーザ空間にもこのディスクリプタを渡すことができるので，より高度なコピーレスのバッファ共有に発展させることもできます[注3]．

＊　　　＊　　　＊

　本稿ではLinuxシステムで大きなデータを受け渡すためのカーネル，ユーザ空間のしくみについて紹介しました．Linuxはマルチタスク OS としての安全性，プログラムの実行環境の独立性確保を第一命題に構築されたものです．しかし最近では，ハイビジョン画質以上の解像度の画面表示や高度なGUIに対応する必要があるため，システム内の不要なデータ・コピーを，安全性を確保しながら排除していく必要があります．これはLinuxカーネルにとって新しいチャレンジであり，本稿で紹介した技術は今後さらに利便性が上がる方向で進化していくと予想されます．

注3：DMAバッファ共有APIの詳細はhttps://www.kernel.org/doc/Documentation/dma-buf-sharing.txtを参照してください．

OSがシステム全体やCPUの動作状態をきめ細かく管理する

第11章 電力制御のしくみ

　本稿では，Linuxカーネルに組み込まれている機能のうち，バッテリ駆動の装置でLinuxを使う際に重要となる電力制御機能について，そのメカニズムを解説します（図1）．

OSで電力制御！？

　μITRONなど，一般的な組み込み機器向けのRTOSには電力制御機能は含まれていないので，Linuxの電力制御機能が何を指しているのかピンとこない方もいるかもしれません．

● きっかけ…ノート・パソコンの電池の持ち時間

　Linuxカーネルの中に電力制御のしくみが組み込まれたのは，ノート・パソコンの普及と関連があります．当時，同じノート・パソコンにLinuxをインストールすると，Windowsより早く電池がなくなってしまうという問題が発生しました．そのころのLinuxカーネルには電力制御のしくみが組み込まれていなかったからです．もちろん最近のカーネル[注1]には高度な電力制御のしくみが組み込まれたので，Linuxだから電池が早くなくなるということはありません．本稿では，Linuxカーネルに組み込まれたさまざまな省電力制御のしくみについて解説します．

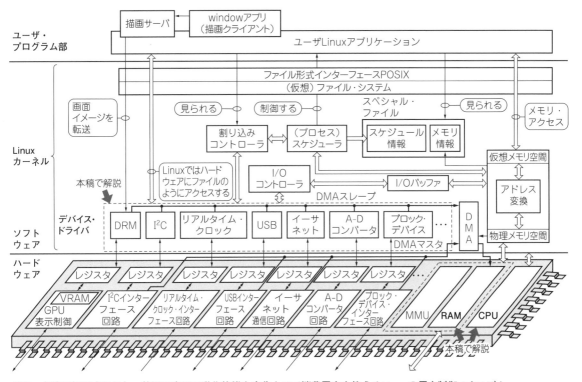

図1　本稿で解説すること…状況に応じて動作状態を変化させて消費電力を抑えるLinuxの電力制御メカニズム

注1：サスペンド/レジュームに必要なACPI機能への対応は2003年のカーネル・バージョン2.4.22以降です．

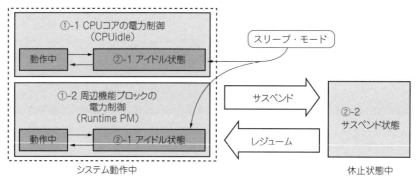

図2 Linuxカーネルの電力状態の管理はシステム動作中と休止状態中の二つある

● スマホの電池をもたせるためのくふう…アイドル状態に切り替える

　スマートフォンが発売された当初はいわゆるガラケーと比較して，スマートフォンの電池が半日ももたないことが問題になった時期があります．しかし最近では，電池自体の大型化とLinuxなどソフトウェアの進化によって，以前よりも長時間電池がもつようになってきました．AndroidにはLinuxカーネルが採用されているので，スマートフォンのユーザは知らないうちに最新Linuxの電力制御技術の恩恵をあずかっていることになります．

　スマートフォンのカタログには，連続通話時間と連続待受時間という二つの動作時間が記載されています．前者は，ユーザが実際に端末を操作しているアクティブ状態での連続動作時間です．後者は，ユーザが端末を操作していない状態での連続動作時間です．待ち受け状態というのは画面は消えていても，公衆回線網接続やセンサ類が動いているアイドル状態のことを指します．アイドル状態というのは，エンジンを掛けたまま停止している自動車のアイドリング状態と同じであると考えると理解しやすいでしょう．

● ノートPCの電池をもたせるために…より深い休止サスペンド状態に切り替える

　ノート・パソコンの電力制御がどうなっているのか見ていきます．

　作業中のノート・パソコンの画面を閉じた時には，スマートフォンのアイドル状態よりも深くシステムを休止させます．この休止状態をサスペンド状態と呼びます．サスペンド状態で待機させればアイドル状態で待機するよりもずっと長い時間バッテリをもたせることができます．サスペンド中のノート・パソコンを開いたときには，直前にやっていた作業を続行できるように，システムを元の状態に復帰させる必要があります．これをレジューム動作と呼びます．サスペンドとレジュームはセットで考えられています．

Linuxの電力管理ステート

　図2に示すようにLinuxの電力管理のスコープとして，次の二つがあります．
① システム動作中の電力制御
② 休止状態中の電力制御
　さらに細かくみると，システム動作中の電力制御は，以下に細分化されています．
①-1 CPUコアの電力制御
①-2 周辺機能ブロックの電力制御
　一方，休止状態中の電力制御は，以下に細分化されています．
②-1 アイドル状態の管理
②-2 サスペンド状態の管理

Linuxの電力制御（Power Managementの頭をとってPMと呼ぶ）の実装は，サスペンド状態の管理への対応からスタートしているので，狭義のLinux PMはサスペンドとレジュームを指します．しかし最近では，スマートフォンやデータ・センタなど，アクティブ動作状態での省電力化のニーズが高まり，それに対応する技術が開発されてきています．そのため，広義のLinux PMはアクティブ動作中の制御まで含める場合があります．

実際の機器ではこれらの電力制御のしくみを組み合わせることで，バッテリによる長時間動作を実現しています．具体的には，システム全体の電力消費状態を定義したSステート，CPUの全体的な動作状態を定義したCステートなどの状態定義を用います．

言葉の定義

●Sステート：システム全体の電力制御状態を表す

最近ではパソコンといったら，電池動作で持ち運びができるノート・パソコンやタブレット・パソコンが当たり前になりましたが，以前はAC電源が必要なデスクトップ機がパソコンの基本形でした．

従来はAPM（Advanced Power Management）という，BIOSだけで電源を制御する方式を採用していました．Windows 98が登場した1998年ごろから，ACPI（Advanced Configuration and Power Interface）と呼ばれるBIOSとOSが連携して電源制御を行う高度なしくみが導入されました．

ACPI対応は，導入当初はWindowsが先行していたのですが，LinuxでもインテルCPUを搭載するノート・パソコンの電池駆動時間を伸ばすことを目標に開発が進められました．ACPIではSステートと呼ばれるシステム全体の電源消費状態を定義しています．

●Cステート：CPUの動作状態を表す

一方，インテルCPUでは，CPU単体での電源動作状態を表す，Cステートという状態を定義しています．最近では2GHz以上の動作クロックを持ったCPUや，電力消費の大きな高性能グラフィックス・エンジンを搭載したシステムを電池駆動させる必要があります．そのため，Sステート，Cステート共に細分化され，高度な省電力制御に対応しています．表1にインテルCPUの代表的なCステートを示します．

表1　インテルCPUは低消費電力の動作状態をハードウェアとしてサポートしている
Cステートという状態を定義して高度な省電力制御を可能にしている

	ステート	CPUクロック	バス・クロック	キャッシュ・データ・レジスタ情報	RAMデータ	Linuxでの実装	Windowsでの実装
C0	アクティブ	ON	ON	保持	保持	通常動作	通常動作
C1	スリープ（アイドル）	OFF				通常未使用	通常未使用
C2							
C3	ディープ・スリープ		OFF	破棄		サスペンド	スリープ
C4	ディーパー・スリープ				破棄		ハイバネーション

第1部　そうなっていたのか！ Linuxカーネルが動くメカニズム

> **Column**
>
> ### LSIの消費電力を抑えるための
> ### クロック・ゲーティング＆パワー・ゲーティング
>
> まず原点に帰って，電力とは何か，電力を下げるためには何をしたらよいのかを考えてみます．学校では，電力＝電圧×電流と習ったと思います．電圧を下げれば消費電力が下がるのはわかりやすいのですが，問題は電流が何に依存しているかです．
>
> ● 動作時消費電流を抑える…クロック・ゲーティング
>
> 電流は基本的に動作周波数（クロック周波数）に比例するので，クロック周波数を下げれば消費電力が下がります．このため，多くのCPUには電力制御のためにクロックをON/OFFするクロック・ゲーティング機能が実装されています．
>
> ● 待機時消費電力を抑える…パワー・ゲーティング
>
> さらに最近の集積度の高いLSIに使われている微細プロセスでは，動作周波数とは関係なく発生するリーク電流が避けられません．そのため，本格的な低消費電力動作を実現しようとした場合には，リーク電流を発生させないように不要な電源を遮断する，パワー・ゲーティングのアプローチも必要です．このような背景を反映して，チップのハードウェアにはアーキテクチャごとにいろいろな省電力制御の機能が実装されています．

アイドル…C1/C2ステートの動作

● 消費電力と復帰時間はトレードオフの関係

C0は通常の動作状態，C1/C2がスリープ・ステートと呼ばれるアイドル状態です．アイドル状態では，CPUのコア・クロックが停止して命令実行は止まっていますが，内部レジスタ情報やRAMの内容などはそのまま保持しています．そのため，タイマ・イベントなどの割り込みをトリガとして，迅速にC0ステートに復帰することができます．Cステートは番号が大きくなるほど電力削減効果が大きくなりますが，それと同時にC0ステートに戻るための時間が長くなります．消費電力と復帰時間はトレードオフの関係になります．

● ユーザが何もせずとも電力制御は使われている

Linuxカーネル・スケジューラは，CPUが処理するタスクがない時にはC1ステートに入れるようにしています．そのため，特別に何も意識していなくてもCPUクロック停止による電力制御が使われていることになります．C0〜C1は通常動作中に使われるものですが，C3/C4ステートはノート・パソコンのサスペンドなどで利用される，さらに深い休止状態です．これについては後述します．

アクティブ…C0ステートの動作

● クロック周波数や電圧を動的に切り替えてアクティブ動作状態をさらに細分化…Pステート

CPUがC0状態の時，その瞬間瞬間で必要な処理能力以上にならないようにCPUの動作電圧と動作周波数を逐次変化させることができれば，消費電力を抑えることができます．

ACPIにはS0ステート（通常動作状態）内での性能指標を規定する，Pステート（Processor Performance States）というS0ステートでの動作状態のバリエーションが規定されています．P0がフルスピードの動作状態で，P1，P2，…と数字が大きくなるほどパフォーマンスを落とした消費電力削減状態となります．

Column 負荷が少ないときは結構効く！ 最近のLinuxのしくみtickless動作

通常のLinuxスケジューラが一定周期ごとにtickによるスレッド切り替えを行うときには，一度スリープから起き上がって実行可能なスレッドがないかチェックします．もし，実行可能なスレッドがないときには再びスリープします．これは，省電力の観点からみると無駄な動きです．

最近のLinuxカーネルにはtickによる周期起床を廃止して，割り込みをトリガにして起床し，スレッドをスケジューリングするticklessが導入されています．実行可能なスレッドの数が比較的少ないケースでは，図Aに示すように，通常のtick動作と比べてtickless動作のほうがスリープしている時間が長くなります．

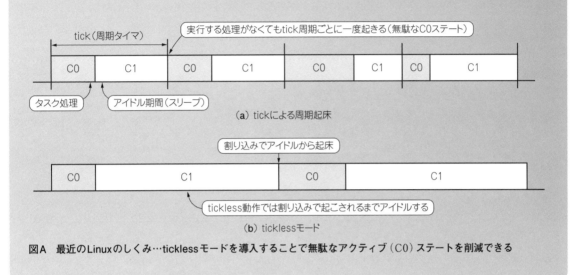

図A 最近のLinuxのしくみ…ticklessモードを導入することで無駄なアクティブ（C0）ステートを削減できる

動作中にCPUの周波数や電圧を変更できるかどうかは，チップごとの仕様に依存します．Linuxカーネルには，CPUの動作周波数を管理するCPUfreqというインターフェースが用意されています．CPUコアのアーキテクチャに依存した動的な動作周波数の変更機能が実装されていれば，CPUfreqによる，動的なPステートの管理が利用できます．

● CPU負荷に応じてPステートを細かく切り替えれば電力消費を削減できる

カーネル・スケジューラは，現在CPUがどの程度忙しく動いているかを把握できるので，負荷量の少ないときには積極的に負荷の低いPステートに遷移させることで，動作時の消費電力を削減できます．Linuxカーネルに組み込まれたCPU負荷コントロール・プログラム（ガバナー）からCPUfreqを制御するように設定すれば，たとえば，電源アダプタ接続時は常に最大パワーで動作し，放電中はバランス動作，電池残量が減ったら性能を大きく落として時間を持たせる設定で動かすといった，電源コントロール・ポリシを組み込めます（p.98コラム参照）．

● ポーリングやループを使うとムダに電力を消費することも

Linuxカーネルには，スケジューラのスレッド切り替えのトリガとなるjiffyと呼ばれる周期（tick）タイマが実装されています．jiffy期間中に実行可能なスレッドの処理がすべて完了した場合，スケジューラは次のtickが回ってくるまでCPUをC1のスリープ・ステートに入れて電力セービングを行います．

Column　Linuxカーネルが CPU電力消費を抑えるために持っているメカニズム

　最近では，組み込み機器にもマルチコア構成のプロセッサが使われるケースがでてきました．このような機器では，ゲームやブラウザなど，特にCPUのパワーが必要な処理以外では全部のプロセッサをフルスピードで動かす必要はありません．ここでは，マルチコアを含むCPUのシステム動作中の電力消費を抑えるために，Linuxカーネルが持っているメカニズムを紹介します．

● 動作中のCPUの動作モードをコントロールするしくみ … ガバナー

　CPUやSoCが動作中にクロックを動的に変化させることに対応している場合には，LinuxカーネルからCPUfreqインターフェースを利用して，適切な動作周波数を指定することができます．ガバナーと呼ばれるプログラムが，CPUの負荷率（ロード）に応じた周波数を設定したり，ユーザがプロファイルで細かく動作状態を設定することができます．最近のスマートフォンで，動作時間を稼ぐためにユーザが動作状態を設定した場合には，ガバナーに設定が反映されます（図B）．また，短い時間だけ一時的に高い周波数で動作させるTurboモードを採用したCPUも出てきています．

● クロック周波数を変化させるためのしくみ … CPUfreq

　多くのシステムでは，特に処理負荷が大きなとき以外は，CPUを最高周波数で動作させなくても，処理能力が余ります．CPUfreqは，このように処理能力に余裕があるときに，処理量に応じて適切な（必要最小限の）クロックでCPUを動かすためのしくみです．

● サスペンドなどの深い休止状態に遷移するためのしくみ … CPUidle

　Linuxカーネルで何もタスクがないときに，効果的にCPUを休ませるためのしくみをCPUidleと呼びます．カーネル・スケジューラは，CPUにアサインするタスクがなくなったとき，CPUをアイドル状態にいれてパワー・セービングします．しかし通常は，比較的短時間で通常動作に復帰できる軽めの休止状態（C1ステート）に入れているだけです．本格的に休ませて大きな電力削減を狙いたい場合，積極的により深い低消費電力状態（C3ステート）に遷移するためのしくみをCPUidleが提供しています．CPUを深く眠らせれば起き上がるのに数十μs単位の時間がかかるので，ユーザが電源プロファイルの設定などのメニューから，C3ステートに遷移する条件などを指定できるようになっている場合があります．

● コア単位で電源コントロールを行うしくみ（マルチコア専用） … CPUhotplug

　マルチコア・プロセッサの場合には，省電力のために動的に未使用のコアをシステムから見かけ上切り離し（hotplug）し，そのコアの電源も切ってしまえば，さらなる省電力化が可能になります．ポイントは動的にコア数を変化させるところにあります．LinuxカーネルにはCPUhotplugと呼ばれるフレームワークが実装されています．ドライバ・レベルでCPUコア単位での電源コントロールが実装できれば，カーネルは動的にコア数が変化することに対応できるようになっています．

　実際のシステムではCPUfreq，CPUidle，CPUhotplugを効果的に組み合わせることで大きな電力削減効果が得られるようにしています．

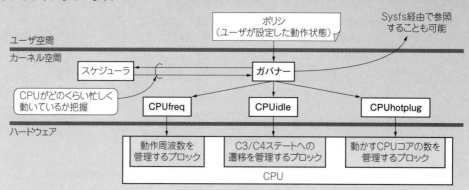

図B　ガバナーはスケジューラ経由でCPUの動作状態を把握して，CPUfreq, CPUidle, CPUhotplug経由でCPUの電力制御を行う

第11章 電力制御のしくみ

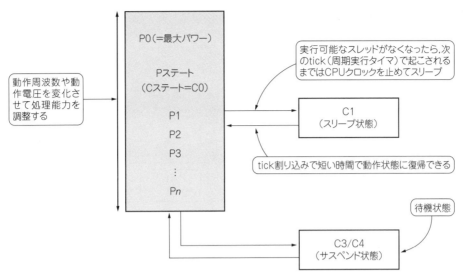

図3 Pステートはアクティブ動作状態での動作バリエーションを定義したもの

図3はどのレベルのPステート動作中であってもjiffy期間内に実行可能スレッドがなくなったらC1のスリープ状態に移行している様子を示しています．Pステートよりも，CPUクロックが停止するC1ステートのほうが電力消費を少なくできます．しかし，ポーリングによるイベント待ちやループでディレイを作る処理が動いていると，スケジューラは実行中のタスクが残っていると判断してC1ステートへの遷移を行いません．無駄な電力消費をさせないためにも，ループ処理を割り込み駆動のプログラムに書き換えるべきです．

より深い休止…サスペンド&ハイバネーション

次にバッテリ駆動機器向けに特別に開発された電力制御の機構について説明します．動作中のノート・パソコンを閉じたときの深い休止状態の動作について見てみましょう．

● RAM以外の電源をOFFする深い休止状態…サスペンド

サスペンドとは，RAMの内容だけはセルフ・リフレッシュ・モードにより保持させておいて，CPU本体とボード上のデバイスの電源をオフ状態に移行させることです．サスペンド時には，RAMのデータは保持されますが，CPU内にキャッシュされたデータは消失するので，キャッシュの整合性（コヒーレンシ）は失われます．なお，CPUの電源を切った状態でメモリだけをバックアップできるかは，ボードの設計やチップの仕様によります．

● RAMが保持されてるので短時間で復帰…レジューム

復帰時は，周辺デバイスの再初期化だけを行えば，OSのリブートは必要なく元の状態から処理を続行できるので，短い時間で元の状態に復帰することができます．この復帰動作をレジュームと呼びます．

● Linuxでサスペンド状態に移行するにはSuspend-to-RAM機能を使う

Linuxカーネルには，ACPIが規定するサスペンド状態（ACPI S3ステート）に対応したSuspend-to-RAM機能が実装されています（図4）．コマンド・プロンプトからcatコマンドで/sys/power/stateの内容を表示したときに，memという文字が表示されれば，実行中のボードでこの機能をサポートしています（図5）．

99

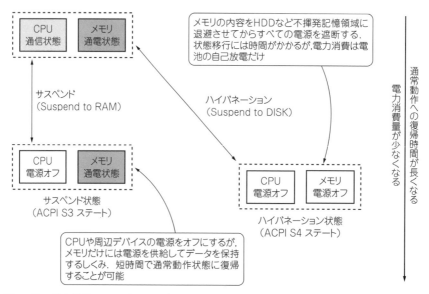

図4 深い休止状態であればあるほど消費電力は抑えられるが，通常動作状態への復帰に時間もかかる

図5 自分のマシンがSuspend-to-RAM機能をサポートしていることを確認する方法

サポートしている場合には，このファイルにechoコマンドでmemの文字を書き込むことでSuspend-to-RAMが実行されて，サスペンド状態に移行することができます．

サスペンド中は大部分のデバイスの電源を止めることができるので，大きな省電力効果が得られますが，RAMへの電力供給が必要なので，バッテリをわずかに消費します．

● 電力消費ゼロのさらに深い休止状態…ハイバネーション

サスペンドでは，RAMデータ保持に必要なわずかな電力供給が必要でした．これに対し，RAMデータをHDDにバックアップすることで完全に電源供給を遮断するのが，Suspend-to-Diskとも呼ばれているハイバネーション（hybernation）です．これはACPIが規定するS4ステートに相当します．Linuxのハイバネーションは，RAMイメージをHDDのswapパーティションに退避させてから電源を遮断します．

ハイバネーションから復帰するときは，まずカーネルをリセット状態からコールド・ブートします．その後，RAMイメージをswapから復帰させハードウェアの再初期化を行い，ソフトウェアを続行できる状態に復帰させます．ハイバネーション中は電源供給がまったく必要ないので，長時間の待機が可能になりますが，動作状態に復帰させるにはサスペンドから復帰させるときよりも時間がかかります．

周辺機能ブロックの電力消費を抑えるしくみ

　多くの周辺機能が集積された最近のSoCでは，CPUコア以外の部分，たとえば3Dグラフィックス・エンジンやビデオ・デコーダなどの各ブロックの電力消費も大きな比重を占めています．これらの機能は，特定のアプリケーションだけが使う場合には，常に電源とクロックを供給しておく必要はありません．

● 最近のSoCは不要な機能ブロックへの電源供給を遮断できる…パワー・ドメイン構造

　電池駆動のスマートフォン向けのSoCでは，動作中の電力を抑えるためにチップ内の複数の機能ブロックごとに電源供給を分割して，部分的に電源を遮断できる電源島（パワー・ドメイン）構造を採用しています．

　図6はチップ内にCPUブロック以外に三つの独立したパワー・ドメインを持っている例を示しています．この例では，ビデオ系の機能を使っていないときにはドメイン3に電源を供給する必要はありません．

● パワー・ドメインをLinuxでコントロールするためのしくみ…Runtime PM

　このような複数の機能ブロックが電源を共有するパワー・ドメイン構成を，Linuxで活用するために開発された電源管理のしくみがRuntime PMです．

　図6ではUSBとI²Cは共通のドメイン1を共有していますが，デバイス・ドライバのレベルでは電源ソースを共有していることは認識できません．たとえばUSBドライバを終了してよい状況になったとき，ドメイン1の電源を切ってよいかUSBドライバ・レベルでは判断できません．

　Runtime PMでは，ドメイン上の各ブロックが動作中かどうかを通知するusage counterというしくみを使います．ドメイン上のすべてのデバイスが使われていないこと（usage counter値の総和がゼロ）を確認して，ドメインの電源をオフにします．逆に電源オフのときにcounter値の和がゼロでなくなったら，いずれかのブロックが使われようとしていると判断して，ドメインの電源を入れます．アプリケーションから見ると，デバイスをオープンした状態のままで透過的に（アプリが知らないうちに）ドメインの電源が制御されることになります（図7）．

　Runtime PMは，バージョン3.0以降のカーネルでサポートされています．しかし，Runtime PMを利用するためには，クロック供給の制御をデバイス・ドライバからRuntime PMフレームワークにに移譲する必要があるので，ドライバを最新の書き方に変更する必要があります．

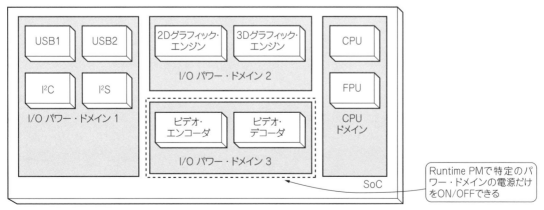

図6　内部で周辺のI/O機能ブロックごとに電源が遮断できるような構造を採用しているSoCもある
たとえばビデオ系の機能を使っていないときは，パワー・ドメイン3への電源供給は不要

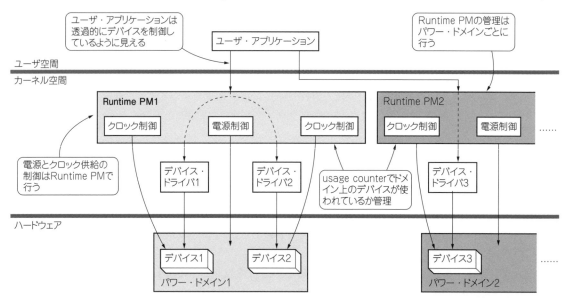

図7 カーネル・バージョン3.0以降では，従来デバイス・ドライバで行っていた電源＆クロック供給の制御を引き受ける電力管理機能Runtime PMが用意された
管理はパワー・ドメインごとに行う

● パワー・ドメインのオン/オフは時間がかかるので切り替えないほうがよいケースも…その判断はPM QOSにお任せ！

　電源切り替えには時間がかかるので，電源オフにできる期間が短い場合には，むしろ電源を操作しないほうがよいケースもあります．電源操作にかかるコストとベネフィットのバランスをとるために，PM QOS（Quality Of Service）という概念が導入されています．電源を操作するかどうかの判断の基準として，Runtime PMを参照するようになっています．Runtime PMの詳細は，カーネル・ソース・コード内のドキュメント[注2]を参照してください．

注2：https://www.kernel.org/doc/Documentation/power/runtime_pm.txt

他のOSだと簡単じゃない！ 固有ハード対応用デバイス・ツリー入門

第12章 いろんなチップ＆ボードで動かせるしくみ

Linuxが広まっている理由…いろんなARMボードで使える

　Linuxは，x86やARMなどのいろいろなCPUアーキテクチャで動作します．さらに，パソコンや組み込みCPUボードなどいろいろなボードでも動作するマルチプラットホームに対応したOSです．本稿では，Linuxがマルチプロセッサ・アーキテクチャに対応するしくみや，非常にボードの種類が増えたARM CPU搭載ボードを効率的にサポートするためのデバイス・ツリーについて紹介します（図1）．

● OSの原則…特定マシン向けのソフトウェア

　コンピュータの基本ソフトであるOSは，原則として特定のCPUアーキテクチャ向けに開発されます．
　たとえば，Windowsは基本的にインテル・アーキテクチャのCPUが搭載されたコンピュータ向けのOSです．Mac OSも，そのバージョンがリリースされたときに製品に使われているCPUのアーキテクチャでしか動きません．
　WindowsパソコンやMacの場合は，ハードウェアとOSの間にBIOSと呼ばれるハードウェア抽象化プログラムが入っているので，OSからみるとハードウェアは共通のものとして考えることができます．

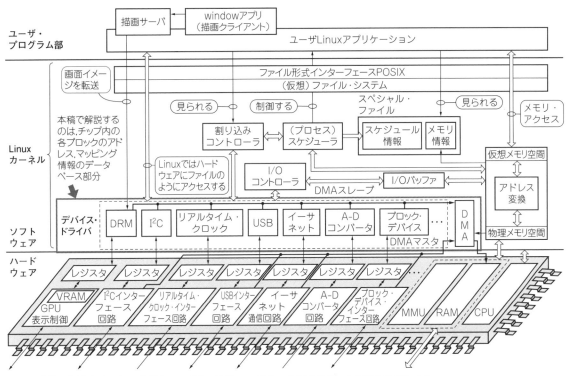

図1　本稿で解説すること…多様なハードウェアを一つのカーネルでサポートするためのしくみ
カーネル起動時には，チップやボードの固有のコンフィグレーション情報をカーネルに伝える必要がある

第1部　そうなっていたのか！ Linuxカーネルが動くメカニズム

表1　CPUアーキテクチャをサポートするためのコード分量は，ARMプロセッサ向けが一番多い
Linuxカーネルのバージョンごとのソースコード行数比較

カーネル・バージョン		2.6.18	2.6.38	3.15	バージョン3.15におけるコード比率
デバイス・ドライバ		3,477,161	7,574,669	10,415,192	56%
CPUアーキテクチャ・サポート	合計	965,777	2,194,309	3,275,423	15%
	arch/arm	202,781	704,495	786,388	(27%)
	arch/powerpc	154,024	369,842	443,157	(15%)
	arch/x86 (IA32+x86_64)	129,119	252,603	319,235	(11%)
	arch/mips	171,480	245,612	361,700	(13%)
	arch/m68k	138,468	160,141	176,080	(6%)
	arch/sparc	41,498	124,456	124,077	(4%)
	arch/blackfin	—	106,125	123,954	(4%)
	arch/ia64	85,347	122,354	115,181	(4%)
	arch/cris	43,060	108,681	104,586	(4%)
	その他	—	—	721,065	(25%)
ファイル・システム		628,859	977,735	1,134,338	6%
ネットワーク		444,740	666,800	841,316	4%
サウンド		497,037	659,662	804,021	4%
include		725,826	453,840	633,924	3%
ドキュメント		214,362	362,137	497,527	3%
合計ソース行数（.git除く）		7,437,569	13,731,548	18,725,429	

（arch部分の右側）CPUアーキテクチャ・サポート中の比率

約1870万行

● LinuxはいろいろなCPUやボードでも使える…マルチプラットホーム対応

　一方，Linuxカーネルはマルチプロセッサ・アーキテクチャ，マルチプラットホームで動作することを前提に設計されているので，特定のプロセッサや特定のボード構成向けという前提はありません．

　表1は三つのLinuxカーネルのバージョンについて，ソースコードの行数を比較したものです．Linuxカーネル・バージョンの3.15は，約1,870万行のソースコードから構成されています．この約56％がデバイス・ドライバのコードです．Linuxカーネルが非常に多くの種類のハードウェアをサポートしているといわれる所以です．

　次に大きな約15％を占めているのがCPUアーキテクチャ・サポート・コードです．バージョン3.15は，2014年7月の原稿執筆時点で，30種類のCPUアーキテクチャがサポートされています．表1には代表的なCPUアーキテクチャだけを表記しています．

　本書では，Linuxカーネルの基本設計がインテル・アーキテクチャのCPUに基づいていると紹介してきました．しかし，実際にアーキテクチャ・サポート・コードの分量が現在一番多いのは，ARMプロセッサ搭載ボードのサポート・コードです．

Linuxのこだわり…一つのソースコードからすべてのCPU対応版がビルドできる

　一つの共通ソース内に複数のCPUアーキテクチャのサポート・コードが統合されているのは，LinuxがほかのOSと大きく異なるポイントです．開発コミュニティ本家のkernel.orgサイトからダウンロードしたソースコードには，サポートしているすべてのCPUアーキテクチャ向けのソースが入っています．

● カーネル機能やチップ/ボード依存情報はビルド時に設定を指定する

　図2は共通ソースコードから各CPUアーキテクチャやボード向けの専用カーネル・バイナリ・イメージを生成するための手順を示しています．カーネルをビルドするための情報として，図2の① カーネル機能設定情報（カーネル・コンフィグ・ファイル）と，② のボード・コンフィグ情報（ボード・コンフィグ・ファイル）を指

104

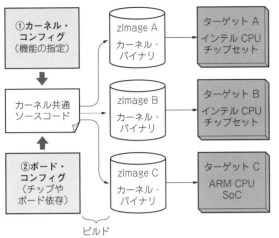

図2 Linuxではさまざまなチップやボードで動かせるように2種類の設定情報を指定してビルドする
①はカーネル機能設定情報を，②はチップやボード固有の情報を指定するzImageはカーネル圧縮形式の一つ

図3 ハードに依存しないカーネル内部の機能は対話式メニューを使って選択や設定ができる
カーネル機能設定画面

定する必要があります．

● ボードやCPUに依存しないカーネル内部の機能設定はカーネル・コンフィグで行う

　①のカーネル・コンフィグは，カーネルをビルドするときにどんな機能をサポートするかを選択するものです．選択肢の中には，アーキテクチャ共通に使われるカーネル・コア機能の選択と，特定のコントローラ・デバイスに紐付いた機能の選択の両方が含まれています．

　機能設定の項目数は，USB3.0などの最新インターフェースや新しいデバイス対応などが追加拡張に伴って逐次増えてきており，カーネル・バージョン3.15には実に5,094もの設定項目があります．実際にカーネル機能をカスタマイズするときには，図3のような対話式メニューから機能設定を選択します．選択が終わると，.configというカーネル設定ファイルが生成されます．

　Linuxをパソコン環境で利用している場合には，カーネルをカスタマイズする必要性を感じる場面にはめったに遭遇しないと思います．なぜならUbuntuなどに代表されるパソコン用ディストリビューションは，一般的に使われるカーネル機能があらかじめ組み込まれた，汎用性の高いカーネル・バイナリが採用されているためです．このような汎用的なカーネル機能では足りない場合や，組み込みボードにLinuxを搭載する場合などには，自分で図3のカーネル・コンフィグを設定して，オリジナルのカーネルをビルドすることができます．組み込みではむしろ，このカスタム・メード・カーネルを使うのが一般的でしょう．

ハード依存情報はボード専用コンフィグで指定できる

● ハード構成の違うマシンでも同じようにインストールできて起動できるのは…実はスゴイ

　WindowsやMac OSなどの商用OSは，バイナリ形式だけで提供されます．当然，提供されたバイナリですべての対応パソコンが起動できるわけですが，これは対象ハードウェアの仕様があらかじめ明確に決められているから可能なことです．

　通常，パソコン環境にLinuxをインストールするときは，UbuntuやFedoraなどのパソコン用ディストリビューションを利用するのが一般的でしょう．Windowsでも，Mac OSでもLinuxでも，OSのバイナリ・イメージを手に入れれば（商用OSの場合はパッケージを購入すれば），それをサポートしたマシンにインスト

第1部 そうなっていたのか！Linuxカーネルが動くメカニズム

Column カーネル機能設定メニューを動かしてみる

　手軽に.configを生成する例として，コミュニティで開発中のUbuntu 14.04のカーネル・ソースを設定する手順を紹介します．カーネル・ソースをダウンロードしてきて，カーネル・コンフィグ項目を確認し，.configファイルを作成します．ここでは実際にビルドやインストールは行わずにカスタム・カーネル設定ファイルを作るだけ注Aなのでパソコンの環境を壊してしまう心配はありません．

1. ホーム・ディレクトリに移動：cd $HOME↵
2. 必要なツールのインストール：sudo apt-get install git libncurses5-dev↵
3. カーネル・ソース入手：git clone git://git.kernel.org/pub/scm/linux/kernel/git/torvalds/linux.git↵
4. ダウンロードしたソースの場所へ：cd linux↵
5. カーネル設定メニュー：make menuconfig↵
6. 画面に従って階層化されたカーネル設定項目を確認．依存関係でメニュー表示内容は変わる
7. ＜Save＞＜Exit＞でメニュー終了後，カーネル機能設定ファイル.configが生成される

　CPUアーキテクチャ依存の設定については，ARCH＝を設定しないと表示されない場合があります．図3は make ARCH=arm menuconfig↵ を実行してARMカーネル用のカーネル設定メニューを表示したものです．

● 既存のディストリビューションの設定内容を確認することもできる

　ここでは開発中のアップストリーム・カーネルのソースを使って，設定可能なカーネル・オプションを確認しました．しかし，UbuntuやFedoraなど既存のディストリビューションが提供しているカーネルがどのような設定でビルドされたものかを知りたい場合もあると思います．

　一般的に，bootディレクトリにconfig-（カーネル名）-genericという名前で，カーネルをビルドしたときに使われたカーネル・コンフィグ・ファイルが保存されています．このファイルを.configという名前でコピーして，make menuconfigを実行すれば，ディストリビューションが設定したカーネル・コンフィグ内容を確認できます．

注A：Ubuntuでアップストリーム・カーネルを実行する方法（英語）．https://wiki.ubuntu.com/KernelTeam/GitKernelBuild

ールして起動できるのは当たり前になっています．

　このように一つのバイナリ・イメージでハードウェア構成が異なるマシンを起動できることを，バイナリ・ポータビリティ（移植性）があるといいます．実はこれは非常に特別なことです．

● パソコンはBIOSがハード構成の違いを吸収

　パソコンでも組み込みボードでも，CPUアーキテクチャが同じであれば，バイナリ実行ファイルの形式も同じです．しかし，複数のボードでも起動できるカーネル・バイナリを作るのは別の話です．

　OSを起動するためには，OSにROM（ブート・コード）やRAM，I/O空間などの開始アドレス，タイマ，GPIOなどの割り込み番号などの情報を伝える必要があります．パソコン環境では，BIOS注1と呼ばれるハードウェアとOSを仲介するプログラムがあるので，OSから見たときにすべてのマザーボードが同じ構成に見えるようになっています．パソコンでは対象ハードウェアの仕様が明確に決められていると説明しましたが，実際にはBIOSが個々のボードの違いを吸収しているのです（図4）．

● BIOSのないARMの場合…チップやボードごとに個別のボード・コンフィグが必要

　Linuxカーネルは，開発の歴史の早い段階から，パソコン以外のいろいろなボードやCPUアーキテクチャに移植されてきました．表1でも紹介したように，カーネル・ソースのarchというディレクトリに多くのCPUアーキテクチャのサポート・コードを格納し，単一のソースコードでマルチアーキテクチャに対応しています．

注1：最近ではBIOSが発展したUEFI（Unified Extensible Firmware Interface）というものに置き換わっています．

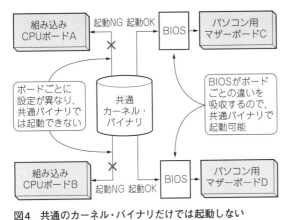

図4 共通のカーネル・バイナリだけでは起動しない
パソコンはBIOSを使ってハードの違いを吸収しているが，BIOSがないと個別にボード・コンフィグが必要

表2 開発したボードを新たにLinuxでサポートするためにコミュニティの開発者に投稿したパッチ群
mach-shmobileの中のR-CarM2向けの設定ファイル

ファイル名	内容
board-koelsch.c	ボード固有の各種機能設定定義ファイル
setup-r8a7791.c	ボードごとのクロック・ソース，モード設定の読み込み
clock-r8a7791.c	クロック・ツリー関連の設定
pm-rcar.c	パワー・マネージメント関連の設定

ARMの場合には/arch/armというARM用のディレクトリに，mach-xxxxというサブ・ディレクトリがたくさんあります．たとえば，mach-versatile，mach-exynos，mach-shmobileなど，ARMのCPUコアを搭載した各社のチップごとの固有情報が配置されています．

mach-xxxの下にはアドレス・マップ情報，割り込み番号設定，搭載されているデバイスの情報など，ボード固有ハードウェア設定情報が保存されます．このように/arch/(CPU)/mach以下にチップ依存，ボード依存の設定を記述して，デバイス・ドライバとの対応（バインディング）を定義する方法を，プラットホーム・デバイスと呼びます．Linuxのデバイス・ドライバ記述モデルとして公式に採用されています[注2]．

● 自分で開発したボードをLinuxでサポートする方法…動かすのに必要なパッチ群を投稿する

新たに自分で開発したARM搭載ボードをLinuxでサポートするようにしたいときには，新たな設定ファイルを/arch/(CPU)/machの下に追加する必要があります．その設定ファイルをアップストリーム・カーネルに登録したい場合，そのパッチ群をコミュニティの開発者に投稿することになります．保存ファイルの命名に共通のルールはないのですが，表2にmach-shmobileの中のR-CarM2（ルネサス エレクトロニクス）向けの設定例を紹介します．

本来カスタムLSI向けのARMがまねいてしまったこと

● カーネルのソースコードは共通化が推し進められていたが…

大部分のLinuxカーネルのソースコードは，特定のCPUアーキテクチャやボードに依存しない共通コードで構成されています．このような共通コードは，多くの人の手による検証，改善，重複の解消の莫大な努力が積み重ねられることによって，コードのフラグメント化（乱立）が回避されてきました．

ところが前述の/arch/(CPU)/mach-(ボード)ディレクトリだけは，その取り組みの適用範囲外となっていました．個別のボード向けのコードを書くプログラマが自分の好き勝手なコードを書いても，第三者に議論される可能性がない都合の良い場所になってしまっていた面があります．

● ARMのチップ/ボード対応用コードが無秩序に増大

ARMコアのCPUの場合は，ARM社からCPUコアだけが提供されるので，各チップ・メーカが自社製のタイマ，割り込みコントローラ，DMAなどを組み合わせてチップを作る必要があります．本来割り込みコントローラなどは誰が作っても機能はほぼ同じにできるものですが，各社ごとに少しずつ違うタイマ制御，割り

注2：プラットホーム・デバイスのドキュメント，https://www.kernel.org/doc/Documentation/driver-model/platform.txt

第1部 そうなっていたのか！ Linuxカーネルが動くメカニズム

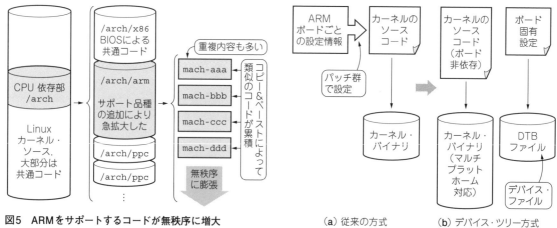

図5 ARMをサポートするコードが無秩序に増大
ARM社のCPUコアだけを提供する形態も要因の一つ

図6 デバイス・ツリー方式ではチップやボード固有の設定情報がカーネル外にあってもOK

込み制御用のコードがmachディレクトリ下に積み上がっていくことになりました．さらに悪いことに，同一メーカでもチップごとに周辺機能が改定されるケースもあり，大部分がコピペで作られたチップ依存，ボード依存のコードが図5のように/arch/arm/machディレクトリの下に積み上がっていきました．

▶Linux創始者Linus氏が激怒

改めて表1のARMサポート・コードの推移を見ると，バージョン2.6.18では200万行だったARMサポート・コードが，バージョン2.6.38では700万行に急拡大しているのがわかります．これを見た，Linux創始者であり今でもマスターメンテナーを務めるLinus氏は激怒し，「LinuxのARMコードの状態はまったくの無秩序で混乱の極みだ．こんな状態は許せない」という強いメッセージ注3を公開メーリング・リストなどに出しました．

対策：ボード依存情報はカーネル外に追い出す

ARM関連のコミュニティは，今後プラットホームが増えていっても，比例してサポートするコードが増えないようなしくみを，緊急に考える必要に迫られました．

● デバイス・ツリー方式

しかし，ARMコアの適用範囲は幅広く，用途に応じてチップ構成が大きく異なるので，パソコンのBIOSのようなハードウェア抽象化のアプローチは使えません．そこで考えられたのが，ボードやチップごとのコンフィグレーション情報を別ファイルにして，カーネル外に追い出すことによって共通カーネル・バイナリを実現するという図6に示すアイデアです．ボード固有の情報はデバイス・ファイルというバイナリ・ファームウェアに格納されるのですが，この方式を総称してデバイス・ツリーと呼んでいます．

● アイデア自体は以前から考案されていた

ARM Linuxコミュニティがデバイス・ツリー導入に踏み切ったのは2011年ですが，デバイス・ツリーの考え方自体は1994年にIEEE1275-1994として標準化されたOpen Firmwareが元になっています．Openはいろいろなosで共通に利用できるしくみという意味です．カーネル内にデバイス定義情報を記述せず，ハードウェア構成情報を格納したファームウェアをOS起動時に読み込ませて，カーネルを動的に構成させる考え方です．PowerPCを使ったマッキントッシュやメインフレーム，SPARCを使ったワークステーションは，早い時期からOpen Firmwareを採用しています．

注3：一例としてhttp://thread.gmane.org/gmane.linux.kernel/1114495/focus=112007

第12章　いろんなチップ＆ボードで動かせるしくみ

● 無秩序なコードの増大抑制に成功！

　デバイス・ツリーを採用することによって，ARM Linuxコミュニティはカーネル・ソース中のARMのチップやボードに対応するためのコードを，少なくともこれ以上増加しないようにできると考えました．そのためコミュニティ内で，ARMコア依存部分の開発を取りまとめるメンテナーとは別に，ARM SOCというプロジェクトを立ち上げました．アップストリームにARMコア搭載チップのサポート・パッチを投稿するときには，デバイス・ツリー非対応ものは受け付けないというポリシを作り，コードの無秩序な拡大を抑えようとしました．表1のバージョン2.6.38からバージョン3.15のARMサポート・コードの推移を見ると，この期間にさらに多くのARMデバイスのサポートが追加されたにもかかわらず，コード量が抑制されていることがわかります．

デバイス・ツリー方式でLinuxを起動するには

● カーネル外に追い出したボード・コンフィグの情報を持つ…DTBファイルが必要

　一般的なLinuxでは，カーネル・バイナリにハードウェア固有の設定情報が直接記述されていました．デバイス・ツリー環境では，カーネル・バイナリにボードやチップ固有の設定は一切含まれません．そのため起動時にカーネル・バイナリと一緒にDTB（Device Tree Blob）と呼ばれるバイナリ・ファイルを指定しないとボードを起動することができません．DTBファイルの作り方と，カーネルに受け渡す方法を見てみましょう．

● 起動前にDTBファイルをあらかじめRAMに展開しておく必要がある

　デバイス・ツリー非対応のLinuxカーネルであっても，ブートする時にいくつかの起動パラメータをブートローダからカーネルに渡すことができました．

　ARM対応のカーネルの場合には，MACH TYPEというパラメータ指定が必須でした．しかし，デバイス・ツリー環境では，カーネル内のプラットホーム定義は参照しないので，この引き数は必要なくなりました．

　その代わり，ブートローダはカーネル起動前にDTBファイルをRAMに展開しておく必要があります．その後，カーネル起動時にカーネル・バイナリの先頭アドレスとDTBファイルの先頭アドレスの二つをカーネルに渡します．そうすることで，起動時にカーネルがボードのコンフィグレーション情報を動的に読み込めるようにする必要があります．

● DTBファイルの作成方法…チップ/ボード依存のコンフィグ情報を記述してコンパイル

　図7に示すように，ハードウェア定義情報はDTS（Device Tree Source）とDTSI（DTS include）という二つのファイルに記述します．DTSファイルにはボード関連定義を記述します．DTSIファイルにはチップ依存部分の定義を記述します．ARM Linuxでは，これらのファイルはカーネル・ソース内の/arch/arm/boot/dtsというディレクトリの下に置かれています．DTBファイルは，DTSファイルとDTSIファイルを，DTCという専用のコンパイラでコンパイルして作成します．

● ブートローダでDTBファイルを読み込む方法

　組み込みLinuxで多く使われるブートローダの一つ，U-Bootには，DTBファイルの展開機能がすでに組み込まれています．図8にbootmコマンドでデバイス・ツリー形式のカーネルを起動する方法を示します．

　もしブートローダがデバイス・ツリーに対応していない場合は，カーネル・ビルド時にARM専用のビルド・オプションCONFIG_ARM_APPENDED_DTBを有効にしたカーネルを用意します．それにより，カーネル・バイナリの後ろにDTBファイルを手動で結合した，連結済みのカーネル・バイナリを読み込ませることが可能になります．

109

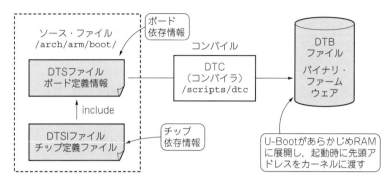

図7 DTBファイルはチップとボード依存の2種類の情報をもとに作成されている
コンパイルには専用のコンパイラを用いる

図8 U-Bootのbootmコマンドでデバイス・ツリー形式のカーネルを起動する方法

またCONFIG_ARM_ATAG_DTB_COMPATというオプションに有効にしておくと，レガシーなカーネル起動パラメータを読み込んだあとで，DTBの情報を上書きしてカーネルを起動させることも可能です．このレガシーなカーネル起動パラメータのことをATAGと呼びます．

● デバイス・ドライバとのバインディングを規定

バージョン3.15のカーネルのデバイス・ツリー環境では，以下のボード固有情報定義ファイルとチップ固有情報定義ファイルに分割されています．DTSファイルとDTSIファイルには，デバイス・ドライバとのバインディングを規定するためのcompatibleという項目があります．ここには具体的なドライバのファイル名を記述するのではなく，ドライバを紐付けるために参照される名前を記述することになっています．R-CarM2 Koelschプラットホーム・サポート用のデバイス・ツリー設定ファイルを表3に示します．また，図9に起動ログを示します．

● デバイス・ツリー対応のカーネル開発は難易度が高い…

Open Firmwareのコンセプトが生まれたころのデバイスと比べると，現在のチップの構成は非常に複雑です．DTSファイルとDTSIファイルには，バス・トポロジに対応したツリー構造を記述していきます．ところが，バス構造が階層的になっていたり，USB OTGのようにGPIOのポートの状態によってデバイスの役割が変わるケースなどもあり，DTSファイルの記述方法はかなり複雑になる場合があります．また，デバイス・

表3 R-CarM2 Koelschプラットホーム・サポート用のデバイス・ツリー設定ファイル

ファイル名	内容	ファイルの種類
/arch/arm/boot/dts/r8a7791-koelsch.dts	ボード固有の定義指定	DTSファイル
/arch/arm/boot/dts/r8a7791.dtsii	チップ固有の定義指定	DTSIファイル

第12章 いろんなチップ&ボードで動かせるしくみ

```
U-Boot 2014.07 (Jul 25 2014 - 10:43:45)

CPU: Renesas Electronics R8A7791 rev 3.0
Board: Koelsch

(snip)

=> bootp
sh_eth Waiting for PHY auto negotiation to complete.. done
sh_eth: 100Base/Half
BOOTP broadcast 1
DHCP client bound to address 192.168.44.186
Using sh_eth device
TFTP from server 192.168.44.74; our IP address is 192.168.44.186
Filename '/koelsch/uImage'.
Load address: 0x40007fc0
Loading: *################################################################
         ################################################################
         ##########
         6.1 MiB/s
done
Bytes transferred = 2055016 (1f5b68 hex)
=> tftp 41000000 /koelsch/r8a7791-koelsch.dtb
sh_eth:1 is connected to sh_eth.  Reconnecting to sh_eth
sh_eth Waiting for PHY auto negotiation to complete.. done
sh_eth: 100Base/Half
Using sh_eth device
TFTP from server 192.168.44.74; our IP address is 192.168.44.186
Filename '/koelsch/r8a7791-koelsch.dtb'.
Load address: 0x41000000
Loading: *##
         5.6 MiB/s
done
Bytes transferred = 23644 (5c5c hex)

=> bootm 40007fc0 - 41000000
## Booting kernel from Legacy Image at 40007fc0 ...
   Image Name:    Linux-3.16.0-rc7-dirty
   Image Type:    ARM Linux Kernel Image (uncompressed)
   Data Size:     2054952 Bytes = 2 MiB
   Load Address: 40008000
   Entry Point:  40008000
   Verifying Checksum ... OK
## Flattened Device Tree blob at 41000000
   Booting using the fdt blob at 0x41000000
   XIP Kernel Image ... OK
   Loading Device Tree to 40ef7000, end 40effc5b ... OK


Starting kernel ...

Booting Linux on physical CPU 0x0
Linux version 3.16.0-rc7-dirty (shimoda@shimoda-Dell-XPS420) (gcc version 4.8.3 20131111
(prerelease) (crosstool-NG linaro-1.13.1-4.8-2013.11 - Linaro GCC 2013.10) ) #2 SMP Mon Jul
28 16:50:45 JST 2014
 ⋮
```

デバイス・ツリー対応のU-Bootを利用

ホスト・パソコンからbootpコマンドでカーネル・バイナリをRAMにロードする

カーネル・バイナリの先頭アドレスはU-Bootに記述しておく

カーネル・バイナリの転送完了

ホスト・パソコンからtftpコマンドでDTBファイルをRAMにロード

DTBファイルがRAM上のカーネルの後ろのアドレスにロードされた

bootmコマンドに二つの引き数（カーネルの先頭アドレスとDTBファイルの先頭アドレス）を指定して起動

カーネル・バイナリをチェック

U-BootがDTBファイルを認識

RAMからDTBファイルをロード

コンフィグレーション情報読み込み完了．カーネルの起動スタート

図9 デバイス・ツリー方式でLinuxを起動したときのログ・ファイル

第1部　そうなっていたのか！Linuxカーネルが動くメカニズム

ツリーもカーネルと同様にコミュニティでマスタ・ソースが管理されていて，原則として一度定義したものは変更しないで運用することが求められています．

そのため，デバイス・ツリー対応のカーネル開発は，時間的にもスキル的にもかなり難易度の高い開発になります．実際のデバイス・ツリー関連ファイルの記述方法やアップストリーム方法については，次章でBeagleBone Blackの例を紹介します．ARM SOCがデバイス・ツリー対応を必須要件としたことから，世界中で苦労している人がウェブにたくさん情報を発信していますので，詳細を知りたい場合はウェブの情報を参考にしてみてください．

デバイス・ツリー方式のメリット＆デメリット

最後にデバイス・ツリー対応の課題について，ユーザー視点から筆者の考察を述べたいと思います．今回紹介したように，デバイス・ツリー対応は，コミュニティ内でARMのサポート・コードが爆発的に大きくなったのを抑える意味で，半ば緊急避難的に導入された経緯があります．そのため，必ずしも万人にとって使いやすい面ばかりではありません．

▶メリット

まず，デバイス・ツリー導入のメリットを以下に挙げます．

- マルチプラットホーム対応の共通バイナリの配布が可能．Linux BSP（ボード・サポート・パッケージ）の配布が楽になる
- 試作/開発ボードと最終的な製品ボードで同じカーネル・バイナリを利用することが可能
- 製品の仕向け先展開でハードの変更があった場合に，ハードウェアの差をDTBファイルで吸収可能

▶デメリット

次に，デバイス・ツリー導入によってデメリットになりうる項目を以下に挙げます．

- DTSファイルのアップストリームには，政治交渉なども含め非常に時間がかかり，開発期間がさらに伸びてしまう
- システム起動時に読み込むファイルが増え（ROM増大），読み込みの時間も長い（起動時間が伸びる）
- 機能が電源制御ICの設定とチップ内の設定にまたがるようなケースでは，DTSファイルで表現できない場合がある
- DTBファイルのメンテナンスが保守的なので，ハードウェアの進化への追随が難しい
- デバイス・ドライバは，デバイス・ツリー環境とレガシーなカーネル起動パラメータ両方への対応が必要

＊　　　　　＊　　　　　＊

本稿では，Linuxカーネルが多様なハードウェアを一つのカーネルでサポートするためのしくみを紹介しました．ほかのOSと比較した場合，非常に多くの違った使い方をするユーザが，同じソースを利用していることから得られるメリットは計り知れません．Linuxがこれだけ世の中に広まった原動力になっている考え方であると思います．特定のハードウェア向けに特化した最適化をしたいという要望は常に出てくるでしょうし，デバイス・ツリー対応のように必ずしも嬉しいことだけでない面も出てくるでしょうが，Linuxのマルチアーキテクチャ，マルチプラットホームという旗印は絶対に維持していかなければならないと考えます．

第13章 固有ハードに対応するためのしくみ実例

LinuxボードBeagleBone Blackのデバイス・ツリー

　Linuxは，x86やARMなどいろいろなCPUアーキテクチャやいろいろなCPUボードでも動作するマルチプラットホーム対応OSです．第12章では，Linuxがマルチプラットホームを実現するしくみと，ARMプロセッサをサポートする上で対応が必須となったチップ/ボード固有回路を動かすしくみデバイス・ツリーを紹介しました（図1）．

　本稿では，デバイス・ツリー対応済みのボードであるBeagleBone Blackを例に，前回触れなかったデバイス・ツリー関連ファイルの記述や動作を説明します．

● デバイス・ツリー完全対応のターゲット・ボードBeagleBone Black

　本稿では，BeagleBone Blackでデフォルトで採用されている[注1]カーネル・バージョン3.8のAngstromのデバイス・ツリー関連ファイルのコードを見ていきます．さらに，BeagleBone Blackの拡張ボードCapeをデバイス・ツリーでサポートするCape Managerについて解説します．

▶ BeagleBone Blackはこんなボード

　BeagleBone Blackは，AM335xシリーズ（テキサス・インスツルメンツ）を搭載したLinuxボードです．AM335xシリーズは最高動作周波数1GHzのARM Cortex-A8コアを内蔵したSoCです．512Mバイトの

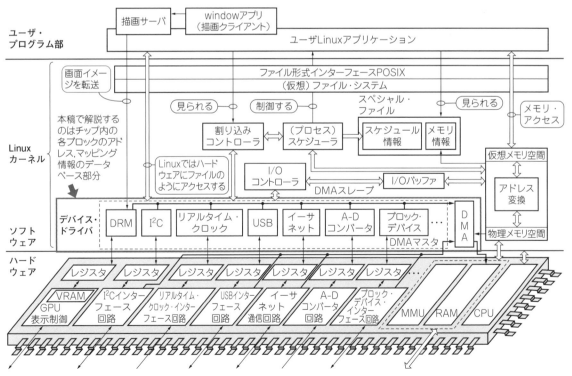

図1　本稿で解説すること…ARM製品をサポートする上で対応必須！デバイス・ツリーの実装方法や対応を解説
早々にデバイス・ツリー対応を行ったBeagleBone Blackのコードを参考にする

注1：Revision Cではデフォルトのディストリビューションが Debian に変わりました．

第1部 そうなっていたのか！ Linuxカーネルが動くメカニズム

DRAM，2Gバイト（Revision Cでは4Gバイト）のeMMC，電源管理IC，LEDなども搭載しています．そのほか，USBホスト，USBターゲット，イーサネット，HDMIのほか，SPIやI²C，GPIOなどさまざまなI/Oがあります．Digi-Keyなどのオンライン・ショップで約7,000円で入手できます（2015年8月現在）．

おさらい…チップ/ボード固有回路を動かすしくみデバイス・ツリー

● ARMボードでは今や必須になった背景

x86プロセッサを搭載したパソコンでLinuxカーネルを起動すると，CPUに接続されているハードウェア（デバイス）が自動認識されて，それらが最初から利用できる状態でシステムが立ち上がります．

一方，ARMプロセッサを搭載した組み込みボードでは，ハードウェアの多様性などのため，起動時のハードウェア自動認識は機能しません．このためARM環境では，カーネル起動時に有効化したいボード上の各種ハードウェアやチップに内蔵されている機能を，明示的に指定する必要があります．

以前はカーネル・ソース内にプラットホーム・デバイスと呼ばれるボードごとのデバイス・プロファイルを記述していました．しかし，ボードの種類が増えるにつれ，無秩序にプラットホーム・コードが肥大化することが問題となりました．そこで，カーネル・バージョン3.7で，ARM Linuxに新たにデバイス・ツリーという考え方が導入されました．LinuxコミュニティのARM SOCメンテナーが，カーネルバージョン3.7以降，デバイス・ツリーに対応したものでなければ新たなボード登録を受け付けないという強いガイドを出しました．そのためデバイス・ツリー対応は，誰もが避けては通れなくなりました．

● カーネル起動時に必要な情報

ARMのCPUを搭載した組み込みボードでLinuxカーネルを起動するときには，デバイス・ドライバを明示的に指定する必要があります．具体的には次の情報を指定します．

- ハードウェアを動かすデバイス・ドライバ
- デバイスのアドレス情報
- デバイスの動作クロック
- デバイスに割り当てられた割り込み番号（割り込みを利用する場合）

● Before…チップ/ボード固有の情報もデバイス・ドライバに直接記述していた

BeagleBone Blackに搭載されているARM CPU内蔵のSoCは，300ピン以上の多ピンのデバイスですが，大部分の端子は複数の機能で共用するピン・マルチプレクス構成になっています．このため，ボードごとのプロファイルには，端子機能の指定も必要です．

以前はデバイス・ドライバの中にアドレス情報，クロック指定，端子機能指定などを直接記述していたのですが，その場合，ボードが変わるごとにドライバを変更する必要がありました．

● After…デバイス・ツリー方式ではチップ/ボード固有の情報をカーネル外へ

デバイス・ツリーの基本的な考え方を図2，図3に示します．チップ/ボードに非依存なデバイス制御方法だけをドライバ内に残して，チップ/ボード依存情報はボードごとのDTB（Device Tree Blob）と呼ばれるバイナリ・データに集約してカーネル起動時に渡します．こうすることで，デバイス・ドライバは特定のボードに依存しない使い回しができるコードになります．

一つのカーネルで複数のボードが起動できるようにするには，カーネル・ビルド時にCONFIG_ARCH_MULTIPLATFORMオプションを有効にします．こうすることで，ボードごとのDTBファイルと組み合わせて，いろいろなボードを一つのカーネルで起動できるマルチプラットホーム対応が可能になります．

114

第13章 固有ハードに対応するためのしくみ実例

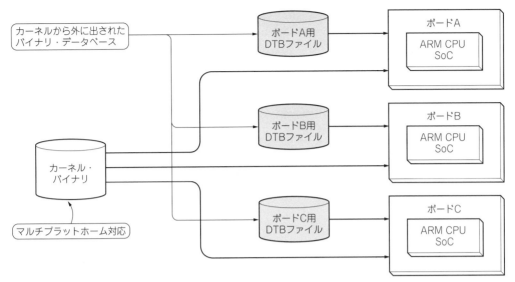

図2 ARMの場合…チップ/ボード固有の設定情報（プロファイル情報）はカーネル外のDTBファイルに集約
マルチプラットホーム対応カーネルならカーネル・バイナリは共通でOK！

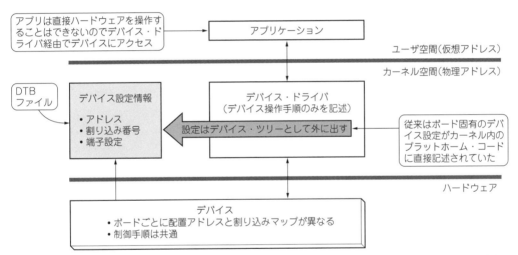

図3 チップ/ボード固有の設定情報だけをデバイス・ツリーに追い出すことでドライバが特定のボードに依存しないで使い回しできるようになる

　実際にAngstromのBeagleBone Black対応コードからデバイス・ツリー・ファイルの記述方法について見てみましょう．

定義方法

● 百聞は一見にしかず！ 実物のソースコードを見る

　BeagleBone Black Revision Bのボード上のeMMCフラッシュ・メモリには，あらかじめAngstromが書き込まれた状態で出荷されています．電源を入れただけでデバイス・ツリーに対応したAngstrom環境が立ち上がります．BeagleBoneプロジェクトのGitHubからAngstromのカーネル・ソースを次の手順で入手して，どのようにデバイス・ツリーが定義されているか確認してみましょう．

115

第1部　そうなっていたのか！Linuxカーネルが動くメカニズム

```
Booting from mmc ...
## Booting kernel from Legacy Image at 80007fc0 ...          カーネル・バイナリをRAMに展開する
  Image Name:   Angstrom/3.8.13/beaglebone
  Image Type:   ARM Linux Kernel Image (uncompressed)
  Data Size:    4384960 Bytes = 4.2 MiB
  Load Address: 80008000
  Entry Point:  80008000                          BeagleBone Black起動時
  Verifying Checksum ... OK                        にFDT blobを読み込む
## Flattened Device Tree blob at 80f80000
  Booting using the fdt blob at 0x80f80000
  XIP Kernel Image ... OK                           RAMに展開された
OK
Using Device Tree in place at 80f80000, end 80f890e7
   ：
```

図4　BeagleBone Blackを起動したときのログ・ファイル
起動時にFDT Blobを読み込んでいる

▶ BeagleBone BlackのAngstromのカーネル・ソース入手方法

① $ git clone git://github.com/beagleboard/kernel.git

② $ cd kernel　　　　BeagleBone Black の Angstrom のカーネルをクローン（サーバからコピー）

③ $ git checkout origin/3.8 -b 3.8 ◀　　ブランチ名 3.8 としてチェックアウト

④ $ ./patch.sh ◀　　最新の stable パッチを適用，ビルド用の yocto レシピを生成

⑤ $ cd kernel/arch/arm/boot/dts　　各ボード用の DTS ファイルが格納されているディレクトリに移動

⑥ $ ls

am33xx.dtsi ◀　　am33 シリーズ SoC 共通のデバイス・ツリー定義ファイル

am335x-bone.dts ◀　　BeagleBone Black 用のデバイス・ツリー定義ファイル

am335x-bone-common.dtsi ◀　　BeagleBone 共通のインクルード・ファイル（**リスト1**）

● デバイス・ツリー定義ファイルDTS

　DTS（Device Tree Source）と呼ばれるデバイス・ツリー定義ファイルには，チップやボード依存のデバイス・プロファイルが定義されています．DTSファイルは，DTCと呼ばれる専用コンパイラを用いてバイナリ・データに変換します．そうして生成されたFDT Blob（Flattened Device Tree Blob）と呼ばれるDTBバイナリ・ファイルを，カーネル起動時に読み込ませます（**図4**）．カーネルは，FDT Blobから読み込んだ情報を基に/sys仮想ファイル・システムにデバイス・レイアウトを展開します．そうすることで，アプリケーションがユーザ空間から参照できるsysfs経由でデバイスの状態を確認できるようなインターフェースを提供します．

▶ 別の定義ファイルを読み込ませることも可能

　DTSファイルなどのデバイス・ツリーの定義ファイルの中で，別の定義ファイルを読み込ませることもできます．たとえば，個別ボード定義用DTSファイルの中で，ボード上のSoC共通のデバイス・ドライバ情報を定義したDTSI（DTS include）ファイルを読み込ませることができます（**図5**）．

● 最重要のはたらき…デバイス・ドライバとハードのひも付け

　デバイス・ツリーはもともと，ハードウェア情報をいろいろなOSから参照できるように開発されたものです．そのため，デバイス・ツリーの定義ファイルDTSは，汎用的なキーワードで各OSのカーネル・プログラムと連携できるように記述することになっています．

116

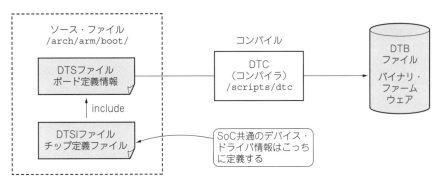

図5 DTSファイルには別ファイルで定義したデバイス・ツリー情報を読み込ませることも可能

▶記述方法

デバイス・ツリーの定義で特に注意する必要があるのはカーネル内のデバイス・ドライバとの対応付けです．デバイス・ドライバのファイル名は，カーネル・バージョンによって変更になる場合があります．そのため，デバイス・ドライバのファイル名を指定するのではなく汎用性をもたせるために，

`compatible=＜製造者名＞，＜モデル名＞`

というキーワードを使ってユニークな対応関係を規定します（**リスト1**）．

ちなみにこのキーワードは，直接デバイス・ドライバ内に埋め込まれています．キーワードは削除したり変更することはできません．また，複数のデバイスで重複しないように，コミュニティで厳密に管理されています．

▶別デバイス向けのドライバでも動かせる場合

たとえば，動かしたいデバイスに使われているコントローラが，業界標準的なデバイスとレジスタ配置が共通である場合，その標準的なデバイス用のドライバを使って動かすこともできます．その場合には，

`compatible=＜製造者名＞，＜モデル名＞，＜互換デバイス名＞`

と記述することによって，互換デバイスのデバイス・ドライバをひも付けることもできます．

● 実際はかなり複雑

デバイス・ドライバとのひも付けは，このようなルーズなひも付けによって，カーネル内のデバイス・ドライバ名が変わったような場合でも対応関係が維持できるように工夫されています．

デバイス・ツリーの考え方は明快なのですが，現実世界ではデバイス同士に親子依存関係があったり，PCIなどのバス経由でデバイスにアクセスする必要があるなど，複雑な依存関係をもつことがあります．デバイス・ツリーの定義には，そのような複雑な依存関係をすべて記述する必要があり，記述自体も複雑になります．

▶実物を参考に改造するのが吉

本稿はデバイス・ツリーを使ったARM Linux環境の活用方法を解説するものなので，デバイス・ツリーやデバイス・ドライバの記述方法の解説は割愛します．しかし，ARM Linuxにおけるデバイス・ツリー活用は歴史が浅く，決定版と呼べるテキストもありません．そのため自分でデバイス・ツリーの定義ファイルを書く場合には，実物のDTSファイルを参考に改造していくのがよいでしょう．DTSの記述方法については http://www.devicetree.org/Device_Tree_Usage（英語サイト）などを参考にしてください．

第1部　そうなっていたのか！ Linuxカーネルが動くメカニズム

リスト1　実際のデバイス・ツリー定義
BeagleBone共通のインクルード・ファイル（am335x-bone-common.dtsi）

```
/dts-v1/;                                          ← dts version1であることを宣言

/include/ "am33xx.dtsi"                            ← チップ依存定義情報をインクルード

/ {
    model = "TI AM335x BeagleBone";               ← ボード固有名
    compatible = "ti,am335x-bone", "ti,am33xx";
                                                   compatibleはカーネル内のデバイス・ドライバ
    cpus {                                         とのバインディングを定義する重要なキーワード
        cpu@0 {
            cpu0-supply = <&dcdc2_reg>;
        };
    };                  CPUコアごとの設定

    memory {
        device_type = "memory";                   ← メイン・メモリの設定. 開始アドレス, 大きさ
        reg = <0x80000000 0x10000000>; /* 256 MB */
    };
am33xx_pinmux: pinmux@44e10800 {
    pinctrl-names = "default";
    pinctrl-0 = <&user_leds_s0>;
                                                   ピン・コントロール設定. ピン・マルチプレクス
                                                   の設定（入出力の設定, プルアップあり/なしの
    user_leds_s0: user_leds_s0 {                   設定など）
        pinctrl-single,pins = <
            0x54 0x7  /* gpmc_a5.gpio1_21, OUTPUT | MODE7 */
            0x58 0x17 /* gpmc_a6.gpio1_22, OUTPUT_PULLUP | MODE7 */
            0x5c 0x7  /* gpmc_a7.gpio1_23, OUTPUT | MODE7 */
            0x60 0x17 /* gpmc_a8.gpio1_24, OUTPUT_PULLUP | MODE7 */
        >;
    };
};

leds {
    compatible = "gpio-leds";                     ← LEDポートの設定. compatibleでカーネルの
                                                     gpio-ledsというドライバをバインディング
    led@2 {
        label = "beaglebone:green:heartbeat";
        gpios = <&gpio2 21 0>;                    ← 個々のLEDポートの設定. ポート名の設定. Linux
        linux,default-trigger = "heartbeat";        標準のheartbeatに利用, デフォルトはオフの設定
        default-state = "off";
    };
}
```

固有ハード対応のしくみ ① ： デバイス・ツリー

● 専用拡張ボード…Cape

　BeagleBone Blackや先代のBeagleBoneには，USBやLANなどの基本的なデバイスしか実装されていません．その代わり，LCD表示，各種拡張インターフェース，センサ・ボードなどをユーザがニーズに応じて適宜接続できる46ピン2列の拡張ピン・ヘッダが実装されています．

　拡張コネクタは積み重ね可能な構造になっていて，最大4枚のボードを積み重ねることができます．この拡張インターフェースを使って接続するBeagleBone用のオプション・ボードを，Capeと呼びます（**図6**）．BeagleBoneおよびBeagleBone Black側でも，あらかじめ各種Capeボードをサポートするしくみが組み込まれています．ハードウェアとしてはCape仕様準拠のさまざまなオプション・ボード[注2]が販売されています．

118　　　注2：http://elinux.org/Beagleboard:BeagleBone_Capes

第13章 固有ハードに対応するためのしくみ実例

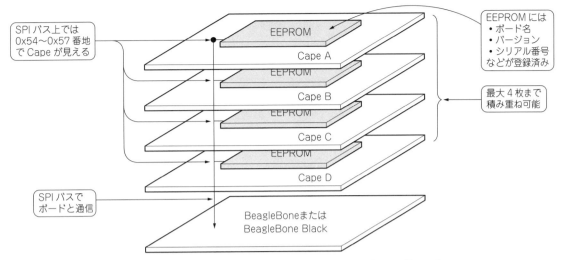

図6 BeagleBoneおよびBeagleBone Blackでは，Capeと呼ばれる専用の拡張ボードが使用できる

● 基本…カーネル&デバイス・ツリーが対応しているCapeだけが使える

　ソフトウェア面では，BaegleBone用に開発されたLinux BSP (Board Support Package) で，Capeを利用するためのしくみが拡張されています．先代のBeagleBoneと，HDMIやeMMCが拡張されたBeagleBone Blackの拡張インターフェース仕様には互換性があります．しかしCapeによっては，Blackで拡張された機能を利用するためBlack専用となっているものもあります．

　Cape上にはEEPROMが搭載されています．SPIインターフェース経由でEEPROMに格納されたボード情報をBeagleBoneまたはBeagleBone Blackから読み出せます．どのCapeが接続されたかをカーネルで認識して，追加されたデバイスが自動で認識されるようになっています．

● 課題…起動後に使うCapeや周辺機能を指定してもデバイス・ツリー情報が読み込まれない

　バージョン3.7以降のARM Linuxカーネルは，起動時に読み込むデバイス・ツリー情報を基に，どのデバイスを初期化するかを決めます．では，BeagleBone Blackでは，Capeをどのように認識しているのでしょうか？　通常，標準のデバイス・ツリーによるデバイス・プロファイルの読み込みは，カーネル起動時に一度だけ実行されます．そのため，後から追加されたハードウェアを認識することはできません．これは第5章で出てきたUSBなどのリムーバブル・デバイスの認識とは別です．

　USBのケースで考えると，USBコントローラはカーネル起動時にデバイス・ツリーで認識・初期化を行う必要があります．コントローラが初期化されていれば，実際のUSBメモリなどのUSBデバイスは動作中に挿抜することが可能です．ここにはデバイス・ツリーは関係しません．

　ところがCapeでは，いったんカーネル起動時にデバイス・ツリーによって初期化されたハードウェア・プロファイル情報を，再起動せずに拡張させる必要があります．このようなデバイス・コンフィギュレーションの動的更新に対応するために，カーネルにデバイス・ツリー・オーバレイという新たな機能を追加しました．

> **Column** 従来のデバイス・ドライバは「そのうち」デバイス・ツリー対応に書き直さないといけない

● デバイス・ツリー対応が必須要件ということは…デバイス・ドライバの書き換えが必要

ARM Linuxコミュニティはカーネル・バージョン3.7以降に新規プラットホームを追加する時は，デバイス・ツリー対応を必須要件にしました．つまり，従来のデバイス・ドライバもデバイス・ツリー対応に書き直す必要があるということです．しかし，すべてのデバイス・ドライバを一気にデバイス・ツリー対応とさせるのは現実的とは言えません．今回取り上げたBeagleBone Blackは，100%デバイス・ツリー対応になっています．しかし実際には，現在多く使われているARM CPU内蔵SoCすべてが同じような対応状況になっているわけではありません．

● 非推奨だが…対応が難しい場合は従来のデバイス・ドライバを利用することも可能

このようなケースでは，即座にデバイス・ツリーに対応することが難しい複雑なデバイス・ドライバは，レガシーなプラットホーム・デバイス定義を継続利用することもできます．

当面の間，即座に対応できる部分のみデバイス・ツリー対応のデバイス・ドライバを利用し，複雑な部分はデバイス・ツリー非対応デバイス・ドライバを利用するというハイブリッド運用が可能です．GPIO設定，CCF（Common Clock Framework：クロックソースの共通定義），メモリ・マップ設定などは基本的かつ比較的明快にデバイス・ツリー対応が可能です．USB OTGなどシステム動作中にUSBのロール（ホスト動作かファンクション動作か）が動的に切り替わるものは複雑で，デバイス・ツリー対応は容易ではありません．

ただしこの方法は，コミュニティから正式に推奨されているわけではありません．

● カーネルが参照するデバイス・ドライバの順番

この場合，カーネルは
1）レガシーなプラットホーム・デバイスの指定
2）デバイス・ツリーの指定

さらにカーネル起動パラメータで明示的に指定されたパラメータを，この順番で参照するようになっています（図A）．いずれのケースでもカーネルのデバイス・ドライバ設定情報の読み込みは，カーネル起動時に確定させるというのが基本的な考え方です．

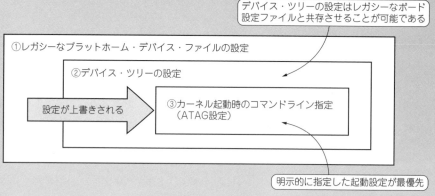

図A 従来のデバイス・ドライバとデバイス・ツリー対応のデバイス・ドライバは混在しててもOK

固有ハード対応のしくみ②：起動後に指定するためのデバイス・ツリー・オーバレイ

● 後から情報を上書きできるようにデバイス・ツリー方式を拡張

標準的なデバイス・ツリー方式では，カーネル起動前にRAM上にDTBファイルを展開しておいて，カーネル起動時にそれを読み込みます．

デバイス・ツリー・オーバレイは，後から追加で読み込んだデバイス・プロファイルを上書き（オーバレイ）させるためのしくみです．デバイス・ツリーから新しいデバイスの登録を通知されると，Linuxカーネルはユーザがそのデバイスを利用できるようにします．具体的には，/devの下に新しいデバイス・ノードを作成したり，端子機能を切り替えたりします．

● 使うには専用のDTSファイルが必要

Capeは，デバイス・ツリー・オーバレイのしくみを利用することによって，動的なハードウェアの構成変更に対応しました．ボードによっては同じリソースを取り合うような衝突（コンフリクト）が発生する可能性があります．このようなリソースの競合管理は，デバイス・ツリー・オーバレイ用のDTSファイルに記述します．

● 一般的なCape用のDTSはあらかじめ用意されている

BeagleBone用のLinux BSPには，あらかじめ多くのCapeボード対応のDTSファイルが用意されています（**図7**）．そのため，一般的なCapeを購入した場合には，自分でDTSファイルを作成しなくても動作させることができるでしょう．

実際にCapeを接続したときの例として，4インチLCDのCapeである4DCAPE-43（4D SYSTEMS）を**写真1**のように接続して試してみました．本ボードはMOUSER ELECTRONICSで約7,500円で購入することが可能です（2015年8月現在）．

リスト2は，4インチLCD Cape用のオーバレイ用DTSファイル/kernel/firmware/capes/BB-VIEW-LCD4-01-00A0.dtsの一部を抜粋したものです．本ボードは，BeagleBoneのLinux BSPに設定情報がすでに登録されているので，ボードをBeagleBone Blackに接続して，電源を入れるだけでLCDボードが認識され

図7 一般的なCapeはあらかじめDTSファイルが用意されているので自分でDTSファイルを作成しなくてもOK
別のCapeでこれらのDTSファイルを流用することもできる

```
munakata@muna-E420: kernel/firmware/capes$ ls BB-BONE*
BB-BONE-AUDI-01-00A0.dts
BB-BONE-RS232-00A0.dts
BB-BONE-PRU-03-00A0.dts
BB-BONE-LCD4-01-00A0.dts
BB-BONE-BACONE-00A0.dts
BB-BONE-RTC-00A0.dts
BB-BONE-REPLICAP-00A1.dts
 :
```

firmware/capesディレクトリにCape用に設定済のDTSファイルがある

今回試した4インチLCD Capeのオーバレイ用DTSファイルも登録されているので，ボードを接続するだけで自動認識した

写真1 実際に4インチLCD Capeを接続して試してみた

121

第1部 そうなっていたのか！Linuxカーネルが動くメカニズム

リスト2 デバイス・ツリー・オーバレイ用のDTSファイル記述（BB-VIEW-LCD4-01-00A0.dtsの一部分を抜粋）

```
/dts-v1/;
/plugin/;  ◄── [プラグイン．DTSファイルであると宣言]

/ {
    compatible = "ti,beaglebone", "ti,beaglebone-black";  ◄── [Capeボードの宣言．ボード名，
    /* identification */                                       バージョンをEEPROMと照合]
    part-number = "BB-VIEW-LCD4-01";
    version = "00A0";

    /* state the resources this cape uses */  ◄── [他のCapeと競合しないように専有
    exclusive-use =                                する機能をexclusiveで宣言する]
        /* the pin header uses */
        "P8.45", /* lcd: lcd_data0 */
        "lcd",
        "ehrpwm1a";

    fragment@0 {  ◄── [DTSオーバレイの中心．ピン・コントロール設定などをカーネルに通知]
        target = <&am33xx_pinmux>;
        __overlay__ {
            bb_view_lcd_cape_led_pins: pinmux_bb_view_lcd_cape_led_pins {
                pinctrl-single,pins = <
                    0x078 0x2f /* gpmc_be1n.gpio1_28, INPUT | PULLDIS | MODE7 */
                    /* 0x178 0x2f * uart1_ctsn.gpio0_12,INPUT | PULLDIS | MODE7 */
```

ました．さらにRevision Bのボード上のeMMCに書き込まれているAngstromを起動すると，フレーム・バッファが初期化されてLCD表示が有効になりました．

● Capeをカーネルに認識させることはできたけど…最終的にユーザ空間からCapeを動かすには？

BeagleBoneにおけるCapeの狙いは，ユーザが世界中のいろいろなCapeを購入したときに，ハードウェア，ソフトウェアの両面で複雑な追加設定をしなくても簡単に利用できる環境を提供することです．デバイス・ツリー・オーバレイのしくみを使うと，デバイス・プロファイルを後から上書きすることができるようになります．BeagleBoneシリーズでは，さらにユーザの使い勝手を高めるためのCape Managerというしくみが採用されています．最後にCape Managerの動作について見てみましょう．

固有ハード対応のしくみ③：ボードに用意された便利なCape Manager

● ハードとデバドラの割り当てをなんと自動でやってくれる

デバイス・ツリー・オーバレイは，カーネルが起動中に新たに接続されたデバイスを認識してデバイス・プロファイルを自動的に読み込むしくみです．これにより，Capeをカーネルに認識させることができるようになりました．

これに対しCape Managerは，新しいデバイスを認識したあと，ユーザがユーザ空間での簡単な操作でCapeを使えるよう，カーネル内でアシストするしくみです（**図8**）．具体的には，

- Cape上のEEPROMからCape名，バージョンなどを読み込む
- その情報を基に，ボードに対応したデバイス・ドライバを見つけてロードする
- さらに必要に応じて，SoCの端子設定を変更する

などの制御を行います．

122

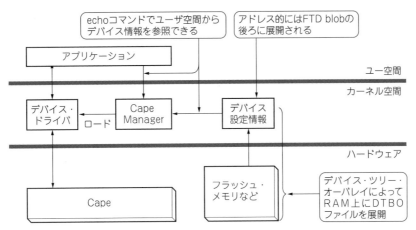

図8 Cape Managerはユーザ空間からCapeを使えるようにカーネル空間内での動きをアシストしてくれる

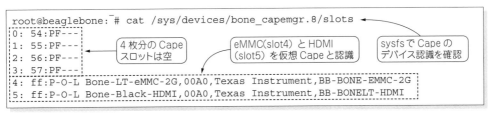

図9 Capeボードなしで起動したときの各slot認識

● Cape Managerでもできないこと

▶端子設定の競合状態の調停

ただしCape Managerは，別のCapeが同じ端子を違う設定で初期化しようとするなどのコンフリクトが生じた場合に，競合状態を自動調停する機能はありません．コンフリクトが発生した場合には，人間がDTSファイルを分析して競合が発生しないように修正する必要があります．

▶端子設定にも要注意

BeagleBone Blackに搭載されたAM335xシリーズなど最近の大規模SoCでは，一つの端子に多くの機能がマルチプレクスされています．そのため，ユーザの機能設定に応じてピン・コントロール・レジスタで端子機能を適切に設定する必要があります．SoCに内蔵された機能であっても，すべての機能が同時に使えるわけではない点に注意してください．

● これは便利！オンボード/オンチップの機能を有効/無効化する場合にも使える

Cape ManagerはCapeの接続以外にオンボード，オンチップの機能選択の設定にも利用されます．具体的な例を見てみましょう．

Cape Managerによるデバイス認識結果は，ユーザ空間からアクセス可能な仮想ファイル・システムsysfsの/sys/devices/bone_capemgr.X/slotsで確認できます．図9は拡張ボードを何も接続しないでボードを起動させたあとのCape Managerのデバイス認識結果です．このリストの書式は

［スロット番号］：［SPIアドレス］：［フラグ（＝［P］robed,［F］ailed,［O］verride,［l］oading,［L］oaded）］
［ボード識別名］，［製造業者名］，［オーバレイ・ファイルの名前］

となっています．slot0〜3はCape拡張ボード用にリザーブされています．SPIアドレス54番〜57番がアサ

第1部　そうなっていたのか！ Linuxカーネルが動くメカニズム

```
root@beaglebone:~# cat /sys/devices/bone_capemgr.8/slots
0: 54:PF---
1: 55:PF---
2: 56:PF---
3: 57:P---L 4D 4.3 LCD CAPE  4DCAPE-43T,00A1,4D SYSTEMS,BB-BONE-LCD4-01
4: ff:P-O-L Bone-LT-eMMC-2G,00A0,Texas Instrument,BB-BONE-EMMC-2G
```

> 4インチLCDのCapeをslot3（57番地）で認識した

> 4インチLCDのCapeを認識すると同時に，HDMIの仮想Cape認識が消えている

図10　4インチLCDのCapeを接続したときの各slot認識
slot5に認識されていたHDMIの仮想Capeが消えている

インされます．図9のログでは，拡張ボードは何も認識していません．

▶eMMCメモリとHDMIは仮想Capeとして扱われる

slot4には2GバイトのオンボードeMMCメモリ，slot5にはHDMIインターフェースが認識されています．これらは拡張ボードではなくBeagleBone Black内のバーチャル拡張デバイスです．HDMIやeMMCは起動直後から使えるようになっているのですが，ピン・マルチプレクスの関係などで，この機能を使わずに別の機能を有効にしたいケースも出てくると思います．このようなケースではCape Managerの機能を使ってユーザが機能設定をコマンドラインから変更できるようにしています．

● 実際にCapeを接続してみた

4インチLCD Capeを接続したときの認識結果を図10に示します．4インチLCD CapeのSPIアドレス設定が57番だったので（57番はデフォルト値でジャンパにより変更可能），リザーブされていたslot3に4インチLCD Capeが認識されました．また，BB-BONE-LCD4-01という名前のDTBオーバレイを/lib/firmwareからデバイス・プロファイル情報をロードしたことがわかります．このとき，もともとslot5にあったオンチップのHDMI機能が無効になっています．

● Cape Managerを使ってSoC内蔵機能をON/OFFしてみる

Capeの仕様は標準化されているので，いろいろなメーカがBeagleBoneと組み合わせ可能な各種拡張カードを開発することが可能です．デバイス・ツリー・オーバレイ用のDTS，DTBOをデバイス・ドライバとセットで提供すれば，Capeを購入したユーザはデバイス・ツリーのしくみを使って簡単にCapeを利用できます．なお，DTBOはデバイス・ツリー・オーバレイ用DTSのバイナリ・イメージで，オーバレイ用のDTSをDTCでコンパイルしたものです．

BeagleBoneにもピン・マルチプレクスの関係などで起動時には無効になっているものがあります．これらの機能を有効にするためのデバイス・ツリー・オーバーレイ用のファイルが，BeagleBoneのLinux BSPに組み込まれています．具体例としてCape Managerのしくみを利用して，AM335x内蔵の8チャネルA-Dコンバータの入力を有効にする手順を図11に示します．仮想ファイル・システムsysfsにDTBOファイルをechoコマンドで流し込むだけで，カーネル内の設定を変更しなくてもA-Dコンバータの入力が利用できるようになります．

● Revision Cのボードの違い

本稿では，デバイス・ツリーの拡張機能である，デバイス・ツリー・オーバレイの機能を紹介しました．また，BeagleBoneシリーズで利用可能なCape Managerのしくみについて紹介しました．

第13章　固有ハードに対応するためのしくみ実例

```
root@beaglebone:~# ls -l /lib/firmware/BB-ADC*
-rw-r--r-- 1 root root 1056 Sep 4 2013 /lib/firmware/BB-ADC-00A0.dtbo
-rw-r--r-- 1 root root 1321 Sep 4 2013 /lib/firmware/BB-ADC-00A0.dts

root@beaglebone:~# cat /sys/devices/bone_capemgr.8/slots
0: 54:PF---
1: 55:PF---
2: 56:PF---
3: 57:PF---
4: ff:P-O-L Bone-LT-eMMC-2G,00A0,Texas Instrument,BB-BONE-EMMC-2G
5: ff:P-O-L Bone-Black-HDMI,00A0,Texas Instrument,BB-BONELT-HDMI

root@beaglebone:~# echo BB-ADC > /sys/devices/bone_capemgr.8/slots

root@beaglebone:~# cat /sys/devices/bone_capemgr.8/slots
0: 54:PF---
1: 55:PF---
2: 56:PF---
3: 57:PF---
4: ff:P-O-L Bone-LT-eMMC-2G,00A0,Texas Instrument,BB-BONE-EMMC-2G
5: ff:P-O-L Bone-Black-HDMI,00A0,Texas Instrument,BB-BONELT-HDMI
7: ff:P-O-L Override Board Name,00A0,Override Manuf,BB-ADC
```

オンチップA-D
コンバータ用
のDTBOファ
イル

Cape拡張スロット
は四つとも未使用

eMMCとHDMIはCape Mamager
が使えるようにしている

lib/firmwareのDTBO
をechoコマンドで
sysfsに書き込むこと
でCape Managerが
内蔵A-Dコンバータを
有効化する

指定時には-00A0.dtboを付けない

slot7に内蔵A-Dコン
バータを認識. DTSに
詳細な設定が記載され
ている

図11　Cape Managerを使ってユーザ空間内からSoC内蔵機能をON/OFFしている

```
root@beaglebone:~# uname -a
Linux beaglebone 3.8.13 #1 SMP Wed Sep 4 09:09:32 CEST 2013 armv7l GNU/Linux
```

(**a**) Revision B Angstrom 環境

```
debian@beaglebone:~$ uname -a
156 Linux beaglebone 3.8.13-bone47 #1 SMP Fri Apr 11 01:36:09 UTC 2014 armv7l GNU/Linux
```

(**b**) Revision C Debian 環境

図12　BeagleBone BlackのRevision BとRevision Cは同じバージョンのカーネルを使っている

　Angstromが書き込まれたBeagleBone Black Revision Bを中心に動作確認を行っていますが, Debianが
書き込まれたRevision Cでも, 本稿で紹介した内容をそのまま適用可能です.

　図12は, Revision BとRevision Cのカーネル・バージョンを比較したものです. カーネル・バージョンも
共通で, Cape Manager, DTBOファイルなど本稿で紹介したBeagleBone用のカーネル・コンポーネントは,
まったく同じように利用できました.

125

知らないのはマズいLinuxのキー・テクノロジ

第14章 ファイル・システムのしくみ

● Linuxはファイル・システムを核としたOS

　Linuxカーネルは，実際のデータだけでなく，あらゆるものをファイルとして見せます．HDDなどの周辺機器（/dev/sda1）やカーネル内部情報をユーザ空間に見せるインターフェース（/procや/sys）までファイルとして見せます．ファイル・システムはLinuxカーネルのコア機構の一つであると言えます．

　Linuxカーネルに組み込まれたファイル・システムについては，第8章で，LinuxカーネルのVFS（Virtual File System：仮想ファイル・システム）を紹介しました．本稿ではファイル・システム全体を見るために，VFSを軸に，

- ユーザ・アプリケーション側からのファイル・システムの見え方（はたらき1）
- カーネル内でのVFS以下のストレージ装置制御の部分（はたらき2）

を見ていきます（図1）．

はたらき1：ディレクトリ構成によるファイル・アクセスを提供する

　Linuxではファイル・システムという単語が二つの別の意味で使われることがあって混乱しがちです．一つ目の意味はディレクトリ構成そのものを指します．

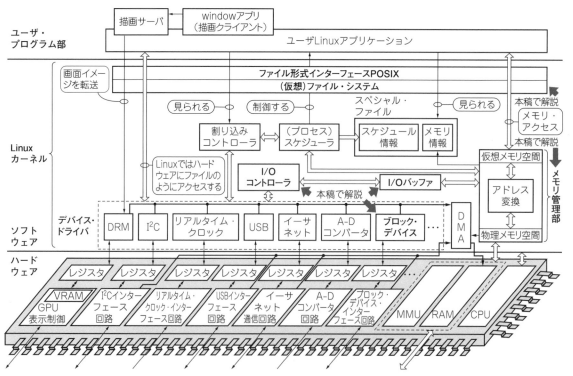

図1　本稿で解説すること…Linuxカーネルのコア機構の一つであるファイル・システム

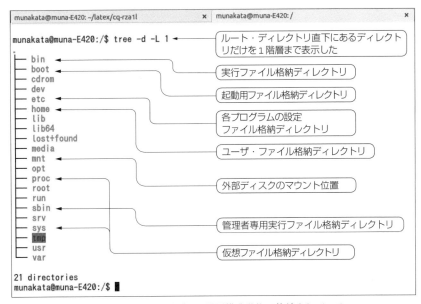

図2 各ファイルはディレクトリと呼ばれる階層構造単位で格納されている
最上位の階層に位置するルート・ディレクトリでtreeコマンドを実行した結果

表1 Linuxでは基本的なディレクトリ構成が決められている
ファイル・システム標準階層構造FHS（The Filesystem Hierarchy Standard）という

ディレクトリ名	格納されるファイル
/bin	一般ユーザも実行可能なプログラムの実行ファイル
/boot	カーネル起動関連したファイル（vmlinuz, initrd, System.mapなど）
/dev	デバイス・ファイル
/etc	ユーザ共通で利用される各プログラムの設定ファイル
/home	各ユーザ用のホーム・ディレクトリ
/lib, /lib64	各プログラムが引用する共通ライブラリ・ファイル
/lost+found	ファイル・システム不整合発生時の退避領域．各ディレクトリにある
/media	リムーバブル・デバイスのマウント・ポイント（Debian系）
/mnt	通常の外部ストレージ・デバイスのマウント・ポイント
/opt	サードパーティ製のソフトウェアのインストール場所
/proc	proc仮想ファイル・システム（カーネル情報をユーザ空間に見せる）
/root	システム管理者用のホーム・ディレクトリ
/sbin	システム管理者だけが実行可能なプログラムの実行ファイル
/sys	sys仮想ファイル・システム（カーネル情報をユーザ空間に見せる）
/usr	一般ユーザ用の共通プログラムなど
/var	ログ・ファイル，デフォルトのメール，一時保管ファイル

　WindowsのDOSプロンプトに相当するLinuxのシェルから，treeコマンド[注1]を実行すると，図2のようなディレクトリの階層構造が見えます．Linuxでは最上位の階層に位置するディレクトリを"/"で表し，ルート・ディレクトリと呼びます．ルート以下のサブディレクトリは/usr/binのように"/"でつないで表します．

● Linuxでは基本的なディレクトリ構成が決められている

　Linuxでは，実行ファイルは/binの下，設定ファイルは/etcの下，各ユーザのファイルは/homeの下というように，表1に示すように用途別にディレクトリの名前が決められています．この決まった標準ディレ

注1：treeはUbuntuの場合にはsudo apt-get install treeでインストールできます．

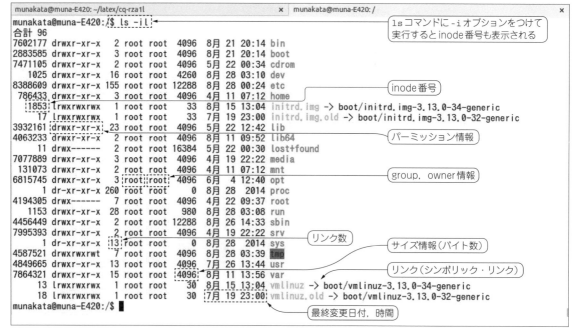

図3 Linuxなら高度なファイル管理ができる
lsコマンドでinode番号を表示させてみた

クトリ構成をFHS（The Filesystem Hierarchy Standard：ファイル・システム標準階層構造）と呼びます．実際の各ディレクトリ下の個々のファイル配置は，Ubuntu，Fedora，RedHatなど，いろいろなディストリビューションごとに少しずつ違います．FHSは基本となるディレクトリ構造を規定したガイドライン的なものと理解してください．

● カーネル内でファイルとディレクトリを管理するしくみ…inode番号

ユーザ空間でファイルを操作するときには，ディレクトリ階層を認識した上でディレクトリ名/ファイル名という形で指定します．一方，カーネル内では各ファイルに割り当てられたinode番号と呼ばれる32ビット長のインデックス番号でファイルを指定しています．

inode番号は，一つのファイル・システム内でユニークな番号が割り当てられます．実はディレクトリにもinode番号が割り当てられています．カーネルはinode番号でファイルを認識するのでディレクトリとファイルの一種として扱います．lsコマンドに-iというオプションをつけるとファイル，ディレクトリに割り当てられたinode番号を確認できます（図3）．

Linuxならでは機能1：詳細なアクセス権限の設定

Linuxのファイル・システムには，いくつかWindowsにはない概念が採用されています．改めて図3のlsコマンドの出力結果を見てみましょう．

まずinode番号の次に，drwxr-xr-xといった見慣れない文字列があります．これはファイルのアクセス権限などを表示した文字列で，パーミッション情報と呼ばれます．先頭はファイルの種別を示す記号で表2に示すようにdはディレクトリ，-なら通常のファイルであることなどを示しています．

それ以降のrwxr-xr-xの6文字の部分が，ファイルのアクセス権の設定を示します．次の3種類のユーザに

128

第14章　ファイル・システムのしくみ

表2　パーミッション情報の先頭に表示されている記号の意味

記　号	意　味
-	通常のファイル
d	ディレクトリ
l	シンボリック・リンク
c	スペシャル・ファイル
s	ソケット
p	名前付きパイプ
b	ブロック・デバイス

対して，r=読み込み，w=書き込み，x=ファイルの実行，の3種類のアクセス権限をそれぞれ規定します．

(1) ファイルの持ち主（owner）

(2) ownerと同一グループに属するユーザ（group）

(3) その他のユーザ（other）

▶アクセス権の指定方法

　Linuxを使っていると，Windowsのバッチ・ファイルに相当するスクリプト・ファイルを作ったときに，ファイルの実行権限 x を付与するのを忘れていて，プログラムが実行されなかったということが，よくあると思います．

　Linuxでは，chmodコマンドでファイルのパーミッション指定が可能です．パーミッション情報の文字列を8進数（rwxr-xr-xの場合755）で表現して数字で指定したり，変更部分だけ（グループに書き込み権を付与する場合g+w）を指定したりできます．

▶アクセス権の表示

　図3にroot rootという文字列があります．これはファイルのownerとgroup名を示したものです．Linuxでは，1ユーザは複数のgroupに所属することができます．ファイルのownerではなくても，otherとは違う権限でファイルを操作できるように指定できます．Linuxはもともと複数のユーザが同時にシステムを利用することを前提に考えられているので，ファイル操作に対してこのような細かいアクセス制限の設定ができるようになっています．ファイルのownerやgroupという概念は，Windowsにはありません．

　Linuxのユーザ・アカウント管理については第15章で説明します．

Linuxならでは機能2：強力なファイル参照…シンボリック・リンク

　図3でパーミッション情報の右隣に数字が表示されています．この数字はリンクの数を示しています．リンクは，ファイル名とinode番号をひも付けるしくみです．カーネル内部ではinode番号でファイルを指定していると説明しましたが，実はファイル名とinode番号は単純な一対一の関係ではありません．実際には一つのファイルの実体（inode番号）に複数のファイル名を割り当てています．そうすることで，別の名前で同じファイルを操作することができるからです．別のディレクトリにあるファイルをわざわざコピーして持ってこなくても，あたかも自分のディレクトリにあるかのように操作することもできます．

▶dentry構造体で定義する

　このファイル名とinodeの対応関係は，**図4**に示すとおりdentryという構造体の中に定義しています．ユーザがファイル名を指定すると，dentry構造体から対応したinode番号を探し出して最終的にファイルの実体に到達します．この対応関係をリンクと呼んでいます．リンク数が1のものは一対一に対応していることを示しています．

129

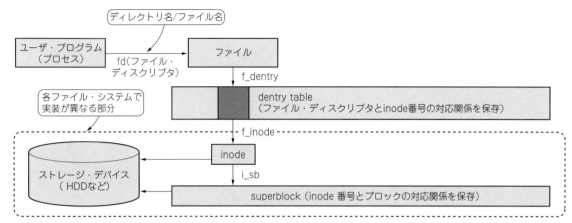

図4 ファイル名をキーにdentryを検索してinode番号経由でファイルの実体に到達する

● プログラムで参照させるファイル名が更新されても安心！ シンボリック・リンク

次にリンクの応用例を見ていきます．図3の下のほうに次のような表示があります．

`vmlinuz -> boot/vmlinuz-3.13.0-34-generic`

この表示は「vmlinuzは，実際はbootという別のディレクトリにあるvmlinuz-3.13.0-34-genericというファイルを指していますよ」という意味です．このようなファイル参照をシンボリック・リンクと呼びます．次のコマンドで作成することができます．

`ln -s （オリジナル・ファイル名）（リンク名）`

vmlinuzはカーネル起動イメージです．実際のファイル名はvmlinuz-3.13.0-34-genericで，カーネルのバージョン名が付いています．カーネルがバージョンアップすると，ファイル名に付いているバージョン名も変わります．シンボリック・リンクを使えばリンク先のファイル名が更新されても，参照先を変更するだけで，同じvmlinuzという名前を使い続けられます．これにより，起動イメージを呼び出すプログラムがvmlinuzを参照している場合はプログラム側に変更を加えなくて済みます．

● オリジナルと同じinode番号を割り当てる…ハード・リンク

リンクにはもう一つファイルに別名をつけるハード・リンクがあります．ハード・リンクは，新しいファイル名に対してオリジナル・ファイルと同じinode番号を割り当てます．そのため，ファイル名が違っていてもカーネル内部では同じファイルが操作されることになります．

ただしinode番号のユニーク性は同一ファイル・システム内だけで保証されるので，ハード・リンクは同一のファイル・システムの中でしか作成することができません．

シンボリック・リンクにはこのようなファイル・システムを跨げないという制約はありません．

図5に示したように，ハード・リンクは参照元ファイルのinodeを共有します．そのため，リンクを作成しても別のinodeを作るぶんのディスク・スペース（通常4Kバイト程度）を消費しないので，ディスク消費を抑えられます．また，参照経路が短いので，パフォーマンス的にも有利です．元のファイルに対する名称変更などを行った場合，シンボリック・リンクは参照元が見つからなくなって無効になってしまいます．一方ハード・リンクはinodeを共有しているので，自動的に追随できます．

● 実データがどこにあるのか意識しなくてOK！

これらのしくみにより，Linuxではユーザ空間からディレクトリ名/ファイル名でファイルにアクセスした

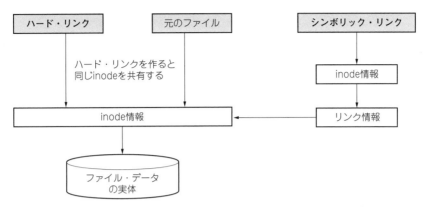

図5 リンクを使えばバージョン更新などでファイル名が変わっても参照先を変更するだけで済む
ハード・リンクは元ファイルのinodeを直接共有する

とき，カーネル内ではそれがフラットなinodeに展開されてファイルが検索されます．実はこのしくみによって，ユーザ空間では実際のデータがどこにあるのかまったく意識せずデータをリード/ライトできます．データがHDDにあるのか，SDカードにあるのか，またはネット越しにアクセスするNAS上にあるのかなど，まったく意識する必要がありません．

はたらき2：ストレージ装置ごとに最適なリード/ライトをする

　Linuxファイル・システムの二つ目の意味は，実際のストレージ装置へのアクセス手順をアプリケーションに意識しないためのデータ管理のしくみを指します（**図4**の点線で囲われた部分）．

● めんどうな管理はファイル・システムにおまかせ

　Linuxのファイル・システムは，マルチユーザ，マルチタスク環境で利用することを前提に開発されています．複数の人が同じファイルを同時に操作するケースや，誰かが大きなデータをコピーしているときに別のユーザの簡単なファイル修正を待たせないためのしくみが，あらかじめ用意されています．

　具体的にはファイルのデータそのものを高速なメモリ上に一時記憶するページ・キャッシュ，inodeキャッシュ，dentryキャッシュなど，多段のキャッシュ機構を持っていることです．これにより，アプリケーションが高速にファイルにアクセスできるように工夫されています[注2]．

　ユーザ空間で動作するアプリケーションは，フォーマット形式やデータ管理方法など，ストレージ装置のことはまったく関知しません．アプリケーションが意識しないストレージ装置上のデータ管理のしくみは，二つ目の意味のファイル・システムであるブロック・デバイス管理機構が担います．

● ストレージ装置の変化に伴い進化

　Linuxではストレージ装置を総称して，ブロック・デバイスと呼びます．これはHDDやSDカードなどのストレージ装置に対するアクセスが，512バイト～2048バイトのブロックと呼ばれる単位で行われるためです．Linuxは誕生してから20年以上の歴史がありますが，この間にストレージ装置の記憶容量やアクセス性能は劇的に変化しました．またLinuxの利用シーンも大きく拡大しており，現在では銀行や証券会社などのようなミッション・クリティカル領域でも多く使われます．さらに最近では，スマートフォン普及に伴って大容量フラッシュ・メモリをストレージ装置として利用するケースも増えてきました．このような変化に対応す

注2：カーネル内の多段キャッシュ機構については，第8章『HDDなどの大容量デバイスに高速アクセスするしくみ』を参照してください．

```
munakata@muna-E420: ~
munakata@muna-E420:~$ lsblk
NAME    MAJ:MIN RM    SIZE RO TYPE MOUNTPOINT
sda       8:0    0    477G  0 disk
├─sda1    8:1    0    1.2G  0 part
├─sda2    8:2    0  227.8G  0 part
├─sda3    8:3    0    9.8G  0 part
├─sda4    8:4    0      1K  0 part
├─sda5    8:5    0    7.9G  0 part [SWAP]
└─sda6    8:6    0  219.1G  0 part /
sdb      8:16    1    1.9G  0 disk
└─sdb1   8:17    1    1.9G  0 part /media/munakata/457E-9648
sr0      11:0    1   1024M  0 rom
munakata@muna-E420:~$
```

図6 lsblkコマンドを実行すると現在認識しているブロック・デバイスを表示する

```
munakata@muna-E420: ~
munakata@muna-E420:~$ df
Filesystem     1K-blocks      Used Available Use% Mounted on
/dev/sda6      226019764  50504176 164011412  24% /
none                   4         0         4   0% /sys/fs/cgroup
udev             4031708         4   4031704   1% /dev
tmpfs            4042656      2460   4040196   1% /tmp
tmpfs             808532      1172    807360   1% /run
none                5120         0      5120   0% /run/lock
none             4042656     37652   4005004   1% /run/shm
none              102400        60    102340   1% /run/user
/dev/sdb1        1962324   1131132    831192  58% /media/munakata/457E-9648
munakata@muna-E420:~$
```

図7 dfコマンドを実行するとファイル・システムがどのブロック・デバイスを使っているか表示する

べく，これまで多くのブロック・デバイス管理機構（二つ目の意味のファイル・システム）が開発されてきました．

　Linuxコンソール端末から現在認識しているブロック・デバイスを確認することができます．lsblkというコマンドを実行すると，ハードウェアが認識しているすべてのブロック・デバイスのリストを表示できます（図6）．またdfコマンドを使うと，Linuxカーネルが認識しているファイル・システムがどのブロック・デバイスを使っているかを確認できます（図7）．

● どれを使ってもユーザ空間からの見た目は同じ

　次にファイル・システムに求められる要件とそれに対応したファイル・システムの代表例を紹介します．

　どのファイル・システムを使う場合でも，ユーザ空間のアプリケーションから見たときのファイル・システムのインターフェース（VFS：仮想ファイル・システム）は共通です．しかし，実際のストレージ装置上のデータ配置管理は，ファイル・システムによって異なります．

　ファイル・システムは，ストレージ装置の進化に伴って新しく開発されたファイル・システムに逐次世代交代されています．Linuxカーネルが開発された当初は，別のOSに採用されていたminixというファイル・システムを拡張したextファイル・システムが利用されていました．ストレージ装置の容量拡大や，それに伴う単一ファイルの最大サイズ，ディレクトリ内に収容可能なファイルの数の拡大などに対応するため，順次新しいファイル・システムが開発されてきました．表3に示すext → ext2 → ext3 → ext4はその代表例といえます．

表3　Linuxで利用できるファイル・システムはストレージ装置の変化にともない更新されてきた
Linuxで利用可能な代表的なファイル・システムとその特徴

名　前	最大ファイル数	ファイル最大サイズ	ストレージ最大サイズ	ジャーナル機能	特　徴
ext	–	2Gバイト	2Gバイト	なし	Linuxの初期のファイル・システム．minixのファイル・システムの拡張版
ext2	実用上 10K～15K	2Tバイト	16Tバイト	なし	ext の拡張版（最大サイズなど）
ext3	実用上 10K～15K	2Tバイト	16Tバイト	あり	ext2にジャーナル機能を追加
ext4	232	1E*バイト	1E*バイト	あり	ext3の発展版．性能向上，対応サイズ拡大，デフラグ機能追加
btrfs	264	16E*バイト	16E*バイト	あり	今後ext4を置き換えると予想される次世代ファイル・システム．Copy On Writeでより安全なジャーナル管理を実現．スナップ・ショット機能でバックアップが管理できる
vfat	216	4Gバイト	8Tバイト	なし	Windows FAT32互換，ロングファイル名対応，Linux 拡張ファイル・アトリビューション対応なし
jffs2	–	–	–	あり	CPUに直結された NANDフラッシュ・メモリ用のファイル・システム．ガベージ・コレクション，ウェア・レベリングなどの機能あり

＊：エクサ・バイト（Exa Byte）の略．2^{60}バイト

ボードLinuxの問題点…急な電源OFFによるファイルの破壊

● inode番号とデータ実体のひも付けはメタデータで管理している

　Windowsのアプリケーションは`C:¥MyDocuments¥無題.txt`のように，デバイス名/ディレクトリ名/ファイル名を直接明示的に指定します．一方Linuxのアプリケーションは，ファイルがどこに保存されているかを意識せずにディレクトリ名/ファイル名だけで指定することができます．カーネルは，inode番号をキーに，ファイル・システムに実際のデータの場所を問い合わせます．このとき，ファイル・システム内でinode番号とデータ実体のひも付けが，正しく保存されている必要があります．正しく保存されている状態を，ファイル・システムのメタデータの整合性が確保された状態と呼びます．

● 急な電源OFFでメタデータの整合性が破壊されると…最悪ファイルが読み出せなくなることも

　Linuxはアプリケーションがファイルにデータを保存した時点では，実際のストレージ装置への書き出しを行わずにデータを一時的な保管エリアのライト・キャッシュに置いておきます．後でカーネルが適切なタイミングで実際のストレージ装置に書き込みます．これはLinuxカーネルに組み込まれたファイル・アクセス性能高速化のしくみです．

　ところが，もし急に電源が落ちてしまって，ストレージ装置への書き込みが終わっていない状態でシステムがクラッシュしてしまったらどうなるでしょうか？アプリケーションは書き込んだと思っていたデータが，実際には書き終わっていないという状況になります．こうなると，メタデータの整合性が破壊されてファイルが読み出せなくなってしまいます．

　カーネル再起動時にこのようなメタデータ不整合が見つかると，fsck（file system consistency check）というプログラムが立ち上がってinodeとデータ実体の対応関係の修復処理を行うように促されます．これは対応関係が崩れたメタデータを一つ一つ確認して復旧させる処理なので，非常に時間がかかります．また，データの状態によっては必ずしも100%復旧前の状態に戻らないケースもあります．

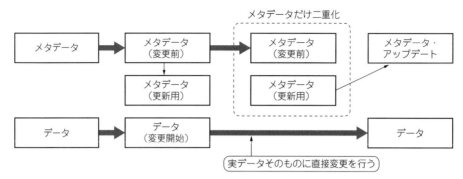

図8 ジャーナリングに対応しているファイル・システムはメタデータの状態を一定周期で保存している
書き込み中のデータは保護できない

● 対策1：メタデータを残す…ジャーナリング・ファイル・システム

　このようなメタデータに障害が発生した場合でも半自動で自動修復させる目的で，ジャーナリング・ファイル・システムが開発されました．現在ではLinuxの標準のファイル・システムになっています．ext3, ext4はジャーナリングに対応しています．なおext3以前のファイル・システムやDOS互換ファイル・システム（vfatなど）にはジャーナル機能はありません．

　ジャーナルとは，記録を残すという意味です．ジャーナリング・ファイル・システムは，ファイル・システムに対するメタデータの操作を一定周期で保存します．そうすることで，障害発生時に最後に保存されたメタデータの状態まで自動復旧できるようにしました（図8）．この最後に保存されたメタデータの状態を，チェック・ポイントと呼びます．

▶ 注意：記録するのはメタデータだけ…実データは保護されない

　ここで重要なのは，ジャーナル・データには正しいメタデータの状態だけが記録されていることです．実データの保存はいつデータを書き込むかのタイミングに依存します．

　ジャーナルがないと，ファイル・システム全体が読み出せなくなってしまう場合もあります．ジャーナルがあれば，書き込み中以外のファイルは正常に読み出せる可能性が高く，ファイル・システム全体が読み出せなくなる可能性が低くなります．しかし，ちょうど書き換え中だったデータが壊れることは理解しておく必要があります．

● 対策2：書き込み前にデータをコピーして担保！ ジャーナリングの発展形…btrfs

　ジャーナリングの発展形として，書き込み中のデータも保全できるしくみを組み込んだbtrfs（バターFS）と呼ばれるファイル・システムの開発が進んでいます．

　btrfsは，オラクルがオープンソースとして開発しているファイル・システムです．inode検索にb-treeという木構造のデータベースを採用していることから，b-tree-fsの短縮形でbtrfsという名前が付けられました．btrfsのデータ構造は，従来のextシリーズとは互換性がありません．しかし，最新のニーズに対応するための多くの機能が組み込まれていて，今後ext4の置き換えとしてLinuxの標準ファイル・システムになると期待されています．

　btrfsにはCOW（Copy On Write）機能を利用したスナップ・ショットの作成機能がサポートされています．COWは仮想メモリに対応したOSで使われる機能です．データのクローンを作ったときにも，実際の複製データに対する書き込み（Write）が発生するまで実際のデータを複製（Copy）しないというしくみです．btrfsでは図9に示すように，メタデータの操作と実際のデータ更新をアトミック（不可分）に処理するために

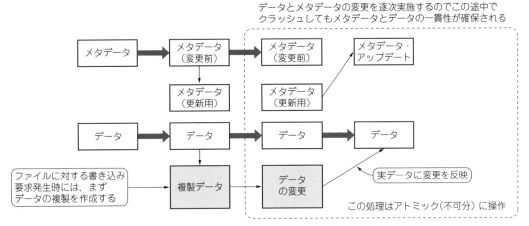

図9 btrfsは書き込み前にデータを複製することによって書き込み中のデータ保全もできるようにした

COWを使ってデータの一時的な二重化を行っています．

* * *

　本稿では，Linuxにおけるファイル・システムについて紹介しました．LinuxではWindowsのファイル管理より高度なファイル・システムが利用されています．また，ストレージ装置の進化に伴って，新しいファイル・システムが考案され，置き換えられています．

　通常，ユーザ空間のアプリケーションからファイルを読み書きしているとき，ストレージ装置に対してどのようにアクセスしているのかを意識することは少ないと思います．しかし，OSにとってファイル・システムの性能や耐久性は本質的に重要な部分です．自分の用途に対して最適なファイル・システムを選択できるようになるのは，Linuxを活用していく上で，とても大切なことです．

Column 生NANDフラッシュ・メモリ専用ファイル・システム jffs2

　スマートフォンなどでよくある，フラッシュ・メモリを直接バスに接続したシステム向けのファイル・システムについて見てみましょう．SDカード，USBメモリ，SSDなどにはフラッシュ・メモリが使われています．これらをCPUから見た場合，フラッシュ・メモリを制御するコントローラが内蔵されているため，HDDと同じに見えるので，通常のファイル・システムを利用することができます．

　ところが生のフラッシュ・メモリを直接CPUから制御する場合には，フラッシュ・メモリ特有の制御が必要になります．表3にjffs2というファイル・システムがありますが，これはNAND専用に開発されたファイル・システムです．

　jffs2などのフラッシュ・メモリ専用のファイル・システムには，次に示すフラッシュ・メモリ特有の制御機能が組み込まれています．

　1）ガベージ・コレクション
　2）不良ブロック管理
　3）ウェア・レベリング処理

● フラッシュ特有の制御機能

▶ ブロック消去機能

　フラッシュ・メモリに対するビット単位の書き込みは1→0の操作しかできません．0→1に書き換えたい場合は一度データを別の場所に移して，ブロック全体を1にしてからデータを再設定する必要があります．このためフラッシュ・ファイル・システムにはブロック消去機能があります．

▶ ガベージ・コレクション

　0→1の書き換え操作を繰り返すと，フラッシュ・メモリ上には無効になったブロックが積み上がっていきます．フラッシュ・メモリ用のファイル・システムには，無効になったブロックを再度初期化して再利用できる領域にするガベージ・コレクション（ゴミ集め）という処理が実装されています．ガベージ・コレクションは通常はバックグラウンドで実行されます．

▶ 不良ブロックの管理

　フラッシュ・メモリのセルは消耗品で，書き換え回数の制限があります．長く使っているうちにセル単位で使えない場所（不良ブロック）が出てきますが，これはフラッシュ・メモリの特性であり，デバイスの不良ではありません．デバイスによっては製造段階で不良ブロックがある場合もありますが，チップ全体として規定の容量が確保されていればチップは良品として扱うことができます．

　このような不良ブロック情報はフラッシュ・メモリ内でテーブル管理されています．フラッシュ・メモリの種類によっては，不良ブロックへのアクセスを自動的に代替ブロックに置き換える機能を内蔵したものもあります．しかし，ファイル・システムが不良ブロック・テーブルを読み込んで別の場所に置き換える不良ブロック管理の処理を行う必要がある場合もあります．

▶ ウェア・レベリング処理

　さらにフラッシュ・メモリの長寿命化のために，同じセルを何度も利用せず，チップ全体のメモリ・セルを満遍なく利用するように意識的にアクセス場所を分散させる処理が必要になります．この分散処理をウェアレベリング（Wear Leveling）と呼んでいます．

インターネット時代の必須技術！ 基本から最新テクノロジまで

第15章 セキュリティ管理のしくみ

　本稿ではLinuxカーネルに組み込まれたアクセス権限管理とシステム・セキュリティ管理のしくみを紹介します（図1）．

● マルチユーザ対応Linuxはアクセス権限＆セキュリティ管理が必要！

　LinuxカーネルはワークステーションやサーバOSであるUNIXのクローンとして開発されたため，開発当初からマルチユーザ動作に対応していました．マルチユーザ動作とは，単に複数のユーザ・アカウントを登録できるという意味ではありません．複数のユーザが同時にプログラムを実行することができる，つまり時分割で疑似並列実行できるという意味です．クライアント用のWindows OSの場合，複数のユーザ・アカウントを登録できますが，複数のユーザが同時にプログラムを実行することはできません．

　Linuxカーネルには，ユーザにプロセスと呼ばれる仮想コンピュータ環境（メモリ，CPU資源など）を提供するしくみがあります．ストレージ・デバイス上のファイルには，ファイルの持ち主の情報やアクセス・コントロール情報が付与されています[注1]．そのため，複数のユーザがお互いをまったく意識することなく，同時に1台のコンピュータを共同利用できます．

　Linuxカーネルはファイルへのアクセスをチェックする機能があります．もし間違ってほかのユーザのファイルを消そうとした場合でも，権限がないユーザはファイルを消せないようになっています．

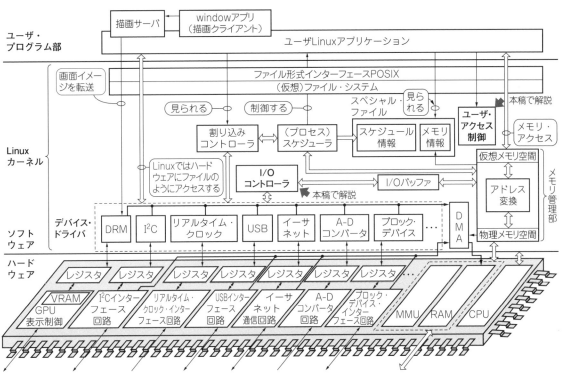

図1　本稿で説明すること…攻撃を防ぐためのしくみが複数段組み込まれている！ Linuxカーネルのアクセス権限＆セキュリティ

注1：ファイル・システムの詳細は第14章を参照してください．

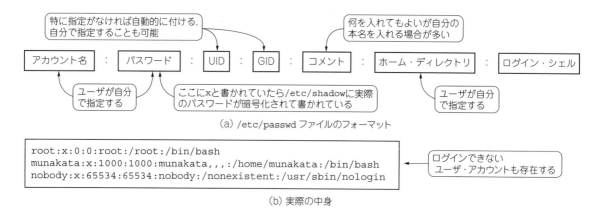

図2　アカウント情報を管理している/etc/passwdファイル
パスワードの実体は別ファイルに暗号化して保存してある

アクセス権限管理のためのユーザ・アカウント

● Linuxにおけるログインの考え方

共用パソコンでLinuxを使うときには，最初にキーボードからユーザ名とパスワードを打ってログイン操作を行います．スマートフォンやデジタル・テレビなどのLinux搭載の組み込み機器では，対話的にログインするという手順は省略されていますが，Linuxカーネルのユーザ・アカウント管理の考え方は同じです．

最近ではWindowsパソコンでもユーザ名とパスワードでログインする使い方が一般的になってきました．しかし，パソコンのログインは本質的にはロック解除の意味で使っているもので，Linuxのマルチユーザ・サポートとは考え方が異なります．個人利用のパソコンでは，自分のアカウントに管理者権限を付与するのが一般的です．そのため，一度ログインしてしまえば，どのファイルを消すこともできるし，新たにハードウェアをインストールすることもできます．

● 各アカウントの情報を管理する…/etc/passwdファイル

Linuxでは，/etc/passwdというファイルに登録アカウント名やパスワードなどのユーザ・アカウント情報を集約しています．/etc/passwdは誰でも読めるテキスト・ファイルです．catコマンドで中をのぞいてみると，ログイン用のユーザ以外にも見慣れないアカウントが多数登録されていることがわかります．/etc/passwdにはアプリケーション専用アカウントが多数登録されていて，プログラム実行時に「誰がどのユーザ権限で実行したのか」が管理できるようになっています．

このようなアプリケーション専用アカウントを使うことで，たとえば「メール配信プログラムにはメールに関連したデータ以外は触らせない」といった細かいアクセス制御を可能にしています．

● /etc/passwdのフォーマット

図2に/etc/passwdファイルのフォーマットを示します．

▶第1カラム：アカウント名

第1カラムにはアカウント名が保存されます．

▶第2カラム：パスワード

第2カラムにはパスワードが保存されます．以前はバイナリ形式にエンコードされたパスワードの実体がその

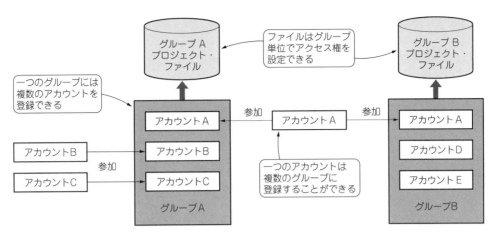

図3 グループIDによって一度に複数のユーザ・アカウントに対してファイル・アクセス権を設定できる
一つのアカウントは複数のグループに登録できる

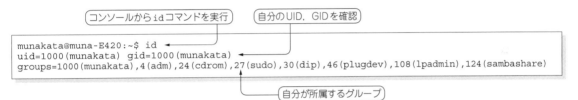

図4 idコマンドを使えば現在ログインしているユーザ・アカウントを確認できる

まま書かれていました．現在ではパスワードの実体は/etc/shadowという別ファイルに暗号化して保存しています．/etc/passwdには別ファイルにパスワードがあるという意味のxという1文字が第2カラムに書かれます．/etc/shadowは一般ユーザが中身を見ることができない特殊ファイルです．

▶第3カラム：ユーザID（UID）

第3カラムのUIDはユーザIDです．アカウントに1対1に対応付けられるID情報で，システム内でのアカウント照合にはアカウント名ではなくUIDが利用されます．ただし/etc/passwdファイルはマシンごとに存在します．そのため，複数のLinuxマシンに同じユーザ・アカウント名を登録していても，別のUIDが登録されていれば，カーネルは同じユーザのファイルとは認識しません．このような場合にはアカウント登録時にほかと重複しないユニークなUID番号を明示的に指定します．いくつかのUID番号はシステムに予約されており，UID 0番はroot用に予約されています．

▶第4カラム：グループID（GID）

第4カラムのGIDはグループIDです．複数の開発者が参加した開発プロジェクトで，プロジェクト・メンバが共通にアクセスできるファイルを作りたい場合，共用したいファイルにグループ・アクセス権を設定します（**図3**）．

図4に示すように，idコマンドを使うとログインしているユーザのアカウント情報を確認できます．

管理者専用アカウント…root

Linuxにはrootと呼ばれる管理者用のアカウントがあります．rootと一般ユーザの間には明確な権限の違いがあり，Linuxをインストールするときは必ず最初に管理者用アカウントを作成しなければなりません．

そのほかのユーザには，管理者権限のない一般ユーザ・アカウントが付与されます．

● 絶対的な権限を持つrootアカウント … 単なる打ち間違いでも大きな事故になりかねない

　Linuxのrootは事実上何でもできる万能ユーザです．たとえば自分のワーク・ディレクトリ以下を削除しようとしてrm ./と打ち込みたいとき，間違ってピリオドを抜かしてrm /と入力したらどうなるでしょうか？通常なら単純に「その操作はできません」と叱られるだけで済みますが，これをroot権限で実行してしまったら，その瞬間にシステム全体が消去される回復不可能な大事故になります．またネットワークに接続された別のマシンにrootアカウントを乗っ取られた場合には，故意にシステムを破壊したり情報を抜き取られる可能性もあります．

● ディストリビューションによってはrootが無効になっている場合も

　このためUbuntuやDebianは最初からrootアカウントを使わせない設定（アカウント自体を有効にしていない）となっています．特権アクセスが必要な場合には，一般ユーザ・アカウントにroot権限を一時的に付与するsudoというコマンドを使います．これを権限昇格と呼びます．自分のアカウントのパスワードを知っていればsudoコマンドを実行できてしまうので，権限昇格を認めるユーザは必要最低限に限定する必要があります．

● 極力rootは使わない！

　最近ネットなどで，スマートフォンをJailbreak（監獄破り）してロックされた機能を使えるようにしたという話があります．これはスマートフォンを動かしているカーネルのroot権限を獲得したことを意味します．

　他人や社会に迷惑を及ぼさない範囲で自己責任で実験するのは問題ありません．しかし，root権限でプログラムを動かせば，誤ってシステムを破壊してしまうリスクがあることは認識すべきです．

　組み込みLinux機器開発者は，ハードウェア制御のために日常的にroot権限を利用することも多いと思いますが，常時rootアカウントでLinuxシステムを操作するのは避けるべきでしょう．市販されているコンシューマ向けのLinux搭載組み込み機器では，ログイン可能なコンソール端末の接続自体を無効にするのが一般的です．

権限管理の基本

　Linuxでは実際のファイルだけでなく，USBやSDカードのようなデバイス（/dev/sdXX）や，カーネルの内部状態を確認するためのカーネルAPI（/procや/sys）もすべてファイルとしてユーザに見せます．そのため，どのアカウントがどのファイルを操作できるかを管理するファイル・アクセス・コントロールが，Linux全体の基本的な権限管理手法となります．

● ファイル単位でアクセス権限を設定

　ファイル側でどのようなアクセス権限制御を指定しているのか見てみましょう．lsコマンドに-lオプションを付けて実行すると，そのファイルに対して誰が何をできるかというパーミッション情報を表示できます．ここではアクセス制御のための次の三つのオプションについて説明します．

- SUID（Set User ID）　　：chmod u+s
- SGID（Set Group ID）　 ：chmod g+s
- スティッキー・ビット　　：chmod o+t

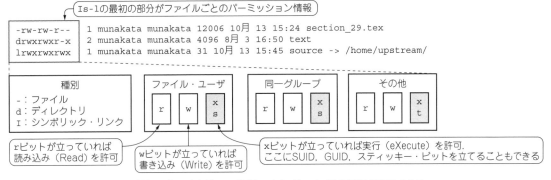

図5 書き込みや読み込みの情報の他に実行許可の情報にはオプション設定情報を表示できる
パーミッション情報の表示内容

図6 passwdコマンドの実行ファイルにはSUIDが設定されているのでroot権限で実行される

● SUID：実行ファイルの所有者権限でプログラム実行が可能

図5にパーミッション情報の表示内容を示します．ここではファイルの実行可否を表すxビットに注目してください．通常の場合，Linuxでプログラムを実行するときは，そのファイルを実行しようとするユーザの権限で実行されます．ところがファイル・パーミッションのSUID設定を行うと，そのファイルの所有者の権限でプログラムを実行することができます．

たとえば，Linuxの一般ユーザが自分のパスワードを設定する際に利用するpasswdコマンドにSUIDが使われています．パスワードを変更する場合，/etc/shadowファイル内のパスワード・データベースの変更が必要ですが，/etc/shadowファイルはroot権限がないと書き込みができません．しかし，passwdコマンドにはSUIDが指定されているので，一般ユーザであってもroot権限で書き込みができます．そのため，一般ユーザであってもパスワードの変更ができます（図6）．具体的には，通常xになっているファイルのオーナの実行権をchmod u+sでsに変更するとSUIDが設定されます．

● SGID：SUIDのグループ版…ファイルだけでなくディレクトリに対しても設定できる

二つ目の特殊パーミッション設定はSGIDです．SGIDを設定すると，実行ファイルの所属するグループの権限でファイルを実行することができます．SUIDは実行ファイルにのみ設定することが可能でしたが，SGIDではファイル単体とディレクトリの両方に設定することができます．

ディレクトリに対してSGIDを指定した場合，そのディレクトリ下に作成されたファイルやディレクトリの所属グループはSGIDを指定したグループと同じになります．chmod g+sで設定できます．

● スティッキー・ビット：誰もが編集可能だが持ち主以外は削除不可

三つ目の特殊パーミッション設定は，ディレクトリに対して設定可能なスティッキー・ビットです．誰もが書き込み可能なパーミッション設定777のディレクトリにあるファイルであっても，ファイルの持ち主以外は削除不可にする特殊設定です．/tmpディレクトリなどに使われています（図7）．ディレクトリ・パーミッ

```
munakata@muna-E420:~$ ls -l /
dr-xr-xr-x 13 root root    0 10月 13 10:07 sys
drwxrwxrwt  9 root root  580 10月 13 19:09 tmp
```

通常xになっている/tmpディレクトリの実行権フラグがt（ステッキー・ビット）になっている．このため/tmpには誰でもファイルを書き込めるが，削除はディレクトリ・オーナのroot以外はできない

図7 /tmpディレクトリはスティッキー・ビットが設定されているので，オーナのroot以外は削除できない

図8 umaskコマンドでデフォルトのパーミッションを設定できる
有効にしないビットを指定するので注意

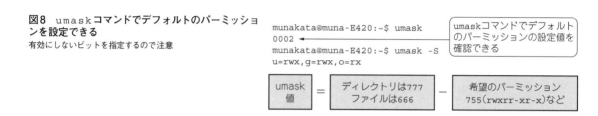

ションのotherに対してパーミッション設定を追加することで有効になります．chmod o+tで設定します．

● デフォルトのパーミッション設定にはumaskコマンドを使う

　引き数なしでumaskコマンドを実行すると，ユーザ・アカウントごとのデフォルトのファイル・パーミッション指定を確認できます．umaskはマスク値（有効にしないビット）の指定なので，umaskを指定するときには有効にしないファイル・パーミッションのビットを指定します（**図8**）．

Linuxに組み込まれているネットワーク・アクセス制御機能

　人間が直接Linuxシステムに対話的にログインするときには，パスワード認証が使われます．一方，ネットワーク経由で別のコンピュータから接続する場合は，パスワード認証の前にネットワークからの接続自体を制限することができます．

　Linuxにはネットワーク経由の不正アクセスをブロックする多くのしくみが組み込まれています．最近でも重大なセキュリティ・ホールがいろいろと報告されていますが，Linuxコミュニティでは対策用のパッチを提供しています．**図9**にLinuxに組み込まれているセキュリティ機能を示します．今回はこの中の三つの機能について紹介します．

● IPアドレスを使ってアクセスをフィルタリング…TCP wrapper

　まずIPアドレス指定によるネットワーク・アクセス制限のしくみである，TCP wrapperを紹介します．TCP wrapperの設定には2種類の方式があります．

　一つ目の方式は，原則すべてのIPアドレスからのアクセスを禁止し，アクセスを許可するIPアドレスだけを明示的に指定するホワイト・リスト方式です．/etc/hosts.allowというファイルに設定を記述します．

　二つ目の方式は，原則すべてのIPアドレスからのアクセスを許可し，禁止するIPアドレスを明示的に指定するブラック・リスト方式です．/etc/hosts.denyというファイルに設定を記述します．

　どちらの設定ファイルも記述方法は共通です．**図10**に示すようにネットワーク・アクセスを受け付けるデーモン（常駐プログラム）を列挙して，それに対するアクセス指定をIPアドレス，ホスト名，そのほかワイルドカードで設定します．さらにオプションの設定も可能です．

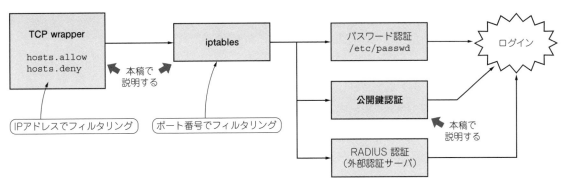

図9 ネットワーク経由で不正にログインされることを防止するためLinuxには複数段のしくみが組み込まれている

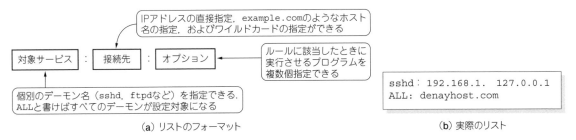

図10 TCP wrapperによるネットワーク・アクセス設定フォーマット

　システム内ではホワイト・リスト方式のhosts.allowが先に評価されるので，hosts.allowでアクセスを許可した接続先については，ブラック・リスト方式のhosts.denyの設定に関わらずアクセスが許可されます．

● ポート番号を使ってアクセスをフィルタリング…iptables

　ポート番号によるネットワーク・アクセス制限について説明します．

　TCP/IPパケットにはポート番号と呼ばれる識別子が付与されています．たとえばhttpパケット（Webサーバ向け）は80番，smtp（メール・サーバ向け）は25番を使うという取り決めがあります．インターネットから直接パケットを受け取る場合，特定のポート番号向けのパケットだけを受け取ることで，よりセキュリティを高めることができます．

　ポート番号単位で，よりきめ細かいネットワーク・アクセス制御をする場合，iptablesを利用します．インターネットから直接パケットを受け取るコンピュータでは，アプリケーションで利用するポートだけを開放するホワイト・リストをiptablesに設定します．

　最近話題のIoT機器など，インターネットに直結される機器は，不正アクセスの踏み台（アクセス中継点）に利用されないように，iptablesで不要ポートをすべて閉じておく必要があります．Ubuntuの場合，インストール直後は何もフィルタ設定をしていない状態でiptablesが動作しています．iptablesのフィルタ設定状況は次のコマンドで確認することが可能です．

```
sudo iptables -L
```

● 公開鍵を使ったユーザ認証機能

　Linuxカーネルには，SSL（Secure Socket Layer）による暗号通信機能が組み込まれています．SSLは公開鍵暗号方式と呼ばれる，暗号通信技術を利用した通信プロトコルです．次に示す手順で暗号通信を行います．

第1部　そうなっていたのか！　Linuxカーネルが動くメカニズム

> **Column**　インターネットに公開すると即攻撃される時代！
> telnetは使ってはいけない
>
> 　一般的には，家庭内や企業内のコンピュータは直接インターネットに接続しません．各コンピュータにローカルIPアドレスを割り当て，ルータ経由でインターネットに接続します．そのため，インターネット側からルータの内側のコンピュータにアクセスされることはありません．
>
> 　しかし，Webサーバやメール・サーバなどを公開するため，外部からルータに届いたパケットをローカル・ネットワーク内のコンピュータに転送するIPマスカレード設定をしている場合は例外です．インターネットから直接不正アクセスの攻撃を受けることになります．
>
> 　これは可能性があるという話ではありません．実際に外部からの接続を許した瞬間，驚くほどたくさんのIP総当たり攻撃が飛び込んできます．そのため，セキュリティ対策は必須です．
>
> 　インターネット黎明期には，性善説に基づく運用ができた時期もありました．現在は残念ながら，ネットワーク通信はすべて盗聴され，設定に隙があれば攻撃を受けるのが当然，という状況なってしまいました．そのため暗号化されていない平文のままのパスワードをネットワークに流すtelnetなどのプログラムは絶対に使ってはいけません．

① 自分のマシン上で秘密鍵と公開鍵を生成し，相手に公開鍵を渡す
② 相手が公開鍵で暗号化したデータを受け取る
③ 自分だけが持っている秘密鍵でデータを複号する

　公開鍵だけではデータの複号ができないので，公開鍵を通信相手にメールで直接渡すことや，公開鍵を集めている公開鍵サーバに登録することができます．暗号化と複号を同一の鍵で行う共通鍵のように，厳密に鍵管理をする必要はありません．本稿では公開鍵暗号方式の詳しい説明は割愛しますが，公開鍵を使ってネットワーク経由でLinuxシステムにログインすることもできます．公開鍵暗号通信では一度公開した鍵を無効化する機能もあるので，IPアドレスによる指定やユーザ名とパスワードによる認証よりも強固で安全な接続ができます．

root権限をもアクセス制限できるセキュアLinux

　セキュリティ管理にユーザやグループに対するファイル・パーミッション・コントロールを使っているかぎり，root権限があれば事実上どのようなファイル操作もできてしまいます．このままでは，rootのパスワードが盗まれたり，不正な特権昇格が行われた場合，システムのセキュリティが破綻してしまいます．

　このような状況から脱却し，より細かいセキュリティ・コントロールを行うため，すべてのファイル・アクセスの妥当性を検証するセキュリティ機構を追加したセキュアLinuxが開発されました．セキュアLinuxには，Linuxカーネルに組み込まれたLSM（Linux Security Modules）[注2]と呼ばれるセキュリティ・フレームワークを利用しています．

● 超安心！　いちいちアクセスの妥当性をチェック

　セキュアLinuxでは，ファイルにアクセスするたびにカーネルがアクセスの妥当性を検証するセキュリティ・モジュールを起動します．セキュリティ・モジュールは，プログラムごとにどのアカウントは何ができるかを明示的に規定したルールと，ファイルへのアクセスを比較し，ルールに沿っているかアクセスの妥当性を検証します．これがセキュアLinuxの基本的な考え方です．このようなセキュリティ制御を，カーネルの強制アクセス制御（MAC＝Mandatory Access Control）と呼びます．

注2：カーネル内の処理に対してセキュリティ・チェックのメカニズムを呼び出すためのフックを追加する機能です．

第15章　セキュリティ管理のしくみ

Column　実はあちこちで使われているセキュア・ローダ

　Windows 8以降のパソコンには不正コピー版Windowsを起動させないために，セキュア・ローダが組み込まれています．デフォルトでは，Linuxのインストールができません．この問題を解決するために，Linux FoundationとMicrosoft社が交渉して，Linuxインストールを可能にする解決策が提示されています注A．

　Androidスマートフォンも，もともとオープン志向なので，セキュア・ローダ無効化の方法はわりと簡単に見つけられるようになっています．しかし，これを行った場合，端末メーカによる保証は受けられなくなる場合もあるので，自分でよく判断すべきでしょう．

　Linux搭載の組み込み機器の場合，状況が少し複雑です．いわゆるPL法の考え方で，ユーザが改造したカーネルを起動することによって発火や爆発などの事故が起こるリスクがある場合には，機器メーカの責任でリスクを解決することが求められます．

注A：http://sourceforge.jp/magazine/13/02/12/0759213

● アクセス妥当性チェックのキモ…セキュリティ・モジュールのアクセス許可ルール

　アクセスの妥当性を検証するセキュリティ・モジュールにはいろいろなものがあります．代表的なものには，Fedoraや商用のredhatなどに採用されているSELinuxや，Ubuntuなどに採用されているAppArmorがあります．これらを利用するためには，ユースケースに合わせたアクセス許可ルールの作成が必要です．

▶ ルールが不完全でシステムが不安定に…組み込み機器では結局使わないことが多かった

　適切なルールを設定できれば，特権昇格やSUIDによる一時的なroot権限付与が要らなくなるケースもあるでしょう．一方で，ルールが不完全なためにシステムが正常に動作しないという問題も多く発生します．そのため，これまで組み込みでは，積極的にMACによるアクセス制限を有効にしないケース（アクセス権の妥当性をチェックはするがフィルタはしない調査モード注3の利用）がほとんどでした．

▶ AndroidでMAC制御が有効に！ 今後は組み込み機器でも積極的に使われるようになるかも

　しかし，Androidバージョン4.4でSELinuxによるMAC制御がデフォルトで有効になったこともあり，今後組み込み機器でもセキュアLinuxが使われるケースが増えるかもしれません．

怪しいカーネルは起動させない！ 最新セキュア・ブート

　これまでLinuxのログイン認証やプログラム実行権限コントロールについて説明してきました．しかし，セキュリティ機能を無効にした別カーネルでシステムが起動できてしまったら，これまでの話は無意味になります．

　これを防ぐために，起動時にカーネル・イメージの正当性を検証するセキュア・ローダを使う場合があります．サーバなら物理的にサーバ・ルームに部外者が入れないようにしたり，サーバの遠隔保守機能を使えなくすれば，システムを乗っ取られるリスクを回避できるでしょう．しかしBIOS設定を変更しただけでUSBメモリからOSを起動できるパソコンや，Linux搭載の組み込み機器でシステムを乗っ取られるリスクを回避するには，セキュア・ローダが必須です．

● 秘密鍵（機器側）と公開鍵（カーネル側）で認証

　セキュア・ローダの基本的な考え方を図11に示します．カーネル・イメージに埋め込まれた公開鍵とシステム側に保存された秘密鍵を比較することで，イメージの正当性を確認します．

注3：SELinuxではPermissiveモード，AppArmorではcomplainモードと呼ばれるルール作成用の調査モードのことを指します．

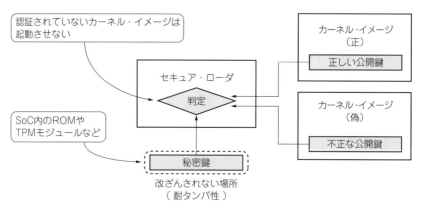

図11 セキュア・ローダはカーネル・イメージの正当性を検証するしくみ

　ポイントは，どこに秘密鍵を保存するかです．大量生産される機器の場合は，SoC内のROMに秘密鍵を書き込む方法があります．ROM化ができない場合には，ボード上にTPMモジュールという秘密鍵を格納する専用デバイスを搭載し，専用のプログラム・ソフトで秘密鍵を書き込んで使います．

　通常のストレージ・デバイスは，ユーザが簡単に書き込めてしまうので，秘密鍵の格納場所として適切ではありません．

＊　　　＊　　　＊

　本稿では，Linuxシステムでセキュリティを確保するためのしくみを紹介しました．通常のWindows搭載パソコンに比べると，Linuxシステムに向けた攻撃は現時点では少ないのですが，ゼロではありません．Androidスマートフォン，タブレットの普及により，今後攻撃が増えることも予想されます．組み込み機器であっても外部ネットに直結されるものであればリスクは同じです．適切なアカウント設定やセキュリティ管理が求められます．

第2部

しくみがわかれば差は歴然！Linuxを高性能に使うテクニック10＋

海老原 祐太郎

　Linuxはハードウェアを意識せずにユーザ・アプリがプログラミングできます．そのため，カーネル内部の動作が隠ぺいされていて，どう動いているかが非常にわかりにくいです．

　第2部では，わかりにくいLinuxカーネルの動きを実験で可視化しながら解説していきます．実際にCPUボード上でLinuxを動作させ，実験結果を使いながらしくみを説明します．

　さらに，高速起動・高速応答・高速処理・小メモリ動作・低消費電力動作・高精度時刻動作といったLinuxを高性能に使うためのテクニックを紹介します．

ガーン…14μsが6msに！ Linuxがリアルタイム用途に向かない理由

第16章 割り込み処理ルーチンを高速起動するコツ …負荷は重くしちゃダメ

本稿では割り込みとスタックのメカニズムを解説します．組み込み向けの小さなフットプリントのリアルタイムOSでは，割り込み応答速度が性能の目安として語られることが多くあります．しかし，残念ながら現在のLinuxでは割り込み応答速度性能が良いとはいえません．このLinuxの割り込みをオシロスコープの波形やprint命令を使って可視化し，複数の処理を同時に動かすと起動が遅くなっていくことを示します．

実験の準備

● ハードウェア

実験に使用するボードは，SH-4AマイコンSH7724（ルネサス エレクトロニクス）を搭載した，**写真1**に示すCPUボードCAT724です．仕様を**表1**に，回路ブロックを**図1**に示します．

● ソフトウェア

Linuxカーネルのバージョンは3.0.4です．ここではSH-4Aを題材としていますが，x86やARMといったほかのアーキテクチャでもほぼ同様です．

▶ プログラムのダウンロード先

本文で紹介する全プログラム・リストやビルド方法，ロード方法などは，筆者のサイトhttp://www.si-linux.co.jp/に掲載します．

実験内容

● 16ビットPWMモードで割り込み応答実験を行いオシロスコープで観察

ターゲットCPU SH7724のハードウェア仕様書から，TPU（タイマ・パルス・ユニット）が割り込み応答の

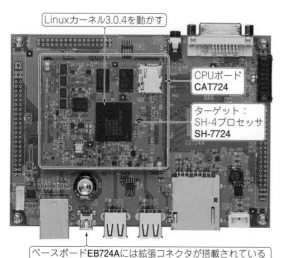

写真1 第2部ではCPUボードを実際に動かしながらLinuxを高性能に使うコツを紹介していく
実験にはSH-4プロセッサを搭載するCAT724にベースボードEB724Aを組み合わせて使うが，基本動作はx86やARMでも同様（CAT724，EB724Aともシリコンリナックス製）

表1 実験に使うボードCAT724の仕様

項目	仕様
CPU	SH7724（SH-4A，ルネサス エレクトロニクス）500MHz
RAM	256MバイトDDR2 RAM
ROM	NOR フラッシュ・メモリ 32Mバイト
ストレージ	マイクロSDソケット，SDソケット（各1）
インターフェース	USB 2.0×2，イーサネット，DVI，ステレオ音声出力，バッテリ・バックアップSRAM，時計IC，I^{2}C，GPIO

第16章 割り込み処理ルーチンを高速起動するコツ…負荷は重くしちゃダメ

実験に最適でした．TPUは16ビットのタイマでさまざまな使い方ができます．本実験ではPWMモードで実験を行います．

TPOUT端子（ベースボードEB724のCN7の31番ピン）をオシロスコープで観察すれば，割り込み遅延時間を可視化して観察することができます．

● タイマ割り込み処理の動き

実験専用のデバイス・ドライバを用意しTPUのレジスタにアクセスします．図2にTPUの動きを示します．

TPUのTGRB（タイマ・ジェネラル・レジスタB）に割り込み周期を設定します．本実験では100Hz（10ms間隔）としました．この周期で割り込みが発生します．割り込み発生後，ある程度の遅延の後にデバイス・ドライバの割り込みルーチンに到達します．TCNT（タイマ・カウント）値は常に一定速度でカウントアップ動

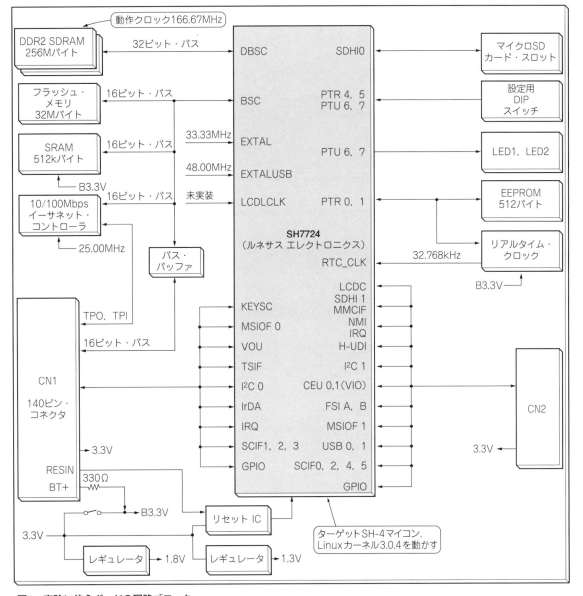

図1　実験に使うボードの回路ブロック
CAT724（シリコンリナックス）ボード内で使用していないSH7724のI/O端子はコネクタCN1とCN2に引き出されている

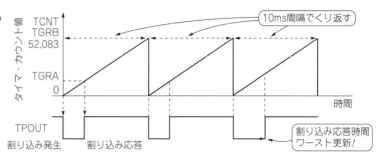

図2 実験で使うTPUレジスタの割り込み処理

作をしているので，割り込みルーチンでTCNTレジスタ値を確認し，最大値（ワースト）を更新していればTGRB（タイマ・ジェネラル・レジスタB）にPWM幅を設定します．

▶割り込み周期の設定値

割り込み周期TGRBの設置値は次のとおりです．

```
TGRB =バス・クロック/プリスケーラ値/割り込み周期
     =83.333MHz/16分周/100Hz
     =52,083
```

TPUは16ビット・カウンタであるため，TGRBに設定するべき周期値が65,535以下であることを確認しておきます．TCNT（タイマ・カウンタ）は常にカウントアップ動作をしています．TCNTは0～52,082を10msでカウント・アップするわけですから，TCNT値を実時間に変換するには（TCNT/TGRB）＊10msとなります．

実験用プログラム

● Linuxの割り込みルーチン

Linuxの割り込みルーチンには，**図3**に示すようにトップ・ハーフ（TH）とボトム・ハーフ（BH）の2段階があります．トップ・ハーフは割り込みルーチンそのもので即時性が求められる部分，ボトム・ハーフは即時性を求めない付随部分です．

割り込み処理は最優先で処理を行うため，できるかぎり実行時間を短くしなければなりません．トップ・ハーフに求められるのは迅速性です．例えばハードウェアからの受信処理を考えたとき，トップ・ハーフで行うものはデバイスからの受信データの読み出しです．付随的な処理はボトム・ハーフに追い出します．例えば受信データのサムチェックやヘッダの確認などです．これらは割り込み処理に付随して実行する必要がありますが，必ずしも割り込み期間中に実行する必要はありません．これらの付随処理をボトム・ハーフに追い出すことでトップ・ハーフを短くします．ボトム・ハーフについては第2章で詳しく解説します．Linuxでの割り込みルーチン（トップ・ハーフ）の登録/解除関数を**リスト1**に示します．

☞Linuxの割り込みルーチンはトップ・ハーフとボトム・ハーフの2段階がある

● 割り込み発生からの処理の流れ

ハードウェア割り込みが発生した直後にCPUがどのように処理を遷移するかは，CPUアーキテクチャによって異なります．しかし標準的に設計されたCPUでは，ほぼ以下のように動作をします．

（1）スーパバイザ（特権）モードに移行する
（2）スタックは特権モード用のシステム・スタック・ポインタが使われる
（3）戻り番地をシステム・スタック・ポインタに積み，割り込みベクタ・アドレスをコールする

SHプロセッサの場合，すべての割り込みはVBR（ベクタ・ベース・レジスタ）＋0x600番地がコールされ

第16章 割り込み処理ルーチンを高速起動するコツ…負荷は重くしちゃダメ

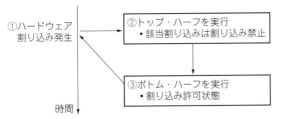

図3 割り込みが発生するとトップ→ボトムの順で実行する

リスト1 割り込みルーチンの登録/解除関数

```
int request_irq(unsigned int irq,
  irq_handler_t handler, unsigned long flags,
        const char *name, void *dev);

irq     ：IRQ番号
handler ：割り込み関数
flags   ：フラグ
name    ：デバイス名
dev     ：割り込み関数の引き数として渡せるポインタ
```
(a) 登録

```
void free_irq(unsigned int irq, void *dev);

irq ：IRQ番号
dev ：割り込み関数の引き数として渡せるポインタ
```
(b) 解除

ます．本実験の場合VBR=0x88008000となっていましたので，割り込みエントリ・ポイント（handle_interrupt）は0x88008600番地になります．

割り込み処理の流れを仮想的な言語でリスト2に示します．

右側にカーネル・ソースの位置を示します．ソース・コードの位置がarch/sh配下されている部分はアーキテクチャ依存です．それ以外はすべてのアーキテクチャで共通のコードになります．システム・スタック・ポインタ（SSP）にレジスタや戻り番地を積むところはアセンブラで書かれていますが，それ以降のdo_

リスト2 割り込み処理の流れ

```
handle_interrupt:                          arch/sh/kernel/cpu/sh3/entry.S (88008600番地)
  save_regs:
      システム・スタックにレジスタや戻り番地を積む
  do_IRQ(){                                arch/sh/kernel/irq.c
    irq_enter()                            kernel/irq.c
    generic_handle_irq(){                  kernel/irq/irqdesc.c
      handle_level_irq(){                  kernel/irq/chip.c           ← カーネルの位置
        該当割り込みをマスク
        handle_irq_event(){                kernel/irq/handle.c
          handle_irq_event_percpu(){       kernel/irq/handle.c
            各デバイス・ドライバの割り込みハンドラ（トップ・ハーフ）を呼び出す
            戻り値が
              ・IRQ_WAKE_THREAD なら "割り込みスレッド" の起床（後述）
              ・IRQ_HANDLED なら割り込み処理の完了
            割り込み登録時に IRQF_SAMPLE_RANDOM が付加されていたら乱数をかき回す
          }
        }
        該当割り込みのマスク解除
      }
    } //generic_handle_irq() の終わり
    irq_exit(){                            kernel/softirq.c
      invoke_softirq()                     kernel/softirq.c
    }
  } // do_IRQ() の終わり
ret_from_irq:                              arch/sh/kernel/entry-common.S  ← カーネルの位置
    カーネル空間処理中に割り込みが起きたのか/ユーザ空間で割り込みが起きたのか判定する
    （カーネル空間で割り込みが発生し && CONFIG_PREEMPTが無効） なら __restore_all へ

__restore_all:                             arch/sh/kernel/entry-common.S
restore_all:                               arch/sh/kernel/cpu/sh3/entry.S
   restore_regs:   スタックからレジスタや戻り番地を復元
割り込み処理の終了
```

第2部　しくみがわかれば差は歴然！ Linuxを高性能に使うテクニック10＋

リスト3　実験で使用する割り込みルーチン tpu_handler()

```
/* 周期割り込み */
void tpu_tgrb_interrupt(struct tpu1drv_dev *dev)
{
    unsigned short cnt;
    cnt = tpu_inw(dev, TPU_TCNT);

    /* 割り込み遅延最長（ワースト）更新 */
    if(dev->max < cnt){
        dev->max = cnt;
        tpu_outw(dev, TPU_TGRA, cnt); // TPOUT low→high
        printk("%s() max=%d\n",__func__, cnt);
        // WARN_ON(1); /* レジスタ・ダンプ */
    }

    // current プロセスを見てみよう
    // printk("SSP=0x%p, thread_info=0x%p, current=0x%p, pid=%d\n",&cnt,current_thread_
                                                info(),current,current->pid);
}


static irqreturn_t tpu_handler(int irq, void *_dev)
{
    struct tpu1drv_dev *dev = _dev;
    unsigned short tsr; /* タイマ・ステータス・レジスタ */
    tsr = tpu_inw(dev, TPU_TSR);
    if(tsr & (1<<1)){ /* TGRB一致割り込み */
        tsr &= ~(1<<1);
        tpu_outw(dev, TPU_TSR, tsr); // 要因のクリア
        tpu_tgrb_interrupt(dev);
        return IRQ_HANDLED;    /* 割り込みを処理した */
    }

    printk("%s() error. tsr=0x%x\n",__func__, tsr);
    return IRQ_NONE;    /* 異常 */
}
```

IRQ()関数はC言語で書かれた割り込みエントリ・ポイントになります.

▶割り込み要求はdo_IRQ()関数にまとめられている

　Linuxではすべての割り込み要求はdo_IRQ()関数にまとめられます. CPUアーキテクチャによっては割り込み要因ごとに独立した割り込みベクタを定義できるものがあります（H8など）. これらのCPUでは割り込み要因をソフトウェアで判定するステップが省略できますが, Linuxではそれらの機能があったとしても使用しません.

● 割り込みハンドラを呼び出すルーチンの動作

　該当割り込みをマスクしたのち, デバイス・ドライバによって登録された割り込みハンドラ（トップ・ハーフ）を呼び出します. 今回の実験で使用する割り込みルーチンtpu_handler()を**リスト3**に示します.

　tpu_handler()ではTSR（タイマ・ステータス・レジスタ）を見て割り込み要因ごとに分岐します.「TGRB一致割り込み」は10msごとに発生する割り込みです. 割り込みを処理した場合は戻り値としてIRQ_HANDLEDを返します. 一方, 割り込みを処理しなかった場合はIRQ_NONEを返します. 割り込みが発生したにもかかわらず要因が見当たらないのは

● 割り込みラインをシェアしている場合
● もしくは異常（ハードウェア・エラー）

の場合です.

　TGRB一致割り込みルーチンtpu_tgrb_interrupt()ではTPUのハードウェア・カウンタ値（TCNT）を確認し, 割り込み発生からのここに到達するまでの遅延時間を計測します. 最長値（ワースト値）を更新

152

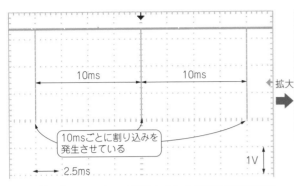

図4 割り込みルーチンが起動するまでの遅延時間を確認するために10msごとに割り込みを発生させる

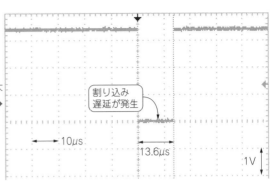

図5 負荷が軽い場合…割り込みルーチンが起動するまでの遅延時間は13.6μs

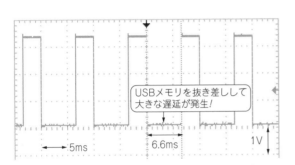

図6 負荷が重い場合…USBメモリを接続してI/O処理によるハードウェア負荷を掛けると遅延はなんと6.6msにも増大！

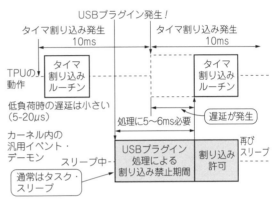

図7 USBの抜き差しなどでカーネルの処理が占有されてしまい遅延が発生してしまう

してしまった場合，その値を記録するとともにPWMのLレベル波形を伸ばします．

実験結果…負荷が重いと割り込みルーチンが起動するまでに5ms以上かかる

オシロスコープで測定した結果は以下のとおりです．

▶負荷が軽い場合…割り込み処理ルーチンが起動するまでの遅延は13.6μs程度

図4に示すように，ドライバをロードした直後，10msごとに割り込みが発生しています．図5に図4を拡大したものを示します．割り込み遅延時間は13.6μs程度となっています．

▶I/O処理など負荷が重い場合…割り込み処理ルーチンが起動するまでになんと遅延は6.6msに増加

図6にUSBメモリを抜き差ししてハードウェア処理を行ったときのようすを示します．ワースト・ケースが6.6msまで拡大しています．

Linuxでの割り込み遅延時間は低負荷時は5〜20μs程度と安定しています．しかし筆者の経験上，USBメモリのプラグインなどハードウェア負荷をかけると遅延が悪化してしまいます．これはプラグインされたUSBターゲットのプローブ処理時に，長い割り込み禁止期間があるからと推定しています．結果としてこれらの負荷を与えると6.6msまで遅延が悪化してしまいました．

これらの動作を図7に示します．

☞ I/O操作時に5ms以上の割り込み遅延が発生することがある

第2部　しくみがわかれば差は歴然！ Linuxを高性能に使うテクニック10＋

Column　割り込みのしくみと割り込み処理ルーチンで大きなローカル配列や再帰処理を使ってはいけない理由

● 追加実験：割り込み時のスタック領域の使われ方を可視化してみる

実は，本稿の実験で使うプログラムに，printk関数を利用して，割り込み中の動作を画面表示できるようにしていました．現在のスタック位置やカーネル・スレッドのアドレス，カレント・プロセスの管理構造体やプロセスID（PID）を表示できるようにします．

tpu_tgrb_interrupt()関数中に記した**リストA**のprintk()のコメントを外してみます．10msごとにコンソールにプリントされるのでシェルは潰れてしまいますが，次のことが観察できます．

- 割り込みルーチン中のローカル変数CNTのアドレス…C言語はローカル変数をスタック上に取るので，から現在のおよそのスタック位置がわかる
- current_thread_info()…カーネル・スレッドを管理しているスレッド管理構造体のアドレスが読み取れる
- current…カレント・プロセスの管理構造体（task_structポインタ）
- PID…current→pidカレント・プロセスのPID（プロセスID）

● 実験結果…割り込みルーチンは現在動作中のプロセスに割り込む

実行結果を**リストB**に示します．

低負荷時はpid=0と表示されています．ユーザからの入力を待っているときなど，特に処理すべきプロセスがない場合，すべてのプロセスはタスクの状態をスリープにして待機しています．組み込みシステムだけに限らずすべてのコンピュータ・システムは一般的に通常はこの状態（負荷の非常に低い状態）で待機しなければなりません．動かすべきプロセスが存在しない場合は，アイドル・プロセス（pid=0）がCPUのスリープ命令を無限に実行し，システムの消費電力を最小に抑えています．この状態で割り込みが発生するとpid=0が表示されます．

telnetなどで別なシェルを接続し，lsなどのコマンドを実行するとそのタイミングによってpidやシステム・スタック・ポインタ（ssp）の値は変化します．割り込みはいつ発生するかわかりませんので，実行中のコマンド

リストA　割り込みルーチンのローカル変数アドレス（スタック領域）を可視化するためのprintk文

```
// current プロセスを見てみよう
// printk("SSP=0x%p, thread_info=0x%p, current=0x%p, pid=%d¥n",&cnt,current_thread_
                                                    info(),current,current->pid);
```

リストB　printkの実行結果…割り込みルーチンは現在動作中のプロセスに割り込む

割り込みルーチン内ローカル変数アドレスも変化

```
SSP=0x88435f06,thread_info=0x88434000,current=0x88438660, pid=0
SSP=0x88435f06,thread_info=0x88434000,current=0x88438660, pid=0
SSP=0x88435f06,thread_info=0x88434000,current=0x88438660, pid=0
SSP=0x88435f06,thread_info=0x88434000,current=0x88438660, pid=0
```
低負荷時のプロセス

```
SSP=0x95c3ff4e,thread_info=0x95c3e000,current=0x97ce39e0, pid=1220
SSP=0x95c3fd3e,thread_info=0x95c3e000,current=0x97ce39e0, pid=1220
SSP=0x97c39f4e,thread_info=0x97c38000,current=0x96fc4000, pid=1213
```
pid=0以外の実行中プロセス

リストC　カーネル内のスレッドを管理するスレッド管理構造体…current_thread_info()で得られる

```
struct thread_info {
        struct task_struct      *task;              /* メイン・タスク構造体 */
        struct exec_domain      *exec_domain;       /* 実行ドメイン */
        unsigned long           flags;              /* ロー・レベルのフラグ */
        __u32                   status;             /* スレッド同期フラグ */
        __u32                   cpu;
        int                     preempt_count;      /* 0→プリアンブル<0→バグ */
        mm_segment_t            addr_limit;         /* スレッドのアドレス空間 */
        struct restart_block    restart_block;
        unsigned long           previous_sp;        /* SPは割り込み(IRQ)スタックがネストされた場合,
                                                       前のスタック */

        __u8                    supervisor_stack[0];
};
```

154

（プロセス）を文字どおり「割り込んで」割り込みルーチンに飛んできます．その場合は割り込んだプロセスの pidが表示されます．システム・スタック・ポインタやthread_info，currentもアイドル・プロセスとは異なるアドレスが表示されます．

　割り込みルーチン（トップ・ハーフ）は文字どおり現在のプロセスを「割り込んで」処理関数に飛んでくることです．さらには，割り込みルーチンのスタックは割り込まれたプロセスのスタックが使用されています．

☞トップ・ハーフは現在実行中のプロセス（カレント・プロセス）を割り込んで実行される
☞割り込みルーチンはカレント・プロセスのシステム・スタック・ポインタが使われる

●割り込み時のスタック領域の使い方を考察してみる

　current_thread_info()で得られるスレッド管理構造体をリストCに示します．

　これは数十バイトの小さな構造体で，カーネル内のスレッドを管理する構造体です．1スレッドにつき一つの実体を持ちます．中にstruct task_struct *taskメンバを持ちます．これがcurrentになります．currentの定義をリストDに示します．

　current_thread_info()の定義はリストEの通りです．（a）はSHプロセッサの場合，（b）はARMプロセッサの場合です．ここでTHREAD_SIZEはデフォルトで8Kバイト（8192）です注A．SHもARMもどちらも同じことが書かれています注B．

　少々トリッキーですがcurrent_thread_info()の定義を模式的に書くと次のとおりです．

current_thread_info1 　= SSP & ～(0x1FFF);
　　　　　　　　　　　　= SSP & FFFFE000; …(1)

　thread_info構造体はシステム・スタック・ポインタ（SSP）を8Kバイト境界にマスクすることで得ています．図Aにメモリ・マップを示します．Linuxでは，ユーザ・プロセス空間は仮想的にすべてのプロセスに1対1で存在します．Linuxカーネル空間中にシステム・スタック空間（SSP）がプロセスの数だけ存在し，サイズは

リストD　currentの定義

```
#define get_current() (current_thread_info()->task)
#define current get_current()
```

リストE
current_thread_info()
の定義

```
arch/sh/include/asm/thread_info.h

static inline struct thread_info *current_thread_info(void)
{
        struct thread_info *ti;
#if defined(CONFIG_SUPERH64)
        __asm__ __volatile__ ("getcon   cr17, %0" : "=r" (ti));
#elif defined(CONFIG_CPU_HAS_SR_RB)
        __asm__ __volatile__ ("stc      r7_bank, %0" : "=r" (ti));
#else
        unsigned long __dummy;
        __asm__ __volatile__ (
                "mov    r15, %0\n\t"
                "and    %1, %0\n\t"
                : "=&r" (ti), "=r" (__dummy)
                : "1" (~(THREAD_SIZE - 1))
                : "memory");
#endif
        return ti;
}
```

(a) SH4A

```
arch/arm/include/asm/thread_info.h

static inline struct thread_info *current_thread_info(void)
{
        register unsigned long sp asm ("sp");
        return (struct thread_info *)(sp & ~(THREAD_SIZE - 1));
}
```

(b) ARMの場合

注A：カーネルのconfigでCONFIG_4KSTACKSを有効にすると4Kバイトになる．
注B：SH用の場合，実際には裏レジスタのr7にキャッシュしている．

8Kバイトです．実験の結果から次の値が得られました．

thread_info　　= 0x88434000
SSP　　　　　　= 0x88435f06

式(1)のとおりthread_infoはシステム・スタック・ポインタ(SSP)を8Kバイトの境界線にマスクしています．つまり，図Bに示すようにthread_info構造体はシステム・スタックの天井に貼りついていることになります．

☞ システム・スタックポインタは8Kバイトである

☞ スレッド管理構造体はスタックの天井に貼りついている

● 割り込み処理などのカーネル空間でやっちゃいけないこと…巨大なローカル変数領域を使う

thread_info構造体がスタックの天井にあるわけですから，スタック・オーバフローを起こすとこの構造体を破壊してしまいます．thread_info構造体が破壊されたときの動作は不定です．システム・フォールトを覚悟する必要があります．割り込み処理を含め，カーネル空間では配列のような巨大なローカル変数領域を取ったり再帰は使用しない方が賢明です．

Linuxでは，以下の理由によりシステム・スタック・ポインタに重要な構造体を置くことでアクセス速度を稼いでいます注C．

(1) システム・スタック・ポインタは必ずCPUの内部レジスタである．

　　システム・スタック・ポインタを~(8192-1)でAND演算することなどCPUは数クロックで演算可能で，thread_infoに高速にアクセスできる

(2) スタックは常にアクセスしているメモリ領域であり，システム・スタック・ポインタはCPUに近い位置でキャッシュされている

☞ カーネル空間ではスタックを8K以上使うようなコードを書いてはいけない

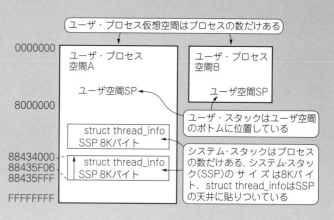

図A　Linuxのメモリ・マップ
Linuxではユーザ・プロセス空間は仮想的にすべてのプロセスに1対1で存在し，Linuxカーネル空間中に8Kバイトのシステム・スタック空間(SSP)がプロセスの数だけ存在する

図B　thread_info構造体はシステム・スタックの境界にある

注C：Linuxカーネルでは以前はcurrentそのものがスタックの天井に位置していたが，task_structが1Kバイトを超えてくるほど巨大化してきた頃にthread_infoからの2段階アクセスに変更された．

Linuxの性能を生かすにはできるだけ早くOSに権限を返すのが基本

第17章 割り込み処理を短時間で済ませるコツ …必要な処理をまず済ませる

Linuxの割り込み処理

■ハード制御では特に重要！割り込み時間は短く！

　割り込み処理はシステムのうち最優先で処理されるため，ほかのすべての処理が中断されます．Linuxに限らず，すべてのコンピュータ・システムでいえますが，割り込み処理ルーチン（interrupt service routine；ISR）は十分に短い時間で処理しなければなりません．

● 割り込み処理を短時間で終わらせるメカニズム

　Linuxでは割り込みが発生すると，プログラムの現在の実行番地（PC）やCPU内レジスタの値をスタックに退避し，割り込みルーチン（トップ・ハーフ）が呼ばれます．

　割り込みサービス・ルーチンが十分に短い時間で処理が終わるのであれば，トップ・ハーフのみで十分です．しかし，割り込みサービス・ルーチンの処理時間が長くかかりそうな場合は，割り込みルーチンを二つに分けて処理します．サム・チェックの計算やヘッダの確認など付随的な処理をボトム・ハーフに追い出し，トップ・ハーフを短く実装します．

　例えばデータを受信する際に，周辺LSIからメイン・メモリに受信データを読みだす部分はトップ・ハーフで実行する必要がありますが，付随処理は必ずしもトップ・ハーフで実行する必要はありません．これらはボトム・ハーフに追い出せます．

　本稿では，ボトム・ハーフを実現するしくみとしてタスクレット（taslket），ワーク・キュー（work queue），スレッド型割り込み（interrupt service thread；IST）の三つを解説し，それぞれを使った場合の処理時間を実験して測ってみます．

● 測定方法

　プログラムは第16章と同様，TPU1（タイマ・パルス・ユニット1）を使った割り込み遅延時間計測プログラムです．これを改造して使います．TPU1とTPU0は完全に同期して動いており，トップ・ハーフまでの到達時間をTPU1，ボトム・ハーフ到達までの時間をTPU0を使って計測し，**写真1**に示すようにオシロスコープに波形表示します．

急がない処理を後まわしにする三つのしくみ

　ボトム・ハーフを実現するしくみには
- タスクレット
- ワーク・キュー
- スレッド型割り込み

の三つがあります．

157

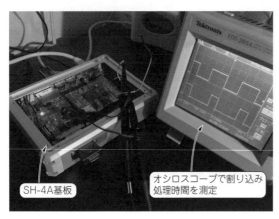

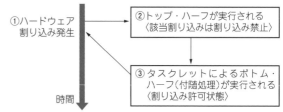

写真1　SH-4AボードのTPU1ピンで割り込み処理時間を測定

図1　しくみ1：タスクレット…トップ・ハーフ実行中に割り込み許可を出せる

● しくみ1：タスクレット…割り込みの付随処理を追い出して処理時間を短くする

図1にタスクレットの概念を示します．トップ・ハーフ実行直後にタスクレットによるボトム・ハーフ関数がコールされます．

トップ・ハーフ実行期間は該当割り込みが割り込み禁止となっていますが，タスクレットによるボトム・ハーフ実行中は割り込み許可されています．すべての割り込み処理をトップ・ハーフに記すのではなく，タスクレットを用いてボトム・ハーフに付随処理を追い出してトップ・ハーフの実行時間を短くします．効果としては，次の割り込みを取りこぼす確率を下げることが期待できます．

● しくみ2：ワーク・キュー…スリープ可能な割り込み処理

図2にワーク・キューの概念を示します．ワーカ・スレッドは，カーネル内部で普段はスリープしてイベントの発生を静かに待っている小さなタスク（スレッド）です．

（1）割り込みが発生するとトップ・ハーフが呼ばれる
（2）トップ・ハーフ内でワーク・キューをスケジュールすると，スリープしていた専用のワーカ・スレッドが起床する
（3）プログラムは割り込み発生前の元の場所に復帰する
（4）しばらくして汎用ワーカ・スレッドの実行順序がやってくると，キューに積まれた仕事（ワーク・キュー）を順次処理する．具体的には関数と引き数がペアになってキューイングされているので，これを順次実行する．ここでボトム・ハーフがコールされる

（2）で専用のワーカ・スレッドがスリープから起床するとしていますが，実際にはこの段階ではワーカ・スレッドのステータスがSLEEPからRUNに代わるだけなので，実際にワーカ・スレッドに処理が移るのは少々

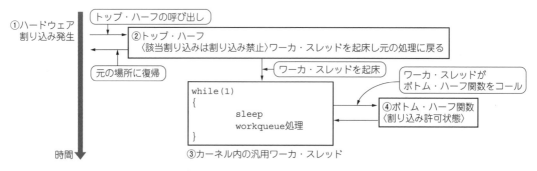

図2　しくみ2：ワーク・キュー…スリープ可能な割り込み処理

第17章　割り込み処理を短時間で済ませるコツ…必要な処理をまず済ませる

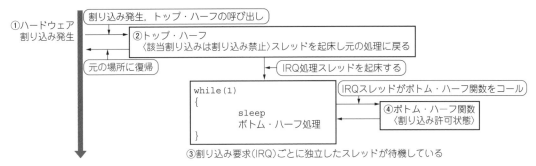

図3　しくみ3：スレッド型割り込み…割り込み要求ごとに処理スレッドを作っておく方式

先になります．

▶タスクを休眠状態にして負荷を下げられる

　割り込みサービス・ルーチンとの決定的な違いはスリープです．割り込みサービス・ルーチンは処理が終わり次第，元の場所に迅速に復帰する必要があり，ルーチン内でスリープするのは不可能です．ワーク・キューによるボトム・ハーフではpid=709番タスクからコールされている状態なので，スリープするとpid=709番タスクからほかのタスクに処理を譲ることになります．

　CPUが高性能で，低性能な周辺ハードをアクセスする際にタスクを休眠状態にしてシステムの負荷を下げながら処理を継続できます．このようにスレッドによる割り込み処理はinterrupt service thread（IST）と呼びます．

● しくみ3：スレッド型割り込み

　図3にスレッド型割り込みの概念を示します．先ほどのワーク・キューとの違いは，割り込み要求（Interrupt ReQuest；IRQ）ごとに独立した処理スレッドをあらかじめ生成・待機させておく点です．IRQ処理スレッドは普段はスリープしてイベントの発生を静かに待っています．トップ・ハーフによって起床し，ボトム・ハーフ関数をコールして再びスリープします．

スレッド型割り込みのメリット

　ワーク・キューやスレッド型割り込みによる処理のメリットは三つです．
- メリット1：スリープできる
- メリット2：優先順位をソフトウェアで決定できる
- メリット3：並列に処理できるからマルチプロセッサと相性が良い

● メリット1：スリープ（休眠）できる

　周辺ハードウェアがCPUに比べて遅い場合，スレッドをスリープすればほかのランニング・タスクにCPUの処理能力を譲ることができます．

● メリット2：優先順位をソフトウェアで決定できる

　スケジューリング対象スレッドの一つとして実行されるため，処理の優先順位をソフトウェアで決定できます．通常の割り込みサービス・ルーチンの優先順位はハードウェアに近いところで決定され，優先順位の変更が可能です．その実装方法はアーキテクチャに依存します．しかしスレッド型割り込みならばスケジューラがソフトウェアで決定するので，全アーキテクチャで同一の実装でまかなえます．また動的に（場合に

第2部　しくみがわかれば差は歴然！Linuxを高性能に使うテクニック10＋

リスト1　トップ・ハーフ内でタスクレットを起動する

タスクレット変数の定義（グローバル）

```
static struct tasklet_struct tpu_tasklet;
tasklet_init(&tpu_tasklet, tpu_tasklet_func, (unsigned long)&tpudrv_dev[0]);
```

タスクレットの定義
タスクレット変数：関数名：引き数をひもづける．初期化ルーチン内で実行する

```
static irqreturn_t tpu_handler(int irq, void *_dev)
{
    struct tpudrv_dev *dev = _dev;
    unsigned short tsr;      /* タイマ・ステータス・レジスタ */
    tsr = tpu_inw(dev, TPU_TSR);
    if(tsr & (1<<1)){        /* TGRB一致割り込み */
        tsr &= ~(1<<1);
        tpu_outw(dev, TPU_TSR, tsr);   // 要因のクリア
        tpu_tgrb_interrupt(dev);

        tasklet_schedule(&tpu_tasklet); // (1) タスクレットの起動指示

        // printk("%s() flags=0x%lx\n", __func__, arch_local_save_flags());

        return IRQ_HANDLED;   /* 割り込みを処理した */
    }

    printk("%s() error. tsr=0x%x\n",__func__, tsr);
    return IRQ_NONE;   /* 異常 */
}
```

応じて）スレッド型割り込みの優先順位を変化させることも可能です．

● **メリット3：並列に処理できるからマルチプロセッサと相性が良い**

　スレッド型割り込みは並列に実行されるスレッドの一つであるため，CPUコアが複数ある場合にスレッド型割り込みは並列に処理できます．

　スレッド型割り込みをうまく使うと，結果的に割り込みサービス・ルーチンの割り込み遅延を改善できるようになります．

急がない処理を後まわしにするしくみ ① ：タスクレットの実験

● **実験用プログラム**

　タスクレットの実験用プログラムを**リスト1**に示します．tpu_handler()関数はトップ・ハーフです．**リスト1**の(1)でタスクレットの起動指示をかけています．

　tpu_tasklet_func()がタスクレットとして呼び出される関数です．この中から**リスト2**に示すボトム・ハーフの実体tpu_bottom_half()関数を呼び出しています．ボトム・ハーフ関数では，TPU0（タイマ・パルス・ユニット0）を用いて，この関数までの到達時間を計測しています．

　割り込み処理期間中にcurrent->pidを参照すると，割り込みが発生した時点で文字どおり"割り込んだ"プロセスのpidを見ることができます．どのプロセスも実行中ではなく，システムがアイドル中に割り込みが発生するとcurrent->pidは0となり，アイドル・プロセスを割り込んだことが確認できます．

　リスト2の(2)ボトム・ハーフの実行pid表示部分のコメントを外した状態でプログラムを実行すると，コンソール上に**リスト3**のメッセージが表示されます．タスクレットはpid=0の状態，すなわちアイドル・プロセスを割り込んで実行していることが観察できます．

160

リスト2　タスクレットによってボトム・ハーフが呼び出される

```
static void tpu_bottom_half(struct tpudrv_dev *dev)
{
    unsigned short cnt;

    cnt = tpu_inw(dev, TPU_TCNT);
    /* 割り込み遅延最長（ワースト）更新 */
    if(dev->max < cnt){
        dev->max = cnt;
        tpu_outw(dev, TPU_TGRA, cnt);   // TPOUT low->high
        printk("%s() max=%d\n",__func__, cnt);
    }

    // printk("%s() flags=0x%lx\n",__func__, arch_local_save_flags());
    // printk("%s() bottomhalf pid=%d\n",__func__, current->pid);   //(2) ボトムハーフの実行pid表示
}
static void tpu_tasklet_func(unsigned long _arg)
{
    struct tpudrv_dev *dev = (struct tpudrv_dev *)_arg;
    tpu_bottom_half(dev);
}
```

リスト3
タスクレットがアイドル・プロセスを割り込んで実行された

```
tpu_bottom_half() bottomhalf pid=0
tpu_bottom_half() bottomhalf pid=0
tpu_bottom_half() bottomhalf pid=0
tpu_bottom_half() bottomhalf pid=0
tpu_bottom_half() bottomhalf pid=0
tpu_bottom_half() bottomhalf pid=0
```

pid=0，アイドル・プロセスに割り込んでいる

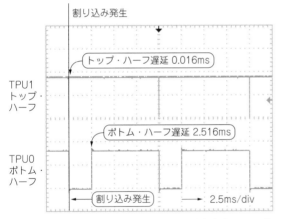

図4　タスクレットを使って割り込み処理を行うと，トップ・ハーフからボトム・ハーフまでの遅延時間は約2.5ms

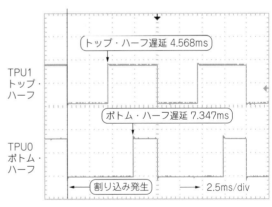

図5　USBメモリで負荷を与えると全体の割り込み時間は遅れるが，トップ・ハーフからボトム・ハーフまでの遅延時間は約2.8msとあまり変わらない

● **実験結果**

　図4にボトム・ハーフが呼ばれるまでの遅延時間を示します．

▶ **トップ・ハーフからボトム・ハーフまでの遅延時間は約2.5ms**

　システムが低負荷の状態では割り込み発生からトップ・ハーフまでの遅延時間は16μs程度と十分に高速です．ボトム・ハーフが呼ばれるのは割り込み発生から2.516ms後となったので，トップ・ハーフからボトム・ハーフまでの遅延時間はおよそ2.5msです．

▶ **I/O負荷を高めてもトップ・ハーフからボトム・ハーフまでの遅延時間は約2.8ms**

　USBメモリをプラグインするなどI/O負荷を高めた状態で計測すると，図5のようにトップ・ハーフまでの

第2部　しくみがわかれば差は歴然！ Linuxを高性能に使うテクニック10＋

リスト4　ワーク・キュー変数の定義は管理構造体の中に入れる

```
struct tpudrv_dev{
    unsigned long ch;
    unsigned long tpu_base;
    unsigned long interval;
    unsigned long pre_scale;
    unsigned long tgra;
    unsigned long max;
    struct work_struct tpu_work;   // ワーク・キュー変数
}tpudrv_dev[4];

    INIT_WORK(&tpudrv_dev[0].tpu_work, tpu_workqueue_func);
```

リスト5　トップ・ハーフでワーク・キューを起動する

```
static irqreturn_t tpu_handler(int irq, void *_dev)
{
    struct tpudrv_dev *dev = _dev;
    unsigned short tsr;     /* タイマ・ステータス・レジスタ */
    tsr = tpu_inw(dev, TPU_TSR);
    if(tsr & (1<<1)){ /* TGRB一致割り込み */
        tsr &= ~(1<<1);
        tpu_outw(dev, TPU_TSR, tsr);   // 要因のクリア
        tpu_tgrb_interrupt(dev);

        // ワーク・キューの起動指示 (1)
        schedule_work(&tpudrv_dev[0].tpu_work);

        // printk("%s() flags=0x%lx\n", __func__, arch_local_save_flags());

        return IRQ_HANDLED;     /* 割り込みを処理した */
    }

    printk("%s() error. tsr=0x%x\n",__func__, tsr);
    return IRQ_NONE;     /* 異常 */
}
```

割り込み時間が4.568msと悪化しました．この状態でもトップ・ハーフからボトム・ハーフまでは約2.8msで到達しています．

☞タスクレットのまとめ
- タスクレットは割り込み処理期間の後半で呼び出される
- 割り込み許可状態となっている
- トップ・ハーフからボトム・ハーフまでの遅延は2～3ms

急がない処理を後まわしにするしくみ ② ：ワーク・キューの実験

● 実験プログラム

　ワーク・キューの使用例を**リスト4**に記します．実際のプログラムは前節のタスクレットとほぼ同様で差分はとても小さいものです．ワーク・キュー変数の定義は管理構造体の中に入れます．

　リスト5の(1)に，トップ・ハーフ内でワーク・キューの起動指示をしている箇所を示します．tpu_workqueue_func()がワーク・キューとして呼び出される関数です．container_of()はLinuxでよく用いられる少々トリッキーなマクロで，構造体に含まれるメンバ変数のポインタから，それが含まれる構造体全体の

第17章　割り込み処理を短時間で済ませるコツ…必要な処理をまず済ませる

リスト6　ワーク・キューによるボトム・ハーフ

```
static void tpu_bottom_half(struct tpudrv_dev *dev)
{
   unsigned short cnt;

   cnt = tpu_inw(dev, TPU_TCNT);
   /* 割り込み遅延最長（ワースト）更新 */
   if(dev->max < cnt){
      dev->max = cnt;
      tpu_outw(dev, TPU_TGRA, cnt); // TPOUT low->high
      printk("%s() max=%d\n",__func__, cnt);
   }

   // printk("%s() flags=0x%lx\n", __func__,arch_local_save_flags());
   // printk("%s() bottomhalf pid=%d\n",__func__,current->pid); // ...(2)ボトム・ハーフの実行pid
表示
}


/* workqueueによるボトム・ハーフ（割り込み下半分） */

static void tpu_workqueue_func(struct work_struct *work)
{
   struct tpudrv_dev *dev = container_of(work, struct tpudrv_dev, tpu_work);
   tpu_bottom_half(dev);
}
```

リスト7
ワーク・キューでは汎用ワーカ・スレッド
が実行される

```
tpu_bottom_half() bottomhalf pid=709
tpu_bottom_half() bottomhalf pid=709
tpu_bottom_half() bottomhalf pid=709
tpu_bottom_half() bottomhalf pid=709
tpu_bottom_half() bottomhalf pid=709
```

pid=709は
汎用ワーカ・
スレッド

ポインタを得るマクロです．

```
container_of(work, struct tpudrv_dev,tpu_work);
```

　この例では，workのポインタが引き数で，これはstruct tpudrv_dev構造体のtpu_workメンバであることを通知して，struct tpudrv_dev構造体全体のポインタを得るために使っています．

　ワーク・キュー関数からボトム・ハーフの実体tpu_bottom_half()関数を呼び出しています．ボトム・ハーフ関数は前節とまったく同じで，TPU0（タイマ・パルス・ユニット0）を用いてこの関数までの到達時間を計測しています．

　リスト6にワーク・キューを使う場合のボトム・ハーフを示します．(2)ボトム・ハーフの実行pid表示部分のコメントを外した状態でプログラムを実行すると，コンソール上にリスト7のメッセージが表示されます．

　ここでpid=709は何かをpsコマンドで調べると，

```
709          1:05 [kworker/0:2]
```

と表示されます．kで始まるタスク名はたいていの場合カーネル内部のタスクです．kworkerはカーネル汎用ワーカ・スレッドと呼ばれます．タスクレットと異なりpid=0とは絶対に表示さません．ワーク・キューによるボトム・ハーフは，何かの処理（タスク）を"割り込んで"実行されるのではなく，スレッドとしてスケジューリングされた汎用ワーカ・スレッドが実行する点が異なります．これを"コンテクストの内側で実行される"などと表現します．

● 実験結果

▶ ボトム・ハーフが呼ばれるまでの遅延は2.5ms程度

　図6にボトム・ハーフが呼ばれるまでの遅延時間を示します．タイマによる割り込みは25Hz（40ms周期）

163

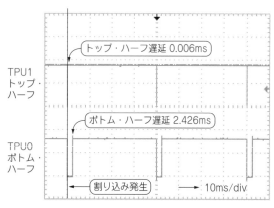
図6 ワーク・キューで割り込みを行うとトップ・ハーフからボトム・ハーフまでの遅延時間は2.5ms．タスクレットとあまり変わらない

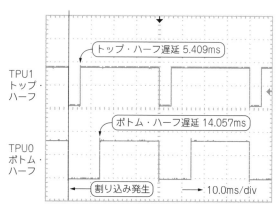
図7 USBメモリの抜き差しなどI/O負荷を与えると，ワーク・キューでは遅延が14.057msと大幅に悪化してしまう

に下げています．システムが低負荷の状態では，割り込み発生からトップ・ハーフまでの遅延時間は6μs程度と十分に高速です．ボトム・ハーフが呼ばれるのは割り込み発生から2.426ms後となったので，トップ・ハーフからボトム・ハーフまでの遅延時間はおよそ2.5msであることがわかります．

▶I/Oの負荷がかかるとボトム・ハーフ開始まで14.057msもかかる

同様に，USBメモリをプラグインするなどI/O負荷を高めた状態で測定した結果を**図7**に示します．トップ・ハーフまでの割り込み時間が5.409msと悪化しました．この状態でボトム・ハーフに処理が回ってきたのは14.057ms後でした．ワーク・キューは原理および観察からわかるようにかなりの遅延実行となります．仕事（ボトム・ハーフ関数処理）をキューに積んでおき，汎用ワーカ・スレッドが空き時間で回収して回る，という動きをイメージしてください．

☞ワーク・キューのまとめ
- 汎用ワーカ・スレッドがスケジューリングされたスレッドとして処理する
- タスク・スリープが可能である
- ボトム・ハーフの処理はかなりの遅延処理．システムが空いた時間で処理が回ってくる

急がない処理を後まわしにするしくみ③：スレッド型割り込みの実験

割り込みサービス・ルーチンによるトップ・ハーフと，スレッド型割り込みによるボトム・ハーフを同時に定義できる，便利なカーネル関数があります．従来型のトップ・ハーフを登録する関数を**リスト8**に示します．irqに割り込み番号，handlerに割り込み関数を渡して使用します．スレッド型割り込みの登録関数を**リスト9**に示します．(1)の部分のようにボトム・ハーフ関数が引き数として増えただけです．

リスト8 従来型のトップ・ハーフを登録する便利なカーネル関数がある

```
int request_irq(
    unsigned int irq,      // IRQ番号
    irq_handler_t handler, // トップ・ハーフ関数 ISR
    unsigned long flags,   // フラグ
    const char *name,      // ドライバ名
    void *dev // ISR, IST に渡す引き数ポインタ
    );
```

第17章　割り込み処理を短時間で済ませるコツ…必要な処理をまず済ませる

リスト9
スレッド型割り込みの登録
関数でトップ・ハーフとボト
ム・ハーフを同時に登録する

```
int request_threaded_irq(
    unsigned int irq,    // IRQ番号
    irq_handler_t handler, // トップ・ハーフ関数 ISR
    irq_handler_t thread_fn,  // ボトム・ハーフ関数 IST (1)
    unsigned long flags,   // フラグ
    const char *name,    // ドライバ名
    void *dev // ISR, IST に渡す引き数ポインタ
    );
```

リスト10
スレッド型割り込みを登録
しておく

```
/* 割り込み登録 */
request_threaded_irq(IRQ_TPU, tpu_handler, tpu1drv_
threadirq, 0, DEVNAME, (void*)&tpudrv_dev[1]);   /* 割り込みルーチン登録 */
```

リスト11　トップ・ハーフでスレッドの起床を指示しておく

```
static irqreturn_t tpu_handler(int irq, void *_dev)
{
    struct tpudrv_dev *dev = _dev;
    unsigned short tsr;       /* タイマ・ステータス・レジスタ */
    tsr = tpu_inw(dev, TPU_TSR);
    if(tsr & (1<<1)){ /* TGRB一致割り込み */
        tsr &= ~(1<<1);
        tpu_outw(dev, TPU_TSR, tsr);   // 要因のクリア
        tpu_tgrb_interrupt(dev);

        // printk("%s() flags=0x%lx\n", __func__, arch_local_save_flags());

        return IRQ_WAKE_THREAD; // スレッド起床指示 (IRQ_HANDLEDにするとスレッドは起床しない)
    }

    printk("%s() error. tsr=0x%x\n",__func__, tsr);
    return IRQ_NONE;   /* 異常 */
}
```

● 実験プログラム

リスト10のように初期化ルーチン内にてトップ・ハーフ関数とボトム・ハーフ関数を同時に登録します.

トップ・ハーフの使用例をリスト11に示します. return IRQ_WAKE_THREAD;としている点がボトム・ハーフの起床指示です. return IRQ_HANDLED;とするとボトム・ハーフは起床しません. ボトム・ハーフをリスト12に示します. (2)のボトム・ハーフの実行pid表示部分のコメントを外した状態でプログラムを実行すると, コンソール上にリスト13のメッセージが表示されます.

ここでpid=1481は何かをpsコマンドで調べると,

```
1481   0:00 [irq/61-tpu1]
```

と表示されます. IRQ61番専用のカーネル・スレッドです. ワーク・キューと同様に, スレッド型ボトム・ハーフは休眠状態に入ることができます.

● 実験結果

▶ タスクレットやワーク・キューと変わらず遅延は2.444ms

図8にボトム・ハーフが呼ばれるまでの遅延時間を示します. タイマによる割り込みは25Hz（40ms周期）です. システムが低負荷時の遅延時間は2.444msでした. タスクレット使用時やワーク・キュー使用時とほとんど変わりません.

▶ USBメモリを抜き差しすると, 遅延は23.178msもかかってしまう!

I/O負荷を高めると共にRunningなタスク数を増やしてプロセス負荷を高めた状態で測定した結果を図9に示します. ボトム・ハーフに処理が回ってきたのは23.178ms後でした.

165

リスト12　ボトム・ハーフでスレッド割り込みを起床する

```
static void tpu_bottom_half(struct tpudrv_dev *dev)
{
    unsigned short cnt;

    cnt = tpu_inw(dev, TPU_TCNT);
    /* 割り込み遅延最長（ワースト）更新 */
    if(dev->max < cnt){
        dev->max = cnt;
        tpu_outw(dev, TPU_TGRA, cnt);    // TPOUT low->high
        printk("%s() max=%d\n",__func__, cnt);
    }

    //  printk("%s() flags=0x%lx\n",  __func__,arch_local_save_flags());
    //  printk("%s() bottomhalf pid=%d\n",__func__,current->pid); // …(2)ボトム・ハーフの実行pid表示
}
irqreturn_t tpu1drv_threadirq(int irq, void *_dev)
{
    struct tpudrv_dev *dev = &tpudrv_dev[0];
    tpu_bottom_half(dev);
    return IRQ_HANDLED;
}
```

リスト13　スレッド型割り込みが動いている

```
tpu_bottom_half() bottomhalf pid=1481
tpu_bottom_half() bottomhalf pid=1481
tpu_bottom_half() bottomhalf pid=1481      pid=1481，専用
tpu_bottom_half() bottomhalf pid=1481      カーネル・スレッ
tpu_bottom_half() bottomhalf pid=1481      ドが動いている
```

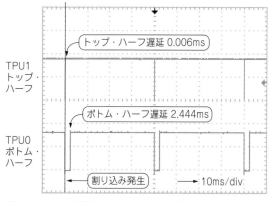

図8　スレッド型割り込みによる遅延時間は2.444ms．タスクレットやワーク・キューとほとんど変わらない

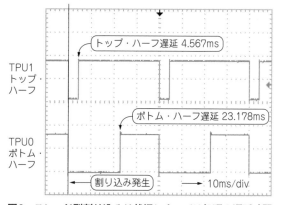

図9　スレッド型割り込みは状況によっては処理の遅延時間は23.178msもかかる

　USBメモリをプラグインすると割り込み遅延が悪化する原因は，USB処理のデータ処理のうち時間のかかる部分を割り込みサービス・ルーチン内部で行っているためです．USBの割り込み処理部分を`thread`化できれば，割り込み遅延も随分と改善されると期待できます．ただしUSB処理のスルー・プットは悪化するというトレード・オフです．

> **スレッド型割り込みのまとめ**
> - 専用IRQ処理スレッドがスケジューリングされたスレッドとして処理する
> - タスク・スリープ可能である
> - ボトム・ハーフの処理はかなりの遅延処理．システムが空いた時間で処理が回ってくる

処理がいっぱいいっぱいになるとタスク切り替えが増えてフル回転できない

第18章 マルチタスクを高性能に処理するコツ …なるべくI/O処理と同時に動かさない

　本稿ではマルチタスクOSのキモであるタスク切り替え（コンテキスト・スイッチ）動作を実験で確認してみます．I/O処理中で負荷が重いときはタスク切り替えが増え，処理性能を上げることが難しくなることを示します．

- **実験1**：周期10msごとにタスク切り替えが行われることを確認するタイマ割り込み．何もせずに無限ループだけを行うプログラムを作り，3本同時に動かす
- **実験2**：USBメモリからデータを16Kバイト読み出し/読み捨てプログラムを作り，I/O負荷をかけながら3本同時に動かす．不定期な割り込み要因などがあるとタスクはバチバチ切り替わる
- **実験3**：タスク切り替えのタイマ割り込み周期10msが変更できることを確認する（**実験1**と同様）

　実験に使用するボードは，前回SH-4A（ルネサス エレクトロニクス）を搭載したCAT724です．SH-4Aを題材としますが，PCアーキテクチャやARMといったほかのアーキテクチャでもほぼ同様です．アーキテクチャによって異なる部分は注記します．カーネルのバージョンは3.0.4です．

予備実験：超シンプルなプログラムでLinuxのメモリ配置を確認しておく

● 手順

　とても簡単なプログラムを使って，Linuxのメモリ・マップ（配置）を見てみましょう．

▶ ステップ1：hello.cプログラムを作成

　リスト1のhello.cを使います．hello.cは，

- main()しかない
- printf()を呼び出している
- 広域変数として256バイトのbuffer[]領域がある
- malloc()で1Mバイトのメモリを確保している

リスト1　メモリ・マップ確認用プログラム…hello.c

```c
#include <stdio.h>
#include <stdlib.h>
#include <sys/types.h>
#include <unistd.h>

char buffer[256];     /* .bss */

int main(){
    int x=0;
    char *p;
    printf("hello world. pid=%d¥n",getpid());

    p = malloc(1024*1024);     /* 1Mバイト */

    while(1){
        printf("main=%08lx, printf=%08lx, x=%08lx, malloc=%08lx, buffer=%08lx¥n",
        main, printf, &x, p, buffer);
        sleep(1);     // 1秒スリープ
    }     // 無限ループ
    free(p);
    return 0;
}
```

第2部 しくみがわかれば差は歴然！ Linuxを高性能に使うテクニック10＋

```
$ objdump -h hello          [objdumpコマンドでセクション・ヘッダを表示]
hello:      file format elf32-sh-linux
Sections:
Idx Name          Size      VMA       LMA       File off  Algn
 10 .plt          000000e0  004003a4  004003a4  000003a4  2**2
 11 .text         00000260  004004a0  004004a0  000004a0  2**5
 22 .bss          00000108  004108d0  004108d0  000008d0  2**2
```

図1 helloプログラムで生成されたセクション・ヘッダをobjdumpコマンドで確認する

```
# ./hello          [hello プログラムを実行]
hello world. pid=1278
main=004005a0, printf=004003c0, x=7bc23cdc, malloc=296e2008, buffer=004108d8
main=004005a0, printf=004003c0, x=7bc23cdc, malloc=296e2008, buffer=004108d8
main=004005a0, printf=004003c0, x=7bc23cdc, malloc=296e2008, buffer=004108d8
main=004005a0, printf=004003c0, x=7bc23cdc, malloc=296e2008, buffer=004108d8
… ←[CTRL+C を押すまで終了しない]
```

図2 helloプログラムをボードで実行してpidを確認する

```
# cat /proc/1278/maps
00400000-00401000 r-xp 00000000 00:15 143135       /boss2/project/cqinter3/hello/hello
00410000-00411000 rw-p 00000000 00:15 143135       /boss2/project/cqinter3/hello/hello
29556000-29573000 r-xp 00000000 1f:02 700          /lib/ld-2.13.so
29573000-29574000 r-xp 00000000 00:00 0            [vdso]
29574000-29576000 rw-p 00000000 00:00 0
29582000-29583000 r--p 0001c000 1f:02 700          /lib/ld-2.13.so
29583000-29584000 rw-p 0001d000 1f:02 700          /lib/ld-2.13.so
29584000-296cb000 r-xp 00000000 1f:02 708          /lib/libc-2.13.so
296cb000-296db000 ---p 00147000 1f:02 708          /lib/libc-2.13.so
296db000-296dd000 r--p 00147000 1f:02 708          /lib/libc-2.13.so
296dd000-296de000 rw-p 00149000 1f:02 708          /lib/libc-2.13.so
296de000-297e3000 rw-p 00000000 00:00 0
7bc03000-7bc24000 rwxp 00000000 00:00 0            [stack]
```

図3 メモリ・マップをmapsファイルで確認する

- int xはローカル変数
- 各変数や関数のアドレスを表示する
- プログラムは1秒のスリープを挟んで終了しない

開発用のパソコンで以下のコマンドでクロスコンパイルを行います．

```
$ sh4-linux-gnu-gcc hello.c -O2 -o hello
```

生成されたファイルの各セクション・ヘッダの抜粋を図1に示します．

▶ ステップ2：プログラムを実行しプロセスIDを確認

コンパイルした実行プログラムhelloをターゲット・ボードで実行すると，図2のようにpid=1278番がわかります．

▶ ステップ3：メモリ・マップを表示

/proc/<PID番号>の下に各プロセスの状態を示すファイルがあります．メモリ・マップを図3のようにcatコマンドを実行して見てみます．

ステップ1の結果，ステップ3の結果，そして実行結果のprintf()出力から得た情報を元にしたメモリ・マップを図4に示します．

168

第18章 マルチタスクを高性能に処理するコツ …なるべくI/O処理と同時に動かさない

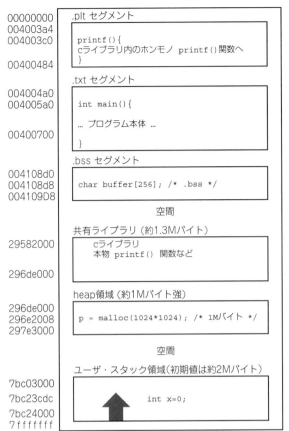

図4
メモリに割り付けられたhelloプログラムの配置（メモリ・マップ）

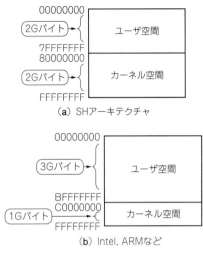

図5 ユーザ空間とカーネル空間の境界はアーキテクチャによって異なる

● メモリ内にユーザ空間とカーネル空間がある

　32ビットのプロセッサではメモリ空間は0x00000000～0xFFFFFFFFまでの4Gバイトです．Linuxでは前半をユーザ空間，後半をカーネル空間に分けます．ユーザ空間はプロセスごとに独立してあり，各プロセスごとに独立したユーザ空間を持ちます．言い換えると，実行中のプロセス数だけユーザ空間が存在することになります．

　図5にユーザ空間とカーネル空間の境界を示します．

　図5(a)のSHアーキテクチャの場合は，ユーザ空間とカーネル空間の境界アドレス(PAGE_OFFSET)は0x80000000固定です．図5(b)のIntel(32ビット)やARMアーキテクチャの場合は通常は0xC0000000になります．アドレスは違いますが考え方や動作は同じです．

　hello.cのような小さなプログラムであっても，ユーザ空間の前半部分(0x0番地に近いほう)にプログラム本体，真ん中あたりに共有ライブラリのロードやmalloc()用のヒープ領域，ボトム(0x7FFFFFFFに近いほう)にスタック領域があり，2Gバイトの空間をぜいたくに使っています．未使用部分には空虚な空間が広がっています．スタック・サイズは初期値2Mバイトが確保されていますが，必要に応じて広がります．デフォルトでは8Mバイトまで許可されます(この値はulimit -sで変更できる)．

☞Linuxはユーザ空間とカーネル空間がある

● 戻り番地やレジスタ内容はユーザ空間のスタック領域に確保する

　C言語は関数をコールするときに戻り番地や現在のCPUレジスタ内容をスタック・メモリに退避します．

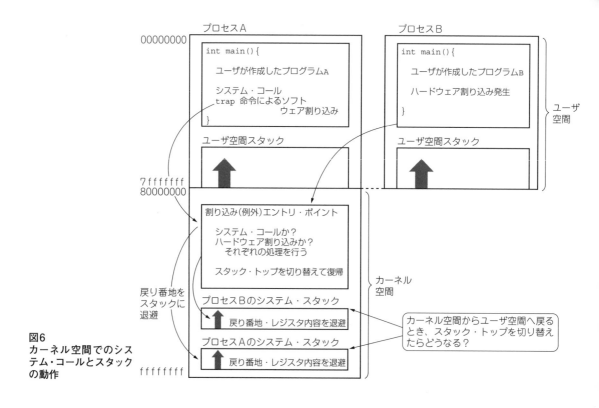

図6
カーネル空間でのシステム・コールとスタックの動作

またローカル変数はスタック領域を広げてできた空間に確保します．
　hello.cの実行例ではint xのローカル変数がスタック空間上に確保されていることが確認できます．スタックに戻り番地を積む（PUSH）ことで戻るべきプログラム・ポインタ・アドレスを記憶し，関数実行後にスタックから取り出す（POP）ことで，呼び出し元に戻ることができるわけです．プログラム内の自作関数やprintf()などユーザ空間内の関数呼び出しは，ユーザ空間スタックが使われます．

プロセス切り替えのしくみ

● システム・コールと割り込み

　open()やread()といったシステム・コールの呼び出しを図6に示します．システム・コールの呼び出し個所はCライブラリ内にあります．システム・コール番号や引き数をCPUレジスタにセットした後，アセンブラのtrap命令を実行し，ソフトウェア割り込み（SHの場合は例外）を発生させます．ハードウェア割り込みや例外が発生すると，以下のようになります．

(1) CPUの動作モードが通常モード（保護モード）から特権モードに切り替わる
(2) スタック・ポインタ・レジスタがユーザ・スタック（USP）からシステム・スタック（SSP）に切り替わる
(3) カーネル空間内の割り込み（例外）エントリ・ポイントに飛ぶ

　カーネル空間内に各プロセスごとのシステム・スタック領域があります（ただし，システム・スタック領域は8Kバイトしかない）．動作しているプロセスの数だけスタックがあります．システム・コールを実行した，あるいは割り込みが発生した瞬間に実行が中断されたプロセス用のスタックが使用されます．
　割り込み（例外）エントリ・ポイントでは戻り番地やレジスタ内容をシステム・スタックに積み，復帰に備えます．割り込み要因や例外事象によって場合分けが行われ，それぞれの割り込み処理やシステム・コール処理に分岐していきます．

第18章　マルチタスクを高性能に処理するコツ …なるべくI/O処理と同時に動かさない

リスト2　タスク切り替え関数…context_switch()

```
int pid_view1=0;
int pid_view2=0;
int pid_view3=0;

/* ドライバ・モジュールから参照可能にする */
EXPORT_SYMBOL(pid_view1);
EXPORT_SYMBOL(pid_view2);
EXPORT_SYMBOL(pid_view3);

#define PADR 0xA4050120

void gpio_view(void)
{
    if(current->pid == 0){
        writeb(0xFF, PADR);          /* 11111111 */
    }else if(current->pid == pid_view1){
        writeb(~0x01, PADR);         /* 11111110 */
    }else if(current->pid == pid_view2){
        writeb(~0x02, PADR);         /* 11111101 */
    }else if(current->pid == pid_view3){
        writeb(~0x04, PADR);         /* 11111011 */
    }else{
        writeb(0xFF, PADR);          /* 11111111 */
    }
}
/* --- ここまで --- */

void context_switch(struct rq *rq, struct task_struct *prev,
            struct task_struct *next)
{
     ⋮
    /* Here we just switch the register state and the stack. */
    switch_to(prev, next, prev);

    barrier();
    /*
     * this_rq must be evaluated again because prev may have moved
     * CPUs since it called schedule(), thus the 'rq' on its stack
     * frame will be invalid.
     */
    gpio_view();      /* 追記 */
     ⋮
}
```

☞カーネル空間からユーザ空間に戻るときにコンテキスト・スイッチが行われる

● 割り込みからの復帰の魔法… タスク切り替え関数

　割り込み処理や例外システム・コール処理が終わると，通常であればシステム・スタックから戻り番地やレジスタ内容を復帰（POP）して元のユーザ空間プログラムへ戻るわけですが，戻る前にスタック・トップを別のプロセスに切り替えるとどうなるでしょうか．

　例えばプロセスAがシステム・コールを実行し，さて戻るぞ，というタイミングでSSPをプロセスBのものに切り替えます．するとプロセスBが前回の割り込みによって実行を中断していた個所に復帰してしまいます．

　プロセスの切り替え（コンテキスト・スイッチ）とは，このように単にSSPを切り替えているだけなのです（仮想メモリ・マッピングそのものを切り替える仕事もあるが省略）．

　カーネルのスケジューラ関係のコードはカーネルソース内のkernel/sched.cに書かれています（schedはscheduleの略と思われる）．プロセスの切り替えすなわちコンテキスト・スイッチを行う関数はcontext_switch()です．引き数は，

171

```
struct task_struct *prev
                    ←─[現在実行中のプロセス管理テーブル]
struct task_struct *next
                    ←─[次に実行するプロセス管理テーブル]
```

です．リスト2にcontext_switch()関数の抜粋を示します．この関数自体はアーキテクチャ非依存で，IntelもSHもARMも同じコードです．switch_to()がアーキテクチャごとに用意された，SSPを切り替えるコードになります．

SH版のswitch_to()は著者のサイト（http://www.si-linux.co.jp）からダウンロードできます．arch/sh/include/asm/system_32.hにあります．すべてアセンブラで記していますので読み方だけを解説すると，

- r15レジスタがスタック・レジスタ
- @-r15はレジスタに積む（PUSH）動作
- @r15+はレジスタから戻す（POP）動作
- /* SP変更 */とコメントを入れた行がr15（SSP）レジスタの書き換え＝コンテキスト・スイッチ

となります．

☞コンテキスト・スイッチはSPを変更することで実現している

実験の準備

■ハードウェア

実験では三つのプロセスを走らせます．図7に示すEB724ＡのCN7の40〜42番ピンにそれぞれのプロセスの動作状況を出力し，電圧をオシロスコープで測定します．

■ソフトウェア

本稿で紹介する全プログラム・リストやビルド方法，ロード方法などは筆者のサイト（http://www.si-linux.co.jp）に掲載します．

● プロセス切り替えの可視化コードを1行だけ追加

リスト2のkernel/sched.cでcontext_switch()関数から抜ける直前にコードを追加します．

```
gpio_view();    ←─[これを追記]
```

の行が，今回の可視化のための追加行です．gpio_view()関数は少し上にあります．current->pidで現在実行中のPIDがわかります．つまりコンテキスト・スイッチ後のPIDがわかります．あらかじめグローバル変数pid_view1，pid_view2，pid_view3に登録しておいたPIDと一致した場合に，GPIOのポートA

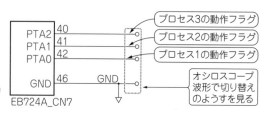

図7
負荷が軽いときと重いときでプロセス1〜3の動作切り替えのようすを調べる

第18章　マルチタスクを高性能に処理するコツ …なるべくI/O処理と同時に動かさない

リスト3　カーネル変数pid_viewを変更するドライバ

```
int pidview_write(struct file *filp, const char *user_buf,size_t count,loff_t *ppos)
{
        char buffer[16];
        int len;
        int ret;

        len = count;
        if(len>sizeof(buffer))
                len=sizeof(buffer);
        ret = copy_from_user(buffer, user_buf, len);
        if(ret)
                return ret;
        if(buffer[0]=='1')
                pid_view1 = current->pid;
        if(buffer[0]=='2')
                pid_view2 = current->pid;
        if(buffer[0]=='3')
                pid_view3 = current->pid;
        return count;
}
```

ビット0, 1, 2のいずれかのビットを"L"状態にします. いずれとも一致しない場合はGPIOピンは"H"になります. GPIOピンをオシロスコープで観察すればプロセスの切り替えが可視化できるはずです.

● カーネル変数を書き換えるドライバを用意

　ユーザ空間からカーネル内の変数を直接書き換えることはできないので, それだけを行う簡単なドライバを用意しました(pidview). リスト3にwrite()関数の抜粋を記します.

　ユーザ・プロセスはこのドライバをopen()した後, '1'または'2'または'3'のいずれか1バイトをwrite()します. それぞれpid_view1からpid_view3までのカーネル変数に, このドライバを呼び出したプロセスのPID番号を控えます.

実験1:余分な負荷ほぼなしのときのプロセス切り替え動作をチェック…CPUは所望の処理にフル回転してくれる

● 実験用プログラム

　負荷を与える**リスト4**のプログラムrun1.cをコンパイルして実行します. run1.cはまったく何もしない無限ループを繰り返すプログラムです. CPU能力最大限で無限ループを実行します. 処理能力の高いCPUでは発熱し, モバイル機器ではバッテリ残量が勢いよく減る状態です.

● 実験手順

(1) 開発PCでコンパイル

```
$ sh4-linux-gnu-gcc run1.c -O2 -o run1
```

(2) ターゲット機にて三つプロセスを立ち上げ

```
# ./run1 1 &
# ./run1 2 &
# ./run1 3 &
```

　その後, &を付けバックグラウンド・プロセスとして三つのタスクを実行します.

173

リスト4　無限ループだけを行うプログラム…実験1

```c
#include <stdio.h>
#include <stdlib.h>
#include <fcntl.h>

#define DEVNAME "/dev/pidview"

int main(int argc, char *argv[])
{
    int x=0;
    int fd;
    char str[16];

    if(argv[1]){
        if(argv[1][0] == '1')
            x=1;
        if(argv[1][0] == '2')
            x=2;
        if(argv[1][0] == '3')
            x=3;
    }
    printf("x=%d\n",x);
    if(x==0){
        printf("%s [1-3]\n",argv[0]);
        return 1;
    }
    fd = open(DEVNAME, O_RDWR);
    if(fd<0){
        perror(DEVNAME);
        return 1;
    }
    sprintf(str,"%d\n",x);

    write(fd,str,1);

    while(1){
        ;
    }
}
```

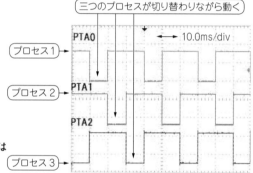

図8　実験1…所望の処理以外ほぼ無負荷のときはCPUは期待どおり処理にフル回転してくれる

● 実験結果

このほかに負荷を与えない条件でオシロスコープで観察すると図8のようになりました．

タスクが走行状態のときにピンが"L"になります．"L"パルス幅が約10msですので，10msごとにコンテキストが切り替わり，CPU能力を1/3ずつ分け合っていることがわかります．

run1.cは単なる無限ループを繰り返すだけで，ループ中からはシステム・コールを一切実行しません．そのためプロセスが切り替わる契機は割り込みによるものとなります．シリアル・ポート，ネットワーク，ハードディスク，USB，マウスやキーボード，そしてタイマ割り込みなど，さまざまな周辺I/Oから割り込みのリクエストがあります．

Linuxのタイマ割り込み周期は変更可能ですが，本実験では100Hz（10ms）動作をしています．たまにある誤解として「Linuxは10msタイマだから10msごとにタスクが切り替わる」と言われることがありますが，それは誤りです．前述のようにさまざまな割り込み要因やシステム・コールからの復帰の際にタスクが切り替わるか判断され，それらのI/O割り込みがまったくなくシステム・コールも実行されない静かな状況下であっても，タイマ割り込みだけは動いているのでそのタイミングでタスクが切り替わることになります．

実験2：I/O処理などと同時に動かしてみる…CPUが所望の処理に全然集中してくれない

次にI/Oの負荷が高い試験をします．本実験ではUSBメモリ・デバイス"/dev/sda"をopen()し，16Kバイトずつ読み捨てます．

リスト5 USBメモリからデータをちょっと読み出して捨てる動作を無限に繰り返すプログラム…実験2

```
#define DEVNAME "/dev/pidview"
#define DEVNAME2 "/dev/sda"
#define SIZE 16*1024

unsigned char buffer[SIZE];

int loop(void)
{
    int fd;
    int ret=1;
    fd = open(DEVNAME2, O_RDONLY);
    if(fd<0){
        perror(DEVNAME2);
        return 2;
    }
    while(ret>0){
        ret=read(fd, buffer, SIZE);
    }
    close(fd);
}
```

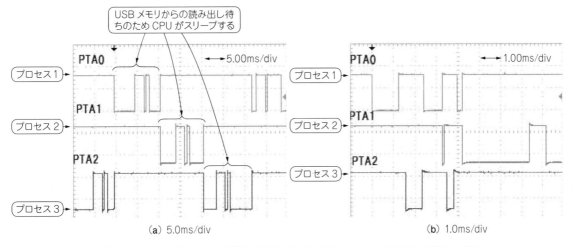

図9 実験2…I/O負荷が重いときなどはCPUが所望の処理に集中してくれないので性能を上げるのは難しい

● 実験用プログラム

run2.cのうちloop()関数だけが異なります．リスト5に示します．

負荷ループ内でread()システム・コールを呼び出しています．またシステム全体としてもUSB関連の割り込みが頻発する状態です．

● 実験手順

(1) 開発PCでコンパイル

```
$ sh4-linux-gnu-gcc run2.c -O2 -o run2
```

(2) ターゲット機にて三つプロセスを立ち上げ

```
# ./run2 1 &
# ./run2 2 &
# ./run2 3 &
```

● 実験結果

図9に結果の一例を示します．このようにI/O負荷の高い状態では，どのプロセスにコンテキストが切り替わるかは予測が難しくなります．read()をコールしUSBメモリからの読み出しを要求したプロセスは，読み出しには時間がかかるため完了するまでスリープすることになります．すなわちタスクの実行権を自ら放棄します．ほかにRUNの状態のプロセスがあれば，そちらにコンテキストを切り替えることでCPUを効率的に利用することになります．

補足…タスク切り替え周期は変更することも可能

Linuxでは，カーネルのconfigを変更しソースコードから再ビルドすることで，タイマ割り込み周期を変更することができます．タイマ割り込み周期を変更するとコンテキスト・スイッチ周期も変更されます．本装置ではデフォルトが100Hzですが，250Hz，300Hz，1000Hzにそれぞれ変更してrun1の試験を実施しました．

250Hz，300Hzでの実験結果を図10に，結果をまとめたものを表1に示します．

☞タイマ割り込み周期を変更するとコンテキスト・スイッチ周期も変更される

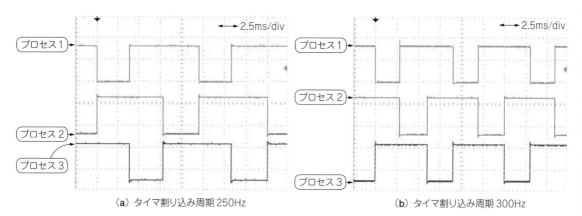

（a）タイマ割り込み周期250Hz　　　（b）タイマ割り込み周期300Hz

図10　実験3…タイマ割り込み周期を変えることができる

表1　実験3…コンテキスト・スイッチ周期を変えてみた

タイマ周波数 [Hz]	周期 [ms]	タスク切り替え周期 [ms]
100	10	10
250	4	4
300	3.3	3.3
1000	1	3

実行ファイルをメモリにmmapするのが時間を食う

第19章 プロセスを高速応答させるコツ …先に立ち上げてスリープさせておく

　本稿では，Linuxのプロセスがどのようなしくみで起動され，各ステップの実行にどのくらいの処理時間が必要かを調べてみます．起動最終ステップの実行ファイルをメモリにmmap()するときに非常に時間がかかるため，プロセスを高速起動させたいときは，起動させておいてスリープした方がよいことを示します．

　プロセスの実行は，以下の3ステップで行います．

▶ **ステップ1：mmap()**

　プロセスは，バイナリ・ファイルをmmap()することでメモリに貼り付けられます．これが親プロセスになります．

▶ **ステップ2：fork()**

　fork()システム・コールで親プロセスのメモリ・マップを複製して子プロセスを起動します．fork()直後の子プロセスは親プロセスのコピーで，物理メモリ・ページは共有しています．

▶ **ステップ3：exec()**

　exec()システム・コールで新しいプロセスのバイナリ・ファイルをmmap()します．

　ステップ2までは仮想メモリに領域を確保するだけなので処理時間は短くて済みますが，exec()ではファイルI/Oが発生します．プロセスの起動に時間がかかるのはこれが理由です．

　システムが複数のプロセスに分かれる場合，イベント要求があってからプロセスを起動させると遅延が発生します．そのため最初にプロセスを起動しておき，要求があるまではスリープさせておきます．これをpre-forkと呼びます．例えばWebサーバなどではCGIのプロセスを事前にpre-forkして応答性を改善します．

実験内容

● プロセスの起動時間を測ってみる

　Linuxでは新しいコマンドを実行する場合はfork()して子プロセスでexec()します．exec()は新しいファイルを実行し，現在のプロセスを置き換えます．

　本稿では，このfork()とexec()の実行時間を測ります．fork()時点では物理的なメモリ・コピーなどは発生しないため比較的高速です．一方でexec()はファイルI/Oが発生します．具体的には新しい実行ファイルをmmap()でメモリに貼り付けます．

　本稿では，以下の内容でプロセスの実行ファイルがメモリのどこにマッピングされているか，子プロセスの処理時間がどのくらいかを2段階で実験します．

- 実験1-1…mmap()で貼り付けたメモリの中身を見る
- 実験1-2…仮想メモリ・アドレスから物理メモリ・アドレスを求める
- 実験1-3…物理メモリの中身を覗いてみる
- 実験1-4…プロセスがmmap()でどこに貼りついているかを調べる
- 実験2-1…fork()で子プロセスにコピーされた中身を調べる
- 実験2-2…子プロセスの実行時間を調べる

第2部　しくみがわかれば差は歴然！ Linuxを高性能に使うテクニック10＋

実験1… プロセスの実行ファイルが書き込まれる物理アドレスを調べる

● ファイルを仮想メモリ空間に貼り付ける mmap()

mmap()とは「ファイルをメモリ空間に貼り付ける」システム・コールです．open()したファイルをmmap()すると図1のようにポインタが返ります．ポインタで示されたメモリ空間をアクセスすることでファイ

```
fd=open("ファイル名", O_RDWR);    // ファイルのオープン
void *p = mmap(fd);    // メモリへの貼り付け
        :                                       ┌─────────────────┐
        :  ◄─────────────────────  │ ポインタpを使ってメモリ │
        :                                       │ 操作＝ファイル操作        │
                                                    └─────────────────┘
munmap(p);    // mmapの終了
close(fd);    // ファイルのクローズ
```

図1　mmap()でファイルを仮想メモリに貼り付ける

リスト1　mmap()の実験用プログラム

```
        :
int main(int argc, char *argv[]){
    int fd;
    unsigned char *mem_map;
    off_t offset;
    size_t length;
    struct stat stat;
    if(! argv[1]){
        printf("usage:¥n");
        printf("%s filename¥n",argv[0]);
        exit(1);
    }
    /* 第1引き数で指定されたファイルをopenする */
    fd=open(argv[1], O_RDWR);
    if(fd<=0){
        perror(argv[1]);
        exit(1);
    }
    /* ファイル・サイズの取得 */
    if(fstat(fd, &stat) < 0){
        perror(argv[1]);
        exit(1);
    }
    length = stat.st_size;
    printf("file length = %d¥n",length);
    /* fdを使ってmmapする(ポインタが戻る) */
    offset = 0;
    mem_map = mmap(0, length, PROT_READ|PROT_WRITE, MAP_SHARED, fd, offset);
    if(mem_map == MAP_FAILED){
        perror(argv[1]);
        exit(1);
    }
    printf("mmaped at %p¥n",mem_map);

    /* 書き換え実験 */
    /* メモリ上でファイルの先頭を"ABC"に書き換え */
    mem_map[0]='A';
    mem_map[1]='B';
    mem_map[2]='C';
    /* メモリ上でファイルの最後を"XYZ"に書き換え */
    mem_map[length-3]='X';
    mem_map[length-2]='Y';
    mem_map[length-1]='Z';
        :
```

ルの中身へアクセスできます.

● 実験1-1…mmap()で貼り付けたメモリの中身を読む

リスト1にmmap()の実験プログラムを示します. このプログラムは第1引き数に指定したファイルをオープンし, mmap()によってメモリに貼り付けます.

実行例を図2に示します. ポインタmem_mapにファイルが貼り付けられているように見えます. ポインタmem_mapを利用してメモリ上のファイルの先頭を "ABC", 最後を "XYZ" に書き換えています.

/tmp/testme.txtが "0123456789¥n" という11バイトのファイルだとして, mmap()システム・コールが0x29576000を返しました. ファイルの中身はこの番地に貼り付いて見えます. プログラム実行後にcatコマンドで/tmp/testme.txtを見ると, 図3のように中身が書き変わっていることが確認できます.

● 実験1-2…仮想メモリ・アドレスから物理メモリ・アドレスを求める

リスト1は10秒間のsleep()を挟んだ無限ループにより, プロセスが終了しないようになっています. pid=1461とプロセスidを表示するようになっているので, 図4のように/proc/<PID>/の下の各種プロセス情報を調べます.

/tmp/testme.txtに注目します(図5). major:minorはそのファイルが置かれているブロック・デバイス番号です. /tmp/testme.txtファイルのオフセット0が仮想アドレス0x29576000～0x29577000(メモリ・サイズ0x1000)に貼り付けられています.

```
# ./mmap_test1 /tmp/testme.txt
file length = 11                          ┌ ファイルの中身が書き換えられた ┐
mmaped at 0x29576000

0x29576000:41 42 43 33 34 35 36 37 58 59 5A :         ABC34567XYZ
pid=1461, virt=0x29576000, page_present=1, page_swapped=0, page_shift=12, pfn=87602
                                                    (0x15632), phys=0x95632000
pid=1461, sleep...    ┌ プロセスidを表示 ┐
```

図2 実験プログラムのmmap()でポインタmem_mapにファイルが貼り付けられた

図3 catコマンドでファイルの中身を念のため確認…ちゃんと書き換わっている

```
# cat /tmp/testme.txt
ABC34567XYZ         ┌ テキスト・ファイルの中身を表示 ┐
```

```
# cat /proc/1461/maps    ┌ pid=1461のプロセス情報を調べる ┐
00400000-00401000 r-xp 00000000 00:15 21823750    /boss2/cqinter6_201404/mmap_test1
00410000-00411000 rw-p 00000000 00:15 21823750    /boss2/cqinter6_201404/mmap_test1
29556000-29573000 r-xp 00000000 1f:02 700         /lib/ld-2.13.so
29573000-29574000 r-xp 00000000 00:00 0           [vdso]
29574000-29576000 rw-p 00000000 00:00 0
29576000-29577000 rw-s 00000000 00:10 1883        /tmp/testme.txt
29582000-29583000 r--p 0001c000 1f:02 700         /lib/ld-2.13.so
29583000-29584000 rw-p 0001d000 1f:02 700         /lib/ld-2.13.so
29584000-296cb000 r-xp 00000000 1f:02 708         /lib/libc-2.13.so
296cb000-296db000 ---p 00147000 1f:02 708         /lib/libc-2.13.so
296db000-296dd000 r--p 00147000 1f:02 708         /lib/libc-2.13.so
296dd000-296de000 rw-p 00149000 1f:02 708         /lib/libc-2.13.so
296de000-296e2000 rw-p 00000000 00:00 0
7b846000-7b867000 rwxp 00000000 00:00 0           [stack]
```

図4 実験プログラムを実行したときのプロセス情報を調べる

179

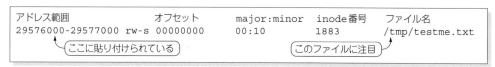

図5 `/tmp/testme.txt`ファイルのオフセット0が仮想アドレスに貼り付けられている

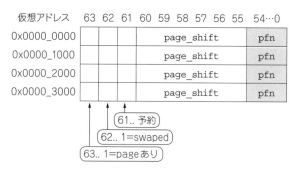

図6 `pagemap`は1ページあたり8バイトの配列となっている

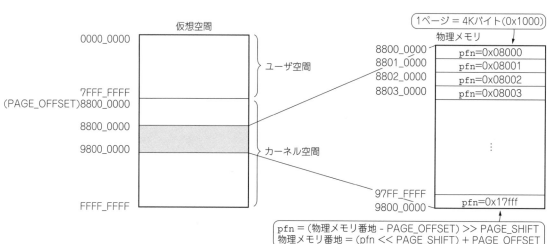

図7 Linuxの仮想メモリ空間とpage frame number

Linuxのユーザ・プロセスで扱うアドレス（ポインタ）はすべて仮想アドレスです．物理的なメモリはページと呼ばれる単位で，仮想空間に割り付けられていきます．ページ・サイズは現在の主要アーキテクチャ（Intel，arm，sh）では4Kバイト（0x1000）単位です．Linuxカーネルのヘッダ中に次の定義が見つかります．

```
#define PAGE_SIZE    0x1000
#define PAGE_SHIFT   1<<12
```

`/proc/<PID>/pagemap`を調べると，仮想アドレスと物理ページの割り付けを確認できます．`pagemap`はテキスト情報ではなくバイナリ情報となります．図6のように1ページあたり8バイトの配列となっています．仮想アドレスをPAGE_SIZEで割り，8を掛けることでpagemapファイル中のオフセットを計算します．`page_shift`は通常は12になるはずです．`pfn`はpage frame numberの略称です．

図7にLinuxの仮想メモリ空間とpage frame numberの構成を示します．SHアーキテクチャでは，0x8000_0000番地を境にユーザ空間とカーネル空間に分かれます．この境をPAGE_OFFSETと呼びます．ちなみにIntel32ビット・アーキテクチャやARMアーキテクチャではPAGE_OFFSETは0xC000_0000番地が一般的です．物理メモリはカーネル空間上にストレート・マップされています．CAT724では0x8800_0000～0x9800_0000の256MバイトがRAM（DDR2-SDRAM）です．

リスト2　仮想アドレスから物理メモリを求める関数

```
          ⋮
unsigned long vaddr_to_phys(pid_t pid,
                            void *virt)
{
          ⋮
    if(pid==0){
        pid = getpid();
    }
    sprintf(filename,"/proc/%d/
                            pagemap",pid);
    fd=open(filename,O_RDONLY);
    if(fd<0){
        perror(filename);
        exit(1);
    }

    offset = (off_t)virt;
    offset >>= PAGE_SHIFT;
    offset *= 8;

    lseek(fd, offset, SEEK_SET);
    read(fd, buff, 8);
    close(fd);

    page = *(uint64_t*)buff;
          ⋮
unsigned long vaddr_to_phys(pid_t pid,
                            void *virt)
{
          ⋮
    if(pid==0){
        pid = getpid();
    }
    sprintf(filename,"/proc/%d/
                            pagemap",pid);
    fd=open(filename,O_RDONLY);
    if(fd<0){
        perror(filename);
        exit(1);
    }

    offset = (off_t)virt;
    offset >>= PAGE_SHIFT;
    offset *= 8;

    lseek(fd, offset, SEEK_SET);
    read(fd, buff, 8);
    close(fd);

    page = *(uint64_t*)buff;
    // printf("pid=%d, virt=0x%x,
        offset=0x%x, page=0x%llx¥n",pid, virt,
                               offset, page);

    page_present = (page>>63) & 0x01;
    page_swapped = (page>>62) & 0x01;
    page_shift   = (page>>55) & 0x3c;
    pfn          = (page) & 0xFFFFFFFF;

    phys = PAGE_OFFSET + (pfn * PAGE_SIZE);
    printf("pid=%d, virt=0x%x,
           page_present=%d, page_swapped=%d,
    page_shift=%d, pfn=%d (0x%x), phys=0x%x¥n",
           pid, virt, page_present,
                      page_swapped, page_shift,
                               pfn, pfn, phys);

    if(page_present == 0){
        printf("physical page is not
                                   present¥n");
        phys=0;
    }

    return phys;
}
```

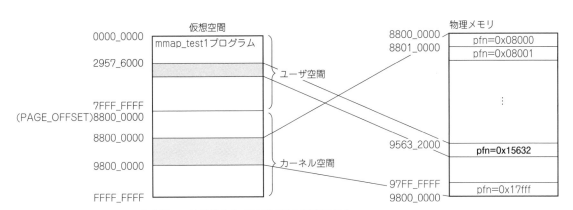

図8　page frame numberから物理メモリ番地を0x95632000と特定できた

　page frame numberは物理メモリの通し番号（ページ番号）であり，物理メモリ番地との関係は次のとおりです．

pfn＝（物理メモリ番地－PAGE_OFFSET）>>PAGE_SHIFT
物理メモリ番地＝（pfn<<PAGE_SHIFT）＋PAGE_OFFSET

　リスト2に仮想アドレスから物理メモリを求める関数vaddr_to_phys()を示します．
　ここでリスト1の実行例を確認すると，仮想アドレス0x29576000はpfn=87602（0x15632）となっていました．上記関係式から物理メモリ番地は図8のように0x95632000と求められます．

● 実験1-3… 物理メモリの中身を覗いてみる

/proc/mem特殊ファイルはカーネルのメモリ空間そのものです．このファイルをオープンしてオフセット0x95632000を見れば，物理メモリへアクセスできます．ここでもmmap()が活躍します．

リスト3は引き数で指定された物理メモリ番地を画面にダンプするプログラムです．実行例を図9に示します．物理アドレス0x95632000に先ほどのファイルの中身が見えています．

● 実験1-4… プロセスの実行ファイルはmmap()でメモリに貼り付けられている

図4を再び確認します．仮想アドレス0x00400000にmmap_test1が貼り付けられています．プロセスを実行するとmmap()が行われて，実行ファイルをメモリに貼り付けます．実はプロセスの実行（ローディング）は，ELFバイナリ・ファイルをメモリ上にmmap()することにほかなりません．近代的なUNIXでは，実行プログラムのバイナリをメモリにローディングしてくるということはなく，mmap()で実行ファイルをメモリに貼り付けています．

リスト3　引き数で指定された物理メモリ番地を画面にダンプするプログラム

```
          ┊
int main(int argc, char *argv[]){
    int fd;
    unsigned char *mem_map;
    off_t offset;
    size_t length=4096;
    if(! argv[1]){
        printf("usage:¥n");
        printf("%s start_addr, [length]¥n",argv[0]);
        exit(1);
    }
    /* 第1引き数は物理アドレスの指定 (offset) */
    if(argv[1]){
        offset = strtoul(argv[1], NULL, 0);
    }
    /* 第2引き数は表示する長さ. 省略時は4096バイト */
    if(argv[2]){
        length = strtoul(argv[2], NULL, 0);
    }
    /* ファイルをopenする */
    fd=open(DEVMEM, O_RDONLY);
          ┊
    }
    /* fdを使ってmmapする（ポインタが戻る）offsetと長さを指定している */
    mem_map = mmap(0, length, PROT_READ, MAP_SHARED, fd, offset);
    if(mem_map == MAP_FAILED){
        perror(argv[1]);
        exit(1);
    }
    /* 画面に16進数ダンプ */
    hexdump(mem_map, length, (void*)offset);
┊
```

```
# ./phys_memory_dump 0x95632000
offset=0x95632000, length=0x1000          ┌─ ここにファイルの中身が見えている ─┐

0x95632000:41 42 43 33 34 35 36 37 58 59 5A 00 00 00 00 00 : ABC34567XYZ.....
0x95632010:00 00 00 00 00 00 00 00 00 00 00 00 00 00 00 00 : ................
0x95632020:00 00 00 00 00 00 00 00 00 00 00 00 00 00 00 00 : ................
以下略 ...
```

図9　物理メモリ番地を画面にダンプ表示できた

第19章　プロセスを高速応答させるコツ…先に立ち上げてスリープさせておく

リスト2のvaddr_to_phys()関数を応用し，実行中のプログラムの仮想メモリから物理メモリを調べて画面にダンプするプログラムをリスト4に示します．実行プログラムのpidがわかれば，/proc/<PID>/pagemapを調べることで物理メモリ番地がわかります．実行中プログラムpid=1461の0x00400000番地を調べます．実行例を図10に示します．ELFバイナリであることを示す7F 45 4C 46 …で始まるデータ列が見えます．

ファイルmmap_test1の先頭を調べてみます．

図11のようにメモリの内容とファイルが同一であることが確認できます．ELF実行ファイルmmap_test1がメモリ空間にmmap()されていることがわかりました．

リスト4　実行中のプログラムの仮想メモリから物理メモリを調べて画面にダンプするプログラム

```
        ⋮
int main(int argc, char *argv[]){
    int fd;

    if(! argv[2]){
        printf("usage:\n");
        printf("%s pid  virt_addr [length]\n",argv[0]);
        exit(1);
    }
    /* 第1引き数は pid番号 */
    if(argv[1]){
        pid = strtoul(argv[1], NULL, 0);
    }
    /* 第2引き数は仮想アドレスの指定 (vaddr) */
    if(argv[2]){
        vaddr = strtoul(argv[2], NULL, 0);
    }
    /* 第3引き数は表示する長さ．省略時は4096バイト */
    if(argv[3]){
        length = strtoul(argv[3], NULL, 0);
    }
    if(pid==0){
        exit(1);
    }
    if(vaddr==0){
        exit(1);
    }
    vaddr &= ~(PAGE_SIZE-1);  // PAGEアライメントを取る
    phys = vaddr_to_phys(pid, (void*)vaddr);
    if(phys==0){
        exit(1);
    }
    if(pid==0){
        exit(1);
    }
    if(phys==0){
        exit(1);
    }
    /* ファイルをopenする */
    fd=open(DEVMEM, O_RDONLY);
        ⋮
    }
    /* fd を使ってmmapする (ポインタが戻る) */
    mem_map = mmap(0, length, PROT_READ, MAP_SHARED, fd, phys);
        ⋮
    }
    hexdump(mem_map, length, (void*)vaddr);
    /* mmapを閉じる */
    munmap((void*)mem_map, length);
    /* デバイスを閉じる */
```

第2部　しくみがわかれば差は歴然！ Linuxを高性能に使うテクニック10＋

```
# ./virt_memory_dump 1461 0x00400000 ←──── ダンプ表示
pid=1461, vaddr=0x400000, length=0x1000
pid=1461, virt=0x400000, page_present=1, page_swapped=0, page_shift=12,
                                          pfn=87687 (0x15687), phys=0x95687000

0x400000:7F 45 4C 46 01 01 01 00 00 00 00 00 00 00 00 00 : .ELF............ ←──── ELFバイナリ
0x400010:02 00 2A 00 01 00 00 00 A0 07 40 00 34 00 00 00 : ..*.......@.4...
0x400020:C4 10 00 00 16 00 00 00 34 00 20 00 08 00 28 00 : ........4. ...(.
0x400030:1C 00 19 00 06 00 00 00 34 00 00 00 34 40 00 : ........4...4.@.
以下略 . . .
```

図10　実行中のpid=1461の物理メモリ番地にELFバイナリ・ファイルがマップされている

```
# hexdump -C ./mmap_test1 | more ←────────────── ファイルの先頭を調べる
00000000  7f 45 4c 46 01 01 01 00  00 00 00 00 00 00 00 00  |.ELF............|
00000010  02 00 2a 00 01 00 00 00  a0 07 40 00 34 00 00 00  |..*.......@.4...|  ELF
00000020  c4 10 00 00 16 00 00 00  34 00 20 00 08 00 28 00  |........4. ...(.|  ファイル
00000030  1c 00 19 00 06 00 00 00  34 00 00 00 34 40 00  |........4...4.@.|
以下略 . . .
```

図11　メモリの内容とファイルが同じELFファイルであることが確認できた

```
仮想アドレス                   ファイルオフセット
29582000-29583000 r--p 0001c000 1f:02 700        /lib/ld-2.13.so
```

図12　共有ライブラリについても調べてみる

```
# ./virt_memory_dump 1461 0x29582000 ←──── ダンプ表示
pid=1461, vaddr=0x29582000, length=0x1000
pid=1461, virt=0x29582000, page_present=1, page_swapped=0, page_shift=12, pfn=87674
                                          (0x1567a), phys=0x9567a000

0x29582000:20 52 54 5F 43 4F 4E 53 49 53 54 45 4E 54 00 00 :  RT_CONSISTENT..
0x29582010:6D 6F 64 65 20 26 20 30 78 30 30 30 30 34 00 00 : mode & 0x00004..
0x29582020:6F 70 65 6E 69 6E 67 20 66 69 6C 65 3D 25 73 20 : opening file=%s
0x29582030:5B 25 6C 75 5D 3B 20 64 69 72 65 63 74 5F 6F 70 : [%lu]; direct_op
以下略 . . .
```

（a）メモリ

```
# hexdump /lib/ld-linux.so.2 -s 0x0001c000 -C ←──────── オフセットをダンプ表示
0001c000  20 52 54 5f 43 4f 4e 53  49 53 54 45 4e 54 00 00  | RT_CONSISTENT..|
0001c010  6d 6f 64 65 20 26 20 30  78 30 30 30 30 34 00 00  |mode & 0x00004..|
0001c020  6f 70 65 6e 69 6e 67 20  66 69 6c 65 3d 25 73 20  |opening file=%s |
0001c030  5b 25 6c 75 5d 3b 20 64  69 72 65 63 74 5f 6f 70  |[%lu]; direct_op|
```

（b）ファイルのオフセット

図13　共有ライブラリの中身をダンプ表示させると，メモリとファイルのオフセットが同じとわかる

　図12の共有ライブラリについても図13のように（a）メモリのダンプ表示と（b）ファイルのオフセット（0x0
001C000）のダンプ表示を行います．こちらも同様でファイルのオフセット付きの一部がメモリにmmap()
されています．

184

実験2：子プロセスの処理時間を調べる

● fork()は仮想メモリ空間（ページ・テーブル）のコピー

fork()は子プロセスを生成するシステム・コールです．fork()を呼び出すと**図14**のようにプロセスは親と子に分かれます．親には新規に生成した子プロセスのpid番号が返ります．子プロセスには0が返ります．

fork()で生成された子プロセスは，親のすべてのリソースを受け継ぎます．メモリ空間も親のメモリ空間のコピーになります．仮想空間：物理メモリのマッピング（pagemap）はそのままコピーされます．

● 実験2-1…子プロセスにコピーされた中身を調べる

1Mバイトのメモリを確保し，0x55で埋めるfork()の実験プログラムを作成しました．その後，先頭に"0123"を書き込んでからfork()します．子プロセスの（A）の箇所で物理メモリのアドレスを調べます．次にメモリの中身を"ABCD"に書き換えてから再び（B）の箇所で物理メモリのアドレスを調べます．

実行結果は**図15**のとおりです．malloc()によって確保した仮想アドレスは0x296e2008番地でした．これは物理メモリpfn=0x15052にマッピングされています．fork()直後，子プロセスで同じくマッピングを調べると，親と同じpfn=0x15052にマッピングされていることがわかります．親のメモリ空間を引き継いでいるので，この時点ではmalloc()した空間の中身は同じ値を示しています．

子プロセスでメモリの中身を"ABCD"に書き換えた後に物理メモリ番地を調べると，pfn=0x15082に変化しました．このように書き込みが発生するまでは親プロセスと子プロセスは同じ物理メモリ・ページを参照し，ページに対する初回書き込み時にメモリがコピーされます．コピー・オン・ライトと呼びます．

図16にこのようすを示します．これはMMUのファースト・ライト例外によって実現しています．

● 実験2-2　子プロセスの実行時間を調べる

Linuxでは，新しいコマンドを実行する場合はfork()して子プロセスでexec()します．exec()は新しいファイルを実行し，現在のプロセスを置き換えます．

```
pid_t pid;
pid = fork()      /*  プロセスが親子に分離  */
if(pid==0){
    /*  こちらは子プロセス  */
}else{
    /*  こちらは親プロセス  */
}
```

図14　プロセスはfork()システム・コールによって親と子に分かれる

```
# .//malloc_fork
pid=1507, virt=0x296e2008, page_present=1, page_swapped=0, page_shift=12, pfn=86098
                                                          (0x15052), phys=0x95052000
                     ┗━━ 親プロセス

fork()
pid=1508, virt=0x296e2008, page_present=1, page_swapped=0, page_shift=12, pfn=86098
                                                          (0x15052), phys=0x95052000
                     ┗━━ (A)の箇所

copy_on_write()
pid=1508, virt=0x296e2008, page_present=1, page_swapped=0, page_shift=12, pfn=86146
                                                          (0x15082), phys=0x95082000
                     ┗━━ (B)の箇所
```

図15　fork()の実験プログラムを実行すると，子プロセスのメモリ空間は親プロセスのものと同じになっている

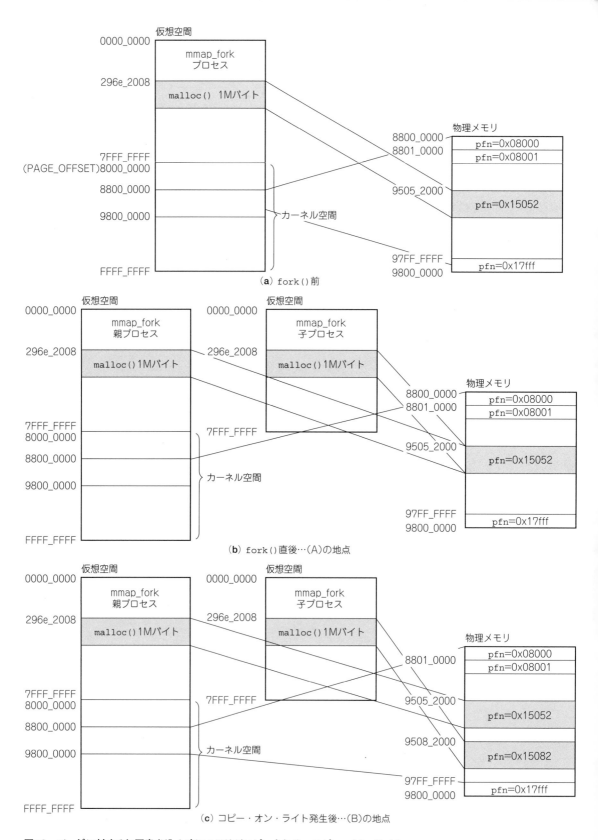

図16 ページに対する初回書き込み時にメモリがコピーされる…コピー・オン・ライト

fork()は親プロセスのメモリ・マップのコピーでした．fork()時点では物理的なメモリ・コピーなどは発生しないため，比較的高速であることが予想されます．一方でexec()はファイルI/Oが発生します．具体的には新しい実行ファイルをmmap()でメモリに貼り付けます．

fork()～exec()はUNIXやLinuxで常套手段で使われる構文です．それぞれの実行時間を計測してみました．

SH7724内蔵タイマ・パルス・ユニット（tpu0，tpu1）を使って，実行時間を計測するプログラムを作成しました．オシロスコープ上のLowパルス幅を計測することによって，fork()とexec()の実行時間を可視化します．

実験結果：プロセス起動にはメモリ貼り付けによって数十msかかってしまう

fork()後に子プロセス側でtcnt0（タイマ・カウンタ0）の値を調べると，およそ800μs程度でした．またexec()後に起動される新しい実行プログラムでtcnt1（タイマ・カウンタ1）の値を調べると，図17，図18のように25.46ms程度かかっていました．

プロセスを高速応答させたいときは，本稿冒頭で述べたように，起動しておいてスリープするのがよさそうです．

```
# ./fork_exec
this is IOmemory test program 2013-11-22 Y.Ebihara
IOmem mmaped at 0x29576000
interval =42002
pre_scale=3
interval =42002
pre_scale=3
tcnt0=1060 (814 μs)   ← fork()すると814μsかかる
this is IOmemory test program 2013-11-22 Y.Ebihara
IOmem mmaped at 0x29576000
interval =42002
pre_scale=3
interval =42002
pre_scale=3
hello. tcnt1=33158 (25466 μs)   ← exec()は25466μs＝25.466msかかる
```

図17 子プロセスを生成するfork()とプロセスを置き換えるexec()の処理時間を調べる

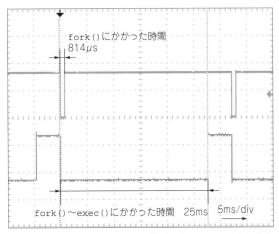

図18 fork()は800μsで済むがexec()はなんと25.46msの処理時間が必要

ブートローダを自作してImageファイル形式を選べるようになる

第20章 カーネル圧縮方式を選ぶコツ…サイズや起動時間で使い分ける

Linuxカーネルは，バイナリとしてブートローダから起動されます．このブートローダを自作すれば，マイコンの内蔵フラッシュや外付けフラッシュなど，環境に応じてLinuxを起動できるようになります．

本稿では，カーネルのバイナリを呼び出すブートローダを自作します．さらに，カーネルの圧縮方式をいろいろと変えて，CPUを起動してからカーネルをロードするまでの時間や，バイナリのファイル・サイズを測ってみます．基板の構成や用途に応じてバイナリの圧縮方式を選べるようになります．

実験内容

● いろいろな形式で圧縮したLinuxカーネルをブートローダで起動する

図1に実験の構成を示します．SH-4Aマイコン搭載基板を例にブートローダを自作し，外付けのNORフラッシュROMからCPUを起動し，圧縮されたLinuxカーネルのバイナリを呼び出します．このカーネル・バイナリはビルド時に圧縮方法を選べるので，デフォルトのgzip圧縮，bzip2圧縮，lzma圧縮などのほか，非圧縮などでバイナリを作ってロード時間やファイル・サイズを調べます．その結果を表1に示します．

実験用プログラムを作る前に…プログラム・ブートのしくみ

● ブート・プログラムの格納場所は3種類

CPU（マイコン）は，リセットされて動き出します．このスタートアップの動作を図2～図4に示します．

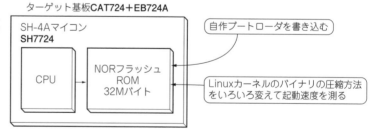

図1 本稿で行う実験
…さまざまな圧縮方式でLinuxカーネルのバイナリを作って自作ブートローダで起動する

表1 カーネルの圧縮方法をいろいろ変えてみた
デフォルトの圧縮方式gzip（gz）を基準として測定した

圧縮方式	ロード時間 [ms]	zImage (gz)
非圧縮 (vmlinux.bin)	560	34%
zImage (gz圧縮)	1,648	100%
zImage (bzip2圧縮)	4,733	287%
zImage (lzma圧縮)	3,815	231%
zImage (xz圧縮)	3,328	202%
zImage (lzo圧縮)	770	47%

(a) ロード時間

圧縮方式	サイズ [バイト]	zImage (gz)
非圧縮 (vmlinux.bin)	4,781,408	191%
zImage (gz圧縮)	2,506,784	100%
zImage (bzip2圧縮)	2,383,904	95%
zImage (lzma圧縮)	2,056,224	82%
zImage (xz圧縮)	2,056,224	82%
zImage (lzo圧縮)	2,711,584	108%

(b) カーネルのファイル・サイズ

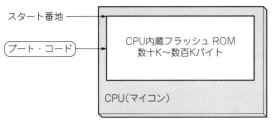

図2 CPU内蔵フラッシュROMから起動
…小規模なマイコンなど
ブート・プログラムの読み出し場所には3通りの方法がある

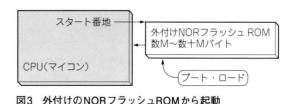

図3 外付けのNORフラッシュROMから起動
…実験に使用するSH-4Aマイコンはこれ

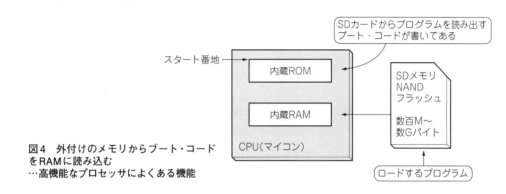

図4 外付けのメモリからブート・コードをRAMに読み込む
…高機能なプロセッサによくある機能

起動プログラムの格納場所ごとに動作が異なります．起動の動作は，大きく分けて以下の3種類があります．
- CPU内蔵フラッシュROMから起動
- 外付けのNORフラッシュROMから起動
- 外付けのメモリ（SDメモリーカードなど）からブート・コードをRAMへロード

● CPU内蔵フラッシュから起動…小規模なマイコン

　小規模なマイコンであれば，内蔵されたフラッシュROM部分から図2のように起動します．H8やCortex-M3といった組み込み向けマイコンがこれに相当します．ROMの容量は数十K〜多くても1Mバイト程度が一般的です．

● 外付けのNORフラッシュROMから起動…実験に使用するSH-4Aマイコンはこれ

　プロセッサ・タイプのCPUでは内蔵ROMを持たないことが多く，図3のように外付けのNORフラッシュROMから起動します．
　実験に使用するSH-4AマイコンSH7724もこのタイプに分類されます．RZマイコンはシリアル・フラッシュROMを使用しますが，バスにマッピングされるという意味ではこのタイプに分類します．

● 外付けのメモリからブート・コードをRAMへロード…高機能なプロセッサによくある機能

　より高機能なCPUでは，図4のように外付けのSDメモリーカードからブート・コードをRAMにロードするところまでが，最初からCPU内蔵ROMに書き込まれているものがあります．
　このタイプのCPUでは，ブート・コードの書き込みにICEを用いる必要はありません．SDメモリーカードにロード・プログラムを書き込めます．

準備1：実験用ブートローダの作成

● 初期化の手順はLinuxでもマイコンでも同じ

SH-4AマイコンでLinuxを起動するときのリセット解除後の初期化手順を図5に示します．このあたりはLinux特有のことはまったくなく，通常のマイコンの起動手順そのものです．周辺ペリフェラルはLinux起動後にドライバによって初期化されるため，最低限UARTを初期化すれば十分です．

以下の手順で実験用プログラムを作成します．

- 手順1：ターゲット基板のメモリ・マップを確認
- 手順2：カーネル・バイナリを作成
- 手順3：ブートローダのプログラムを作る
- 手順4：カーネル・パラメータでデバイスを指定

● 手順1：ターゲット基板のメモリ・マップを確認

CAT724のメモリ・マップを図6に示します．SH-4AマイコンSH7724は，リセット解除後に0xA000_0000番地からプログラムの実行を開始します．今回のブート・プログラムは，C言語で書かれたmainプログラム以降（.textセクション）をRAMの最後部へ転送します．理由は以下のとおりです．

(1) ROMは16ビット幅接続であるがRAMは32ビット幅接続
(2) RAMはバースト転送が可能
(3) フラッシュROMの消去＆書き換えができるように

主な理由は(1)，(2)によるものです．RAMのほうが速くプログラムの実行ができます．

● 手順2：非圧縮のカーネル・バイナリを作成

カーネル・ソースをビルドすると，トップ・ディレクトリにvmlinuxファイルが作成されます．これがカーネルの非圧縮ELFバイナリです．

リスト1に示すobjdumpコマンドでアドレス情報を確認します．.empty_zero_pageの先頭アドレスが0x8800_1000番地，スタート・アドレスが0x8800_2000番地です．これに従ってカーネルをロードすればよ

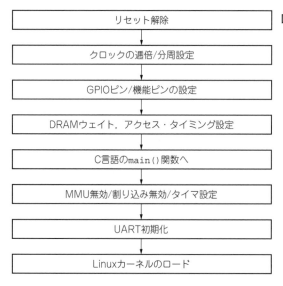

図5　リセット解除後の初期化手順

第20章　カーネル圧縮方式を選ぶコツ…サイズや起動時間で使い分ける

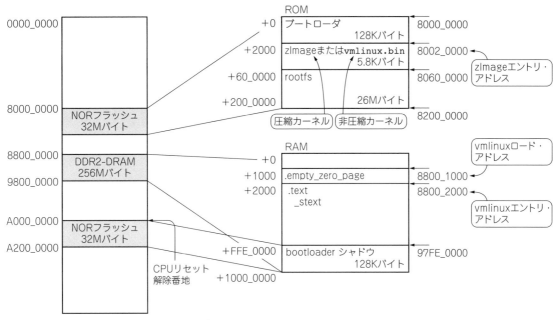

図6　SH-2AボードCAT724のメモリ・マップ

リスト1　Linuxカーネルのアドレス情報を確認
バイナリ・ファイルvmlinuxをobjdumpコマンドでダンプする

リスト2　Linuxカーネルをスリム化するとファイル容量は4.7Mバイト

いことになります．

　リスト2のようにobjcopyコマンドの-Rオプションで不要なセクションを削除し，-O binaryコマンドで出力形式をバイナリとします．また，ファイル名をvmlinux.binとします．ファイル・サイズを確認する

191

第2部　しくみがわかれば差は歴然！ Linuxを高性能に使うテクニック10＋

リスト3　SH7724のLinux用ブートローダはバイナリ・ファイルをメモリにコピーしてジャンプするだけ
vmlinux.binをRAMの0x8800_1000番地へ転送し，0x8800_2000番地へ飛ぶ

```
void call(unsigned long addr)
{
  typedef void (linux_start_kernel)(void);
  linux_start_kernel *p = (linux_start_kernel *)addr;
  (*p)();
}

void copy_kernel_param(void)
{
  /* カーネル・パラメータの転送 */
  memcpy((unsigned char*)KERNEL_PARAMETER_ADDRESS, (unsigned char *)KERNEL_PARAMETER,
                                                    sizeof(KERNEL_PARAMETER));
}

int boot_vmlinuxbin(void)          ┌ vmlinux_binを
{                                  └ 0x8800_1000番地へ転送
  memcpy((unsigned char *)0x88001000,(unsigned char *)0x80020000,4800000);  /* 4,781,408 */
  // （転送先，転送元，バイト数）

  copy_kernel_param();
  puts("Jump to 0x88002000¥n");
  call(0x88002000);          ┌ 0x8800_2000番地へジャンプ
  return 0;
}
```

リスト4　起動時にコンソールやrootデバイスを指定するカーネル・パラメータを設定する

```
$ make menuconfig ◀─ ビルド時にカーネル・パラメータを指定        ┌ カーネル・コンフィグを呼び出し

Boot options  --->
  [*] Kernel command line (Overwrite bootloader kernel arguments)  --->
    console=ttySC0,115200 root=/dev/mtdblock2 ro rootfstype=jffs2
```

と約4.7Mバイトであることがわかります．これは，非圧縮の状態です．

● 手順3：ブートローダのプログラムを作る

　図6のフラッシュROMのメモリ・マップを確認すると，先頭にブートローダを置き，＋0x2000番地から＋0x60_0000番地までにvmlinux.binバイナリを置いています．

　つまり，ブートローダではvmlinux.binをRAMの0x8800_1000番地へ転送し，0x8800_2000番地へジャンプすればよいことになります．その部分のソース・コードを**リスト3**に示します．ブートローダとはいえ，その正体はmemcpy()してジャンプしているだけです．

● 手順4：カーネル・パラメータでデバイスを指定

　Linuxカーネルは，起動時に引き数を渡してコンソールやrootデバイスを指定します．これはカーネル・パラメータ，またはカーネル・コマンド・ラインとも呼ばれます．この設定で一番簡単なのは，**リスト4**のようにカーネル・ビルド時のconfigで指定してしまうことです．

　リスト5に，カーネル・ソース・ファイルarch/sh/include/asm/setup.hの抜粋を示します．ブートローダからLinuxカーネルにカーネル・パラメータの文字列を渡すには，empty_zero_page（0x8800_1000）＋0x100番地に置けばよいことがわかります．したがって具体的には0x8800_1100番地となります．

192

リスト5 ブートローダからカーネル・パラメータの文字列を渡す
arch/sh/include/asm/setup.hの抜粋

```
#define PARAM     ((unsigned char *)empty_zero_page)

#define MOUNT_ROOT_RDONLY (*(unsigned long *) (PARAM+0x000))
#define RAMDISK_FLAGS (*(unsigned long *) (PARAM+0x004))
#define ORIG_ROOT_DEV (*(unsigned long *) (PARAM+0x008))
#define LOADER_TYPE (*(unsigned long *) (PARAM+0x00c))
#define INITRD_START (*(unsigned long *) (PARAM+0x010))
#define INITRD_SIZE (*(unsigned long *) (PARAM+0x014))
/* ... */
#define COMMAND_LINE ((char *) (PARAM+0x100))
```
← empty_zero_page（0x8800_1000）＋0x100番地に置く

準備2：カーネルを圧縮したバイナリを用意する

● 圧縮バイナリzImageはメモリのどこに置いてもよい

圧縮されたカーネルをzImageと呼びます．**リスト6**のようにビルドすると，カーネル・ソースのarch/<アーキテクチャ名>/boot/zImageに生成されます．**リスト7**のようにサイズを確認すると約2.5Mバイトでした．

zImageは先頭に自己展開ルーチンが付加され，かつアドレス・リロケータブルとなっています．zImageはROMでもRAMでもどの番地に置くこともでき，その先頭がエントリ・ポイントとなります．したがってNORフラッシュROMにzImageを書き込む場合は，その先頭番地に遷移すればよいことになります．

NORフラッシュROMの＋0x2_0000番地にzImageを書き込む場合のブート部分を，**リスト8**に示します．ROMの＋0x2_0000番地へ飛んでいます．

● zImageの圧縮方法は選択できる

カーネルは，コンフィグレーション時に圧縮方法を選択できます．標準では**リスト9**のようにgzipですが，

リスト6 圧縮されたカーネルzImageをビルドする

```
$ make zImage        ← zImageをビルド
  中略
  LD      vmlinux
  中略
  OBJCOPY arch/sh/boot/zImage        ← カーネル・イメージが生成された
  Kernel: arch/sh/boot/zImage is ready
```

リスト7 圧縮カーネルzImageのファイル容量は約2.5Mバイト

```
$ ls -nl arch/sh/boot/zImage
-rwxr-xr-x 1 1000 1000 2506784   6月 30 04:14 arch/sh/boot/zImage
```
← サイズは約2.5Mバイト

リスト8 NORフラッシュROMの＋2000番地にzImageを書き込む

```
int boot_zImage(void)
{
  copy_kernel_param();
  puts("Jump to 0x80020000¥n");
  call(0x80020000);        ← 0x8002_0000番地へジャンプ
  return 0;
}
```

リスト9　Linuxカーネル圧縮イメージzImageはデフォルトでgzipで圧縮されている

```
$ make menuconfig          ← menuconfigで圧縮方法を指定できる
General setup     --->
    Kernel compression mode (Gzip)    --->    ← デフォルトではGzip圧縮
```

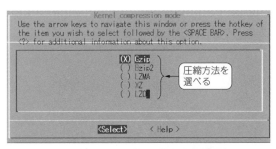

図7　コンフィグレーション時に圧縮方法を選択する

図8　gz形式の圧縮カーネルを起動したようす

図7のようにその他の方式も選択できます．実験用に，非圧縮（vmlinux.bin），zImage（gz），zImage（bzip2），zImage（lzma），zImage（xz），zImage（lzo）の6種類の圧縮方式でバイナリを生成しておきました．

圧縮効率が高くカーネル・イメージを小さくできるもの，あるいは展開速度が速く起動が高速な方式といったトレードオフがあります．

実 験

● 目指せ高速ブート!? カーネルの圧縮方法を変えて起動時間の違いをチェック！

カーネル起動時にかかる時間をCPU内蔵タイマを使って計測しました．図8は実験のようすです．カーネル起動直前にCPU内蔵タイマ1のフリー・ランニングを開始し，カーネルの起動直後でタイマの値を取得します．

● プログラムの改造

カーネルの改造部分をリスト10（init/main.c）に示します．カーネル・ソースのinit/main.cにあるstart_kernel()が，C言語によるカーネルのエントリ・ポイントになります．

● 結果

gzipによるzImage形式での起動時間とファイル・サイズをそれぞれ100％とした場合の，起動時間とファイル・サイズを調べた結果が表1（p.188）です．その結果をまとめたものを図9に示します．非圧縮（vmlinux.bin）が一番速く，それに次いでlzo形式が健闘しています．bzip2はあまりメリットがなさそうです．

リスト10 タイマの値を取得するようにカーネルを改造
実験用のプログラム

```
void cat724_print_tmu(void)
{
#define MODULE_CLOCK  ((33333333*5)/4)
#define _TMU_BASE0_1   0xFFD80014
#define _TMU_TCNT      0x04
  unsigned long c;
  c= *(volatile unsigned long*)(_TMU_BASE0_1+_TMU_TCNT);
  printk("%s():%d\n",__FUNCTION__,__LINE__);
  printk("  TCNT=0x%lx, %ld msec\n",c, (-c)/((MODULE_CLOCK/4)/1000));
}
                                    ┌─ カーネルの起動部 ─┐
asmlinkage void __init start_kernel(void)
{
  char * command_line;
  extern const struct kernel_param __start___param[], __stop___param[];

  smp_setup_processor_id();

  cat724_print_tmu();       //  ←追加部分
以下略
```

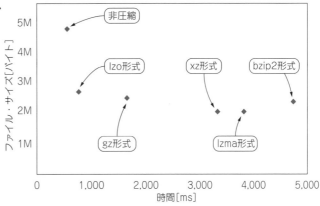

図9 起動時間が速いとファイル・サイズが大きくなる傾向がある

Column 「プログラムをmemcpy()してジャンプ」に注意

　今回のブートローダでは，プログラムをmemcpy()してジャンプしている箇所が2カ所あります．
- ブートローダの.textセクションをROMからRAMへ転送し，RAMはジャンプする部分
- vmlinux.binをROMからRAMにmemcpy()し，カーネルのエントリ・ポイントにジャンプしている部分

　SH-4Aは，データとプログラムそれぞれに独立したキャッシュ・メモリを持つ内部ハーバード・アーキテクチャです．CPU内部ではデータとプログラムを同時にフェッチできるため効率がよいとされています．

　memcpy()でデータを転送した際には，「データ」として扱われ，データ・キャッシュに入っています．その直後に転送先メモリへジャンプしても，データはまだライト・キャッシュに置かれた状態でメイン・メモリに書き出されていません．その状態でジャンプするとキャッシュ不整合が起き，多くの場合は暴走します．

　これを防ぐにはmemcpy()後に遅延書き込みのダーティ・データをすべてフラッシュするか，もしくはライトバック・キャッシュを用いないことです．ライトスルー・キャッシュであればこの問題は起きません．

　今回のプログラムでは後者を選んでいます．大規模なmemcpy()では，ライトスルーでもライトバックでも効率に違いが現れないためです．

uImageファイルの作り方&実力

第20章 Appendix

便利で高速起動！定番ブートローダU-Bootを使う

第20章に引き続き，ブートローダの内容です．U-BootはGPLでライセンスされている多機能なブートローダです．多くのARM評価基板でもU-Bootを標準採用しています．本稿では定番U-Boot（正確にはDas U-Boot）で用いられるuImage形式について実験します．

実験内容

● U-Bootで使われる形式の起動時間を調べる

図1に実験の構成を示します．第20章で作ったSH-4Aマイコン搭載基板用のブートローダを利用し，外付けのフラッシュROMからCPUを起動し，圧縮されたLinuxカーネルのバイナリを呼び出します．以下の4種類について調べます．

- zImage形式
- 非圧縮カーネル
- uImage形式（gzip圧縮）
- uImage形式（非圧縮）

これらのロード時間やカーネルのファイル・サイズを調べます．その結果を表1に示します．

U-Bootで使う圧縮ファイルuImage

● 中身がわかるヘッダ付きの圧縮ファイル

定番ブートローダU-Bootで用いられるファイル形式がuImageです．uImageは，図2で示すようにシンプルな64バイトのファイル・ヘッダを圧縮したカーネル・データに付加したものです．

図1 定番ブートローダU-Bootで使われる圧縮ファイルuImageの起動時間を測った

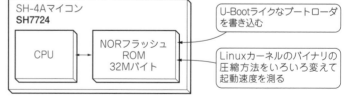

表1 ロード時間とカーネル・サイズを測定した

圧縮方式	ロード時間 [ms]	zImageとの比較
zImage（gzip）標準	1,792	100%
非圧縮（vmlinux.bin）	613	34%
uImage（gzip）	562	31%
uImage（NONE）	1,792	100%

(a) ロード時間

圧縮方式	サイズ [バイト]	zImageとの比較
zImage（gzip）標準	2,531,360	100%
非圧縮（vmlinux.bin）	4,826,540	191%
uImage（gzip）	2,514,322	99%
uImage（NONE）	2,531,424	100%

(b) カーネルのファイル・サイズ

第20章 Appendix 便利で高速起動！ 定番ブートローダU-Bootを使う

Column uImageのgzip圧縮データを展開できるライブラリzlib

● uImageのデータ部分の圧縮伸長に使うライブラリzlib

本プログラムではuImageのデータ部分の展開にzlibを使用しています．zlibはBSDライセンスに似た，ゆるいライセンスの圧縮伸長ライブラリです．ライセンス条文を削除してはいけないという制限がありますが，zlibを使用したプログラムをオープンソースにする必要はありません．

● ソース取得と導入

次のサイトから，

```
http://zlib.net/
```

からzlib-1.2.8.tar.gzを取得し，展開します．

```
$ wget http://zlib.net/zlib-1.2.8.tar.gz
$ tar xzf zlib-1.2.8.tar.gz
```

展開した中から，以下のファイルを自分のプロジェクトへコピーします．

```
adler32.c   crc32.h    inffast.c  inffixed.h  inflate.h  inftrees.h
zconf.h     zutil.c    crc32.c    gzguts.h    inffast.h  inflate.c
inftrees.c  uncompr.c  zlib.h     zutil.h
```

1か所だけgzguts.hに#include <stdio.h>がありました．ブートローダのような組み込みプログラムではsdtio.hがないことがありますので，この行を削除します．

その他，zlibが求める関数は次の三つです．組み込みプログラムの場合は自分で用意します．

● puts()
● malloc()
● free()

● 圧縮データの展開に使う関数

圧縮データを展開する最も簡単な方法はuncompress()を使うことです．

```
unsigned char srcbuffer[SRC_BUFFER_SIZE]; /* 元になる圧縮データ */
unsigned char outbuffer[OUT_BUFFER_SIZE]; /* 展開先メモリ */
unsigned long srcsize;   /* 圧縮データのサイズ */
unsigned long outsize = OUT_BUFFER_SIZE;   /* 展開先メモリ・サイズ */
```

があるときに，

```
ret = uncompress(outbuffer, &outsize, srcbuffer, srcsize);
```

で展開されます．変数outsizeは展開後のサイズで上書きされます．戻り値retはzlib.hに定義されています．

```
#define Z_OK            0
#define Z_STREAM_END    1
#define Z_NEED_DICT     2
#define Z_ERRNO        (-1)
#define Z_STREAM_ERROR (-2)
#define Z_DATA_ERROR   (-3)
#define Z_MEM_ERROR    (-4)
#define Z_BUF_ERROR    (-5)
#define Z_VERSION_ERROR (-6)
```

● gzip圧縮データを展開するには

ところがuncompress()はこのままではgzipの展開はできません．以下の作業が必要です．

uncompr.cを編集し，uncompress()関数をuncompress2()関数として複製します．

```
err = inflateInit(&stream);
```

の部分を

第2部　しくみがわかれば差は歴然！Linuxを高性能に使うテクニック10＋

```
    err = inflateInit2(&stream, 16+MAX_WBITS);
```
に書き換えます．改造後のuncompress2()関数はgzipの展開に対応します．

```
typedef struct image_header {
    uint32_t    ih_magic;       /* Image Header Magic Number   */
    uint32_t    ih_hcrc;        /* Image Header CRC Checksum    */
    uint32_t    ih_time;        /* Image Creation Timestamp     */
    uint32_t    ih_size;        /* Image Data Size              */
    uint32_t    ih_load;        /* Data     Load  Address       */
    uint32_t    ih_ep;          /* Entry Point Address          */
    uint32_t    ih_dcrc;        /* Image Data CRC Checksum       */
    uint8_t     ih_os;          /* Operating System             */
    uint8_t     ih_arch;        /* CPU architecture             */
    uint8_t     ih_type;        /* Image Type                   */
    uint8_t     ih_comp;        /* Compression Type             */
    uint8_t     ih_name[IH_NMLEN];  /* Image Name               */
} image_header_t;

#define IH_MAGIC    0x27051956      /* Image Magic Number   */
#define IH_NMLEN        32          /* Image Name Length    */
```

ビッグエンディアンであることに注意

32バイト

ファイル・ヘッダ

図2　定番ブートローダU-Boot用イメージ・ファイルに付加するuImageヘッダの構成

ファイル・ヘッダを調べることで，元のファイル属性や圧縮方式を知ることができます．カーネルだけではなく，スクリプトやRAMディスクのイメージといったバイナリもuImage形式に変換することができます．構造体中の32ビット整数はビッグエンディアンであることに注意してください．

● 中身がわかれば安全に使える

uImage形式にすると起動時にファイルの素性を調べられるため，データの信頼性を確かめることができます．本稿のプログラムでは省略していますが，データ部のCRCによるチェックを終えてからカーネルを起動するといった安全への配慮が高まります．

▶ zImage方式では中身がわからない

第20章で紹介したLinuxカーネル圧縮方式のzImage形式は，先頭がエントリ・ポイントであるバイナリであるため，外部からデータの信憑性を確かめることができません．ブートローダからはzImageが書かれていることになっているアドレスへジャンプするしかありません．

実験用プログラムの作成

● ステップ1…uImageの作成

カーネルをuImage形式に変換します．カーネルをビルドする際に，

```
$ make uImage
```
とすることで変換できます．カーネルのmake工程の最終段を**図3**に示します．

非圧縮カーネルvmlinux.binを作るところまでは，第20章と同じです．vmlinux.binをgzipで圧縮したのち，mkimageコマンドによってimage_headerを付加します．-Cで圧縮方式を示しますが，これはimage_headerに書き込む値を示すもので，mkimageコマンドがvmlinux.binファイルを圧縮するわけではありません．そのため，事前にgzipコマンドで圧縮しておく必要があります．

CAT724ではvmlinux.binのロード・アドレスは0x8800_1000，エントリ・ポイントは0x8800_2000になりますので，それぞれ値を指示します．

198

第20章 Appendix 便利で高速起動！定番ブートローダU-Bootを使う

図3 uImageファイルは圧縮したカーネルに64バイトのヘッダがくっついている
SH-4アーキテクチャ向けの場合

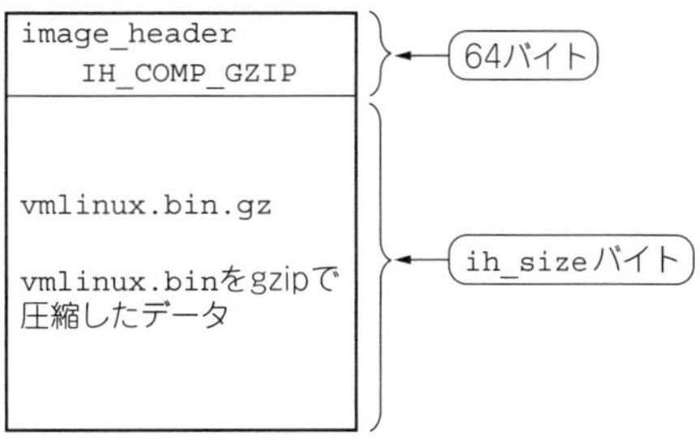

```
image_header
    IH_COMP_GZIP          } ─ 64バイト



vmlinux.bin.gz

vmlinux.binをgzipで        } ─ ih_sizeバイト
圧縮したデータ
```

● ステップ1…vmlinux（ELF形式）から必要なセクションのみを抽出し，バイナリ形式に変換

```
$ sh4-linux-gnu-objcopy -O binary -R .note -R .note.gnu.build-id \
  -R .comment -R .stab -R .stabstr -S  vmlinux arch/sh/boot/vmlinux.bin
```

● ステップ2…gzipで圧縮

```
$ gzip -9 arch/sh/boot/vmlinux.bin
```

● ステップ3…uBootイメージ・ヘッダを付加してuImage形式にする

```
$ mkimage -A sh -O linux -T kernel -C gzip -a 0x88001000 -e 0x88002000 \
  -n 'Linux-3.0.4' -d arch/sh/boot/vmlinux.bin.gz arch/sh/boot/uImage
```

付加するヘッダ

```
Image Name:   Linux-3.0.4
Created:      Thu Jul 24 19:43:15 2014
Image Type:   SuperH Linux Kernel Image (gzip compressed)
Data Size:    2514258 Bytes = 2455.33 kB = 2.40 MB
Load Address: 0x88001000
Entry Point:  0x88002000
```

図4 uImage形式にする手順

ここまでの結果を図4に示します．

● ステップ2…uImageの展開プログラムの作成

uImageを展開し，ファイルを復元するプログラムをLinux上で作ります．リスト1に展開プログラムを示します．

● load_uImage()

　uImageを読み込む

● uboot()

　image_headerを表示し，データ部のgzip圧縮を展開する

● save_vmlinux()

　/tmp/vmlinux.binへ出力する

という構成です．

　gzip圧縮の展開にはzlibを使用しています．zlibの使用方法はp.197のコラムに示します．uboottestの実行結果を図5に示します．ヘッダ部分を表示できていること，ファイル・サイズが一致すること，出力した/tmp/vmlinux.binが元のファイルarch/sh/boot/vmlinux.binと完全に一致することを，md5sumコマンドで確認します．

第2部　しくみがわかれば差は歴然！ Linuxを高性能に使うテクニック10＋

リスト1　作成したuImage展開プログラム（uboottest.c）

```
#include <stdio.h>
#include <stdlib.h>
#include <string.h>
#include <stdint.h>
#include <fcntl.h>
#include <sys/mman.h>
#include "zlib/zlib.h"

#include "image.h"
#define  UIMAGE_SIZE  (8*1024*1024)
                        /* uImageをロードするメモリ・サイズ */
#define  OUT_BUFFER_SIZE  (8*1024*1024)
                            /* 展開後のメモリ・サイズ */
unsigned char uImage_buffer[UIMAGE_SIZE];
                        /* uImageをロードするメモリ */
unsigned char out_buffer[OUT_BUFFER_SIZE];
                        /* vmlinux.binを展開するメモリ */
#define OUTFILENAME  "/tmp/vmlinux.bin"
                                /* 出力ファイル名 */
int save_vmlinux(unsigned char *out, int size)
{
  int fd,ret;
  fd = open(OUTFILENAME,O_RDWR|O_CREAT,0644);
  if(fd<0){
    perror(OUTFILENAME);
    exit(1);
  }
  ret=write(fd, out, size);
  close(fd);

  if(ret<0){
    perror(OUTFILENAME);
    exit(1);
  }
  if(ret != size){
    printf("err: write() return value error¥n");
    exit(1);
  }

  return 0;  /* success */
}
long uboot(unsigned char *out, unsigned char *uimage, int filesize)
{
  struct image_header *head = (struct image_header *)uimage;
  struct image_header x;
  time_t date;
  char datestr[64];
  int ret;
  long outsize;
  x.ih_magic= __be32_to_cpu(head->ih_magic);
  x.ih_hcrc = __be32_to_cpu(head->ih_hcrc);
  x.ih_time = __be32_to_cpu(head->ih_time);
  x.ih_size = __be32_to_cpu(head->ih_size);
  x.ih_load = __be32_to_cpu(head->ih_load);
  x.ih_ep   = __be32_to_cpu(head->ih_ep);
  x.ih_dcrc = __be32_to_cpu(head->ih_dcrc);
  x.ih_os   = head->ih_os;
  x.ih_arch = head->ih_arch;
  x.ih_type = head->ih_type;
  x.ih_comp = head->ih_comp;
  memcpy(&(x.ih_name), head->ih_name,IH_NMLEN);
  x.ih_name[IH_NMLEN-1] = 0;
/* uImageヘッダを表示する */
  printf("ih_magic=0x%x¥n",x.ih_magic);
                            /* IH_MAGIC 0x27051956 */
  printf("ih_hcrc =0x%x¥n",x.ih_hcrc );
  date=x.ih_time;
  ctime_r(&date, datestr);
  printf("ih_time =0x%x, %s",x.ih_time, datestr );
/* イメージ生成日 unix time */
  printf("ih_size =0x%x(%d)¥n",x.ih_size,
                                    x.ih_size );
     /* ファイル・サイズからimage_header 64バイトを引いた数値 */
```

200

第20章 Appendix 便利で高速起動！ 定番ブートローダU-Bootを使う

リスト1 作成したuImage展開プログラム（つづき）

```
  printf("ih_load =0x%x¥n",x.ih_load );
                            /* ロード・アドレス */
  printf("ih_ep   =0x%x¥n",x.ih_ep   );
                            /* エントリ・ポイント */
  printf("ih_dcrc =0x%x¥n",x.ih_dcrc );
  printf("ih_os   =0x%x¥n",x.ih_os   );
  printf("ih_arch =0x%x¥n",x.ih_arch );
  printf("ih_type =0x%x¥n",x.ih_type );
  printf("ih_comp =0x%x¥n",x.ih_comp );
                            /* 圧縮形式 0-3 */
  printf("name=[%s]¥n",x.ih_name);
/* uImageマジック・ナンバのチェック */
  if(x.ih_magic != IH_MAGIC){
    /* invalid uBoot magic */
    puts("err: this is no uBoot image¥n");
    return -1;
  }
/* CPUアーキテクチャ種別のチェック */
  if(x.ih_arch != IH_CPU_SH){
    puts("err: this is not SH image¥n");
    return -1;
  }
/* ファイル・サイズのチェック */
  if(x.ih_size + sizeof(struct image_header) != filesize){
    puts("err: ih_size mismatch¥n");
    return -1;
  }
/* 圧縮種別のチェック */
  switch(x.ih_comp){
  case IH_COMP_NONE:
/* 非圧縮であればmemcpy()するだけ */
    outsize=x.ih_size;
    memcpy(out_buffer, uimage + sizeof(struct image_header), outsize);
    ret=0;
    break;
  case IH_COMP_GZIP:
/* zlib を使い gzip を展開する */
    outsize = OUT_BUFFER_SIZE;
    ret = uncompress2(out_buffer, &outsize, uimage + sizeof(struct image_header), x.ih_size);
    if(ret != Z_OK){
      puts("err: uncompress2() error¥n");
      return ret;
    }
    break;
  default:
    puts("err: Compression Type not Support¥n");
    return -1;
  }
/* 戻り値の表示 */
  printf("ret=%d, outsize=%d",ret,outsize);
  return outsize;  /* success: inflate size */
}
int load_uImage(unsigned  char *uimage, char *filename)
{
  /* ファイルをopenする */
  int fd,ret;
  fd=open(filename, O_RDONLY);
  if(fd<=0){
    perror(filename);
    exit(1);
  }
  ret=read(fd, uimage, UIMAGE_SIZE);
  close(fd);
  if(ret<0){
    perror(filename);
    return ret;  /* error */
  }
  if(ret==0){
    printf("err: file is zero byte ?¥n");
    return -1;
  }
  if(ret==UIMAGE_SIZE){
    printf("err: UIMAGE_SIZE is not enough¥n");
    return -1;
```

201

第2部　しくみがわかれば差は歴然！ Linuxを高性能に使うテクニック10＋

リスト1　作成したuImage展開プログラム（つづき）

```
  }
  return ret;  /*  success: read size */
}
print_help(void){
  printf("a.out uImage_filename¥n");
}
int main(int argc, char *argv[]){
  int fd;
  int size;
  if(! argv[1]){
    print_help();
    exit(1);
  }
  size = load_uImage(uImage_buffer, argv[1]);
  if(size<0)
    exit(1);
  size = uboot(out_buffer, uImage_buffer, size);
  if(size<0)
    exit(1);
  size = save_vmlinux(out_buffer, size);
  if(size<0)
    exit(1);
  return 0;
}
```

```
$ ./uboottest uImage
ih_magic=0x27051956                          MAGIC値（固定値）
ih_hcrc =0xbf75dae2                          ヘッダ部CRC
ih_time =0x53d0ea46, Thu Jul 24 20:13:10 2014  生成日時（time_t型）
ih_size =0x265d49(2514249)                   ヘッダ（64バイト）を除いたデータ・サイズ
ih_load =0x88001000                          ロード・アドレス
ih_ep   =0x88002000                          エントリ・ポイントのアドレス
ih_dcrc =0xcc7f9002                          データ部CRC
ih_os   =0x5                                 OS種別
ih_arch =0x9                                 アーキテクチャ種別
ih_type =0x2                                 ファイル種別
ih_comp =0x1                                 圧縮モード
name=[Linux-3.0.4]                           名前
ret=0, outsize=4826540
```

一致する

（a）uboottest の実行結果

```
$ ls -l /tmp/vmlinux.bin
-rw-r--r-- 1 ebihara ebihara 4826540 Jul 24 20:13 /tmp/vmlinux.bin
```

（b）展開後のファイル・サイズを調べる

```
$ md5sum /tmp/vmlinux.bin
10437f5cefe62a73e803a95b4ccb428e  /tmp/vmlinux.bin

$ md5sum ../kernel/linux-3.0.4_cat724/vmlinux.bin
10437f5cefe62a73e803a95b4ccb428e  ../kernel/linux-3.0.4_cat724/arch/sh/boot/vmlinux.bin
```

（c）uImage への取り込み前と展開後の MD5SUM 値を比較し，一致することを確認する

図5　テスト用プログラムuboottestで動作を調べた

● ステップ3…ブートローダを改造する

▶ ブートローダのメモリ・マップ

　図6にメモリ・マップを示します．CPUはリセット開始番地0xA000_0000から始まります．直後に.textセクションをRAMへコピーし，C言語のmain()関数以後はRAM上にプログラム・コードが置かれます．ROMは0x8000_0000番地から始まり，

第20章 Appendix 便利で高速起動！定番ブートローダU-Bootを使う

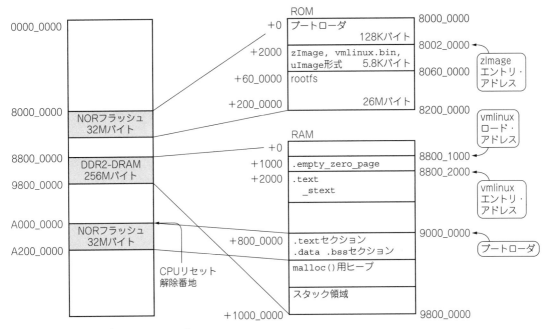

図6 自作ブートローダのメモリ・マップ

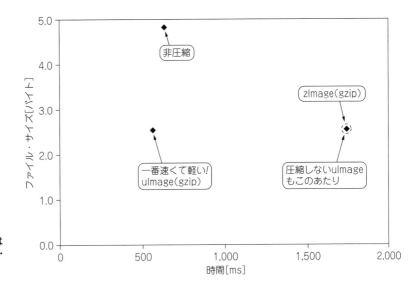

図7 gzip圧縮したuImageはロード時間が短くてカーネル・サイズも小さい！

- ブートローダ置き場
- カーネル置場：vmlinux.bin，zImage，uImageのいずれか
- rootfs

の三つのパーティションに分割しています．

▶ブートローダをU-Boot対応にする

　第20章で作成したブートローダに，先ほどのuboot解析＆gzip展開を組み込みます．
　`int boot_uboot(void *uaddr)`関数がuboot対応部分です．関数へ与える引き数は，ROM上のuImageが書き込まれたアドレス0x8002_0000になります．uImageの`image_header`が見つかれば，ロード・アドレス0x8800_1000に展開し，エントリ・ポイント0x8800_2000へジャンプします．

203

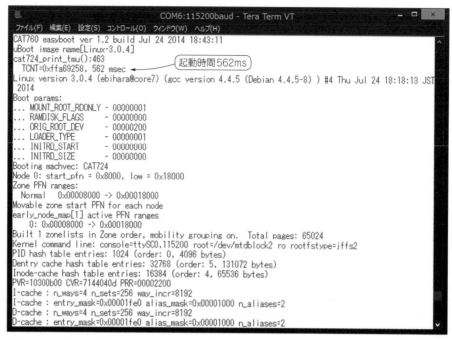

図8　U-Bootでgzip圧縮されたuImageを起動してみた

実験結果

● ファイル・サイズと起動時間を比較する

　表1，図7に実験結果を示します．それぞれの形式でのファイル・サイズ（ROM占有量）とカーネルの起動開始までの時間を示します．SH-4A基板CAT724は，NORフラッシュROMが16ビットのバス幅で接続されています．DRAMは32ビットのバス幅で，バースト転送も作用します．

　このため，メモリの読み書き速度はROMよりもRAMが数倍高速です．この点を考慮に入れて実験結果を見ていきます．

● 圧縮形式1…標準のzImage（gzip）形式

　この形式を基準値（100％）とします．ROM上に置かれたzImageの先頭にある自己展開ルーチンにて約2.5Mバイトのgzipを展開しています．

● 圧縮形式2…非圧縮カーネル

　非圧縮カーネルvmlinux.binは約4.8Mバイトとなり，zImage形式と比べて大きくなります．起動時間613msは，4.8Mバイト・データをROMからRAMへmemcpy()する時間そのものです．

● 圧縮形式3…U-Boot向け圧縮uImage（gzip）形式

　U-BootでuImageを起動しているようすを図8に示します．

　ファイル・サイズは，zImageのときに付加されていた自己展開ルーチンが含まれてないため，zImageよりもわずかに小さくなっています．展開時間も圧縮形式1に比べ31％と高速になっています．展開ルーチンがROM上にあるzImageの場合と比較して3倍も高速です．gzipの展開はブートローダで行っており，ブートローダはRAM上に配置されているためです．

第20章 Appendix 便利で高速起動！定番ブートローダU-Bootを使う

Column　ARM版LinuxカーネルではuImageの作り方がSHと異なる

　ARM版のLinuxではuImageの生成方法が少し異なっているようです．

```
$ make uImage
```

としたときのカーネルのmake工程の最終段を図Aに示します．ARMの場合は自己展開形式であるzImageを作り，これに単純にimage_headerの64バイトを付加しているだけのようです（図B）．

　同じことをSHで手作業で行う場合の手順を，次に示します．

```
$ make zImage
$ mkimage -A sh -O linux -T kernel -C none -a 0x80020040 -e 0x80020040 \
 -n 'Linux-3.0.4' -d arch/sh/boot/zImage arch/sh/boot/uImage
```

　zImageはカーネル自身が自己展開する形式のため，ブートローダで圧縮を展開する必要はありません．このため-C noneの指定としています．ロード・アドレスとエントリ・ポイントはzImageの先頭です．uImageはROMの0x8002_0000番地に置かれます．ここからimage_headerの64バイト先にある0x8002_0040番地が，zImageの位置となります．

● ステップ1：make zImage で自己展開型カーネルを作る

```
$ make zImage
```

● ステップ2：uBootイメージ・ヘッダを付加してuImage形式にする．圧縮済み自己展開カーネルであるため -C none を指定

```
$ mkimage -A sh -O linux -T kernel -C none -a 0x80020040 -e 0x80020040 \
 -n 'Linux-3.0.4' -d arch/sh/boot/zImage arch/sh/boot/uImage
```

付加するイメージ・ヘッダ

```
Image Name:    Linux-3.0.4
Created:       Thu Jul 24 19:48:46 2014
Image Type:    SuperH Linux Kernel Image (uncompressed)
Data Size:     2531360 Bytes = 2472.03 kB = 2.41 MB
Load Address:  0x80020040
Entry Point:   0x80020040
```

図A　ARMアーキテクチャでuImage形式にする手順…ちょこっと簡単

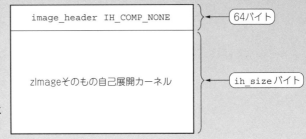

図B　ARM向けのuImageは非圧縮カーネルに64バイトのヘッダを付けただけ

● 圧縮形式4…zImageにヘッダを付けてARM版uImageのようにしてみた

　zImageと原理的に同じですから，zImageと差異はありません．ファイル・サイズが64バイト大きくなっているだけです．

システム・コールにメモリを要求するには時間がかかる

第21章 メモリ操作を高速にするコツ…malloc/freeはループ内に書いちゃいけない

本稿ではLinuxにおけるメモリ管理の基本，C言語のmallocによるメモリ確保時の動作を解説します．Linux OSは128Kバイト単位でメモリを管理しますが，Cライブラリを使うと128Kバイト以下の領域でメモリを管理できます．

実験の概要

● 実験すること

C言語のメモリ領域は大きく分けると次のとおりです．
(1) グローバル領域の変数や配列による静的容量のデータ・メモリ（.dataセクションや.bssセクション）
(2) スタック・メモリ上に動的に確保するローカル変数
(3) malloc()/free()によってアプリケーションが確保する動的容量メモリ

(1) はコンパイル時に容量が決定し，プロセスがロードされるときにメモリが確保されます．(2) はスタックの伸縮によってメモリを確保します．スタック領域そのものはプロセスのロード時に予約されます．今回は(3)のmalloc()/free()によるメモリ確保のうち，容量の小さいエリアについて以下の実験で可視化します．図1に示すピンにオシロスコープを接続して実験を行いました．

実験1…メモリ・マップを表示
実験2…どんどんメモリを要求したときの動作
実験3…メモリ確保の速度

実験1：メモリ・マップを表示

● 実験1-1　Linuxのユーザ空間メモリ

Linuxではプロセスごとに独立したユーザ空間メモリを持ちます．リスト1はPIDを表示するだけの小さなプログラムです．プログラムは終了しないよう長時間のsleep()を入れています．プログラム実行中に/proct/PID/mapsファイルを表示することで，プロセスのメモリ・マップがわかります．結果を図2，図3に示します．このようにプログラムを起動した直後では，ユーザ空間のほとんどの領域は空いている状態です．

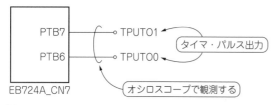

図1　CAT724のPTB6，PTB7ピンにオシロスコープを接続する

リスト1　予備実験用…PIDを表示するだけのプログラム

```
#include <stdio.h>

int main(){
    printf("hello pid=%d¥n",getpid());
    sleep(10000);  // 10000秒スリープ
    return 0;
}
```

```
00400000-00401000 r-xp 00000000 00:15 143205    /media/cqinter4/a.out
00410000-00411000 rw-p 00000000 00:15 143205    /media/cqinter4/a.out
29556000-29573000 r-xp 00000000 1f:02 700       /lib/ld-2.13.so
29573000-29574000 r-xp 00000000 00:00 0         [vdso]
29574000-29576000 rw-p 00000000 00:00 0
29582000-29583000 r--p 0001c000 1f:02 700       /lib/ld-2.13.so
29583000-29584000 rw-p 0001d000 1f:02 700       /lib/ld-2.13.so
29584000-296cb000 r-xp 00000000 1f:02 708       /lib/libc-2.13.so
296cb000-296db000 ---p 00147000 1f:02 708       /lib/libc-2.13.so
296db000-296dd000 r--p 00147000 1f:02 708       /lib/libc-2.13.so
296dd000-296de000 rw-p 00149000 1f:02 708       /lib/libc-2.13.so
296de000-296e2000 rw-p 00000000 00:00 0
7bc9b000-7bcbc000 rwxp 00000000 00:00 0         [stack]
```

図2 予備実験…プログラム起動直後のメモリ・マップを確認してみた
プログラム実行中に/proct/PID/mapsファイルを表示するとメモリ・マップがわかる

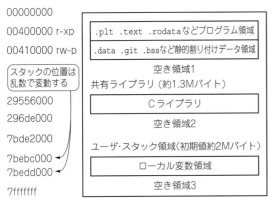

リスト2 実験1…16Kバイトのmalloc()を入れてみる

```c
#include <stdio.h>
#include <stdlib.h>

int main(){
    char *p;
    printf("hello pid=%d¥n",getpid());
    p=malloc(16*1024);   // 16Kバイト
    sleep(10000);   // 10000秒スリープ
    return 0;
}
```

図3 プロセス起動直後はユーザ空間がほとんど空いていることがわかる

● 実験1-2　Cのmalloc関数を使ってみると…

次に，リスト2のように16Kバイトのmalloc()を入れてみます．システム・コール・トレーサstraceを使うと，システム・コールを可視化できます．

- コンパイル（開発PCにて）

$ sh4-linux-gnu-gcc malloc_test2.c -o malloc_test2

- 実行（CAT724にて）

strace ./malloc_test2

実行結果の抜粋を図4に示します．brk()システム・コールを2回呼んでいることがわかります．
brk()システム・コールはデータ・セグメントの末尾を伸ばす効果があります．

```
brk(0)            = 0x411000
brk(0x436000)     = 0x436000
```

最初のbrk(0)は，現在のデータ・セグメントの最後を調べるために行われます．次に0x21000 (135,168)バイトを足した値をセットすることで，アドレス0x411000～0x436000間に，0x21000 (135,168)バイトのヒープ領域をOSからもらっています．

▶C専用のメモリを使っている

C言語ではmalloc(sizeof(struct XXX))という構文が多く用いられます．このように構造体サイズ（一般的に数十バイト程度）のメモリ要求に対して毎回OSにメモリ確保を依頼していては，速度や空間効率

第2部　しくみがわかれば差は歴然！Linuxを高性能に使うテクニック10＋

```
getpid()                                                = 1829
fstat64(1, {st_mode=S_IFCHR|0600, st_rdev=makedev(136, 0), ...}) = 0
old_mmap(NULL, 4096, PROT_READ|PROT_WRITE, MAP_PRIVATE|MAP_ANONYMOUS, -1, 0x5a00000000)
                                                        = 0x29575000
write(1, "hello pid=1829¥n", 15hello pid=1829
)       = 15
brk(0)                                  = 0x411000
brk(0x436000)                           = 0x436000
```
2回呼んでいる

図4　16Kバイトのmalloc()を入れて実行したときのシステム・コール呼び出し

```
00400000-00401000 r-xp 00000000 00:15 143223 /media/cqinter4/malloc_test2
00410000-00411000 rw-p 00000000 00:15 143223 /media/cqinter4/malloc_test2
00411000-00436000 rwxp 00000000 00:00 0      [heap]
```
この行が増えている
```
29556000-29573000 r-xp 00000000 1f:02 700    /lib/ld-2.13.so
29573000-29574000 r-xp 00000000 00:00        [vdso]
29574000-29576000 rw-p 00000000 00:00 0
29582000-29583000 r--p 0001c000 1f:02 700    /lib/ld-2.13.so
29583000-29584000 rw-p 0001d000 1f:02 700    /lib/ld-2.13.so
29584000-296cb000 r-xp 00000000 1f:02 70     /lib/libc-2.13.so
296cb000-296db000 ---p 00147000 1f:02 708    /lib/libc-2.13.so
296db000-296dd000 r--p 00147000 1f:02 708    /lib/libc-2.13.so
296dd000-296de000 rw-p 00149000 1f:02 708    /lib/libc-2.13.so
296de000-296e2000 rw-p 00000000 00:00 0
7bd73000-7bd94000 rwxp 00000000 00:00 0      [stack]
```

図5　C言語で確保したメモリ・マップ

の面で最適ではないため，一般的にCライブラリは独自にメモリ管理を行っています．現在のglibcの実装では，約128Kバイト以下のメモリ要求に対してはchunkという単位でメモリを管理しています．それ以上の大きさの要求に対しては，OSに直接メモリを要求します．

　メモリ・マップを**図5**に示します．0x00411000～0x00436000のヒープ領域が追加されたことがわかります（stack領域は実行ごとにランダムに割り当てられるためアドレスは不定になる）．

☞Cライブラリは OSに対してメモリを要求し，その中で独自にメモリを管理している
☞足りなくなったら OSに対して領域の拡大を要求する（実験によると0x21000＝134Kバイトずつ）
☞現在のglibcの実装では，128Kバイト以上のメモリ要求は直接OSにメモリを要求する

実験2：どんどんメモリを要求したときの動作

　メモリが不足するまでメモリ要求を続けると，メモリ・マップはどのように変化するでしょうか．**リスト3**にプログラムを示します．これはmalloc(64*1024)，つまり64Kバイトのメモリ確保をmalloc()がNULLを返すまで連続実行します．このプログラムもstraceを使ってシステム・コールを可視化します．

- コンパイル（開発PCにて）
  ```
  $ sh4-linux-gnu-gcc malloc_test3.c -o malloc_test3
  ```
- 実行（CAT724にて）
  ```
  # strace ./malloc_test3
  ```

　実行結果の抜粋を**図6**に示します．brk()システム・コールを使って0x21000バイトずつデータ・セグメントの最終アドレスを後ろに移動させていき，ヒープを拡大していきます．ところがアドレス0x29546000でCライブラリにぶつかってしまいます．

208

第21章　メモリ操作を高速にするコツ…malloc/freeはループ内に書いちゃいけない

リスト3　実験2…メモリが不足するまでメモリ要求を続けてみる

```c
#include <stdio.h>
#include <stdlib.h>
#include <malloc.h>
#include <unistd.h>
#include <string.h>
#include <fcntl.h>
#include <errno.h>

void my_puts(char *p)
{
    write(0,p,strlen(p));
}

int main()
{
    int i;
    char *p;
    char str[256];

    printf("hello malloc test3 \n");

    for(i=0; ; i++){
        p=malloc(64*1024);       // 64Kバイト
        if(p==NULL){
            perror("malloc() fail ");
            break;
        }

    // Cライブラリによるprintf()の遅延出力を避けるため
    // 直接標準出力へ write() している
        sprintf(str,"i=%d, %0p\n", i, p);
        my_puts(str);
    }

/* 無限ループ */
    my_puts("FINISH");

    while(1){
        malloc_stats();
        sleep(60);
    }
}
```

```
brk(0)
                                    = 0x411000
brk(0x442000)
                                    = 0x442000
write(0, "i=0, 0x411008\n", 14)     = 14
write(0, "i=1, 0x421010\n", 14)     = 14
write(0, "i=2, 0x431018\n", 14)     = 14
brk(0x472000)
                                    = 0x472000
write(0, "i=3, 0x441020\n", 14)     = 14
write(0, "i=4, 0x451028\n", 14)     = 14
write(0, "i=5, 0x461030\n", 14)     = 14
brk(0x4a2000)
                                    = 0x4a2000
write(0, "i=6, 0x471038\n", 14)     = 14
write(0, "i=7, 0x481040\n", 14)     = 14
write(0, "i=8, 0x491048\n", 14)     = 14
 ⋮
brk(0x29546000)
                                    = 0x29546000
write(0, "i=10511, 0x29515880\n", 20)  = 20
write(0, "i=10512, 0x29525888\n", 20)  = 20
write(0, "i=10513, 0x29535890\n", 20)  = 20
brk(0x29576000) ◀─ brk()による拡張
                   ができなくなる       = 0x29546000

old_mmap(NULL, 1048576, PROT_READ|PROT_
         WRITE, MAP_PRIVATE|MAP_ANONYMOUS, -1,
                                    0x5a00000000)
                                    = 0x296e2000
write(0, "i=10514, 0x296e2008\n", 20)  = 20
write(0, "i=10515, 0x296f2010\n", 20)  = 20
 ⋮
write(0, "i=10527, 0x297b2070\n", 20)  = 20
write(0, "i=10528, 0x297c2078\n", 20)  = 20
brk(0x29577000) ◀─ 同じく brk()による
                   拡張ができないため   = 0x29546000

old_mmap(NULL, 1048576, PROT_READ|PROT_
         WRITE, MAP_PRIVATE|MAP_ANONYMOUS, -1,
                                    0x5a00000000)
                                    = 0x297e2000
write(0, "i=10529, 0x297e2008\n", 20)  = 20
write(0, "i=10530, 0x297f2010\n", 20)  = 20
 ⋮
write(0, "i=10542, 0x298b2070\n", 20)  = 20
write(0, "i=10543, 0x298c2078\n", 20)  = 20
 ⋮
```

図6　メモリが不足するまでメモリ要求を続けた結果

`brk(0x29576000) = 0x29546000`

　CライブラリはOSに対して0x29576000までの拡大を要求しますが，OSは前回と同じく0x29546000のアドレスを返します．つまりデータ・セグメントの拡大ができなくなります．ここでヒープ領域はいったん打ち止めになります．

`old_mmap(NULL, 1048576, PROT_READ|PROT_WRITE, MAP_PRIVATE|MAP_ANONYMOUS, -1, 0x5a00000000) = 0x296e2000`

　次の策として，CライブラリはOSに対して1048576バイト（＝1Mバイトちょうど）のAnonymous mmapを要求します．これは仮想メモリ空間のどこかに1Mバイトのリード／ライト可能なメモリを要求したことを意味します．OSは0x296e2000番地を割り当て，戻り値としています．これによってCライブラリは0x296e2000からの1Mバイト空間が使用できるようになります．

209

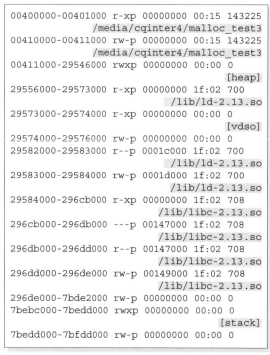

図7 メモリが不足するまでメモリ要求を続けたときのメモリ・マップ

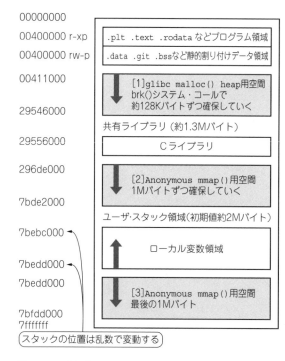

図8 ユーザ空間のメモリ・マップ

さらにmmap()を続けていくと，いずれスタック領域にぶつかりますが，スタックの後ろに残されていた最後の1Mバイトを使い切ると，そこでメモリの割り当ては終了になります．

ここまでのメモリ・マップのキャプチャを図7に，メモリ・マップのイメージを図8に示します．

☞ヒープ領域がCライブラリ・アドレスにぶつかるとbrk()によるヒープの拡大は終了
☞Anonymous mmapによって仮想空間に1Mバイトずつメモリを要求する
☞すべての仮想空間を使い切るとそれ以上メモリ割り当てできない

実験3：メモリ確保の時間

メモリ確保の時間を可視化してみます．

glibcのmalloc()はbinと呼ばれる固定長レコードのような，ある種の最適なアルゴリズムが使われ，特に構造体サイズ（256バイト以下）の確保/開放はかなり高速化されています．この領域の速度を測定する必要はなさそうです．ボトルネックになりそうな処理はbrk()とmmap()の二つのシステム・コールです．この二つのシステム・コールの処理時間を，裏技を使って可視化します．

■準備…裏技的プログラムを使う
●裏技その1…ユーザ空間からCPU周辺レジスタを操作する

第18章までのようにCPU周辺のタイマ・カウンタを用いて処理時間を計測したいと考えます．通常であればユーザ空間からタイマ・カウンタのレジスタにはアクセスできませんから，デバイス・ドライバを書くことになります．ところが，デバイス・ドライバはOSのシステム・コールで呼び出すため，brk()やmmap()のシステム・コール時間を計測するためにドライバの呼び出しオーバヘッドがかかってしまい，純粋なシステム・

第21章　メモリ操作を高速にするコツ…malloc/freeはループ内に書いちゃいけない

リスト4　brk()システム・コールの処理時間を計測する

```
    ⋮
int main()
{
    int i;
    char *p;
    unsigned long cnt;
    struct tpudrv_dev *dev;
    puts("hello. malloc_speed1¥n");
    dev_mmap();
    tpu_init();

/* リアルタイム・プロセス化 */
    struct sched_param sp;
    sp.sched_priority=1;
    sched_setscheduler(0, SCHED_RR, &sp);

// 初回malloc()
    dev = &tpudrv_dev[0];
    /* 一旦プロセスを開放しておく */
    usleep(100*1000); // 100msec
    // brk()システム・コールを含んだ時間計測 */
    tpu_stop(dev);
    TCNT(dev)=0;      // カウンタ・リセット
    tpu_start(dev);
    malloc(256);

    cnt = TCNT(dev);
    dev_writew(dev->base + TPU_TGRA, cnt);
                            /* パルス立ち上げ */
    // tpu_stop(dev);
    printf("1st cnt=%d: %d usec¥n",cnt, tpudrv_calc_usec(dev,cnt));

// 2回目のmalloc()
    dev = &tpudrv_dev[1];
    /* いったんプロセスを開放しておく */
    usleep(100*1000); // 100msec
    // brk()システム・コールを含まない時間計測 */
    tpu_stop(dev);
    TCNT(dev)=0;      // カウンタ・リセット
    tpu_start(dev);
    malloc(256);

    cnt = TCNT(dev);
    dev_writew(dev->base + TPU_TGRA, cnt);
                                /* パルス立ち上げ */
    // tpu_stop(dev);
    printf("2nd cnt=%d: %d usec¥n",cnt, tpudrv_calc_usec(dev,cnt));
}
```

コール時間を計測できません．

　そこで，ユーザ空間から任意のアドレスにアクセスする裏技を利用します．/dev/memは物理メモリ全体を示すドライバです．SH7724 CPUのタイマ・カウンタ・レジスタは物理メモリの0xa4c90000～に割り当てられています．

　/dev/memをopen()した後，ファイル・オフセット0xa4c90000をつけてmmap()すると，その戻りアドレスにタイマ・カウンタ・レジスタが張り付いているように見えます．**リスト4**のdev_mmap(void)関数がその部分です．

● 裏技その2…リアルタイム・プロセス化

　LinuxはマルチタスクOSです．ある一定期間の処理速度をハードウェア・タイマを使って計測しても，そ

211

```
IOmem mmaped at 0x29576000
interval =41666
pre_scale=0
interval =41666
pre_scale=0
1st cnt=39871: 478 usec
2nd cnt=1151: 13 usec
```
（brk()システム・コールあり）
（brk()システム・コールなし）

図9 brk()システム・コールの処理時間を計測したログ・データ

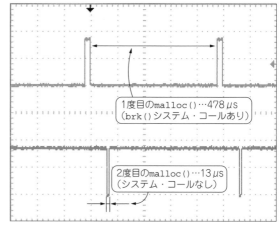

図10 オシロスコープでbrk()システム・コールの処理時間を計測（2V/div, 100μs/div）

の間に割り込みが発生したりタスク切り替えが発生したりして，処理を奪われる可能性もあります．ほかのタスクに切り替わってしまっては処理時間の計測ができません．

プロセスのスケジューリング・ポリシを以下のようにタイム・プロセスにすることで，タスク・ディスパッチを抑制できます．ただし割り込みを禁止することはできませんので，本当の意味でのリアルタイム化ではありません．「タスク切り替えの抑制」くらいに考えておいてください．

```
/* リアルタイム・プロセス化 */
  struct sched_param sp;
  sp.sched_priority=1;
  sched_setscheduler(0, SCHED_RR, &sp);
```

リアルタイム・プロセス指定すると，一定の割り当て時間内で連続実行できます．本稿の計測実験では計測したい場所の直前で，

```
usleep(100*1000); // 100msec
```

のプロセス休眠を挟み，CPU割り当て時間をいったんリセットしています．

■ 実験手順

● 実験3-1 brk()システム・コールの処理時間

brk()システム・コールのありなしによるmalloc()の処理時間差を可視化します．プログラムをリスト4に示します．

```
malloc(256); // 一度目はbrk()により128Kバイトのメモリを要求する
malloc(256); // 二度目はシステム・コールしない
```

実行結果を図9，図10に示します．測定したい処理の前後でタイマ・パルス・カウンタをリセット/トリガ・セットすることで，処理時間をLowパルスとしてオシロスコープに表示させます．一度目のmalloc()は478μs，二度目のmalloc()は13μsでした．

● 実験3-2 mmap()システム・コールの処理時間

ヒープを使いきった後のanonymous mmap()による仮想メモリの割り当て時間を可視化します．

プログラムをリスト5に示します．あまりきれいではありませんが，straceでシステム・コールを確認しながらループ・カウンタi==10514のときにmmap()が呼ばれることを事前に確認しました．

第21章　メモリ操作を高速にするコツ…malloc/freeはループ内に書いちゃいけない

リスト5　ヒープを使いきった後のannonymous mmap()による仮想メモリの割り当て時間を可視化する

```
...
void my_puts(char *p)
{
    write(0,p,strlen(p));
}

int main()
{
    int i;
    char *p;
    char str[256];
    unsigned long cnt;
    struct tpudrv_dev *dev;
    puts("hello. malloc_speed1¥n");
    dev_mmap();
    tpu_init();

/* リアルタイム・プロセス化 */
    struct sched_param sp;
    sp.sched_priority=1;
    sched_setscheduler(0, SCHED_RR, &sp);

    for(i=0; i<10600 ; i++){
      if(i==10514){
        dev = &tpudrv_dev[0];
        usleep(10*1000); // 10msec
        tpu_stop(dev);
        TCNT(dev)=0;      // カウンタ・リセット
        tpu_start(dev);

        p=malloc(64*1024);    // 64Kバイト
        cnt = TCNT(dev);
        dev_writew(dev->base + TPU_TGRA, cnt);
                              /* パルス立ち上げ */
        sprintf(str, "1st cnt=%d: %d usec¥n",cnt, tpudrv_calc_usec(dev,cnt));
        my_puts(str);
      }else if(i==10515){
        dev = &tpudrv_dev[1];
        usleep(10*1000); // 10msec
        tpu_stop(dev);
        TCNT(dev)=0;      // カウンタ・リセット
        tpu_start(dev);

        p=malloc(64*1024);    // 64Kバイト
        cnt = TCNT(dev);
        dev_writew(dev->base + TPU_TGRA, cnt);
                              /* パルス立ち上げ */
        sprintf(str, "2nd cnt=%d: %d usec¥n",cnt, tpudrv_calc_usec(dev,cnt));
        my_puts(str);
      }else{
        p=malloc(64*1024);    // 64Kバイト
      }

      if(p==NULL){
        perror("malloc() fail ");
        break;
      }

      // Cライブラリによるprintf()の遅延出力を
      // 避けるため直接標準出力へ write() している
      // sprintf(str,"i=%d, %0p¥n", i, p);
      // my_puts(str);
    }
}
```

213

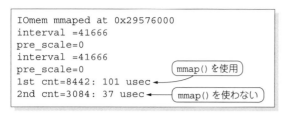

```
IOmem mmaped at 0x29576000
interval =41666
pre_scale=0
interval =41666
pre_scale=0
1st cnt=8442: 101 usec  ← mmap()を使用
2nd cnt=3084: 37 usec   ← mmap()を使わない
```

図11 `mmap()`システム・コールの処理時間を計測したログ・データの実行結果

リスト6 仮想空間をすべて使い切ったときのsmapsファイルのようす

```
00411000-29546000 rwxp 00000000 00:00 0 [heap]
Size:             672980 kB   ← ヒープ領域のサイズ
Rss:               42060 kB     は672M バイト
Pss:               42060 kB
Shared_Clean:          0 kB
Shared_Dirty:          0 kB
Private_Clean:         0 kB
Private_Dirty:     42060 kB
Referenced:        42060 kB
Anonymous:         42060 kB
AnonHugePages:         0 kB
Swap:                  0 kB
KernelPageSize:        4 kB
MMUPageSize:           4 kB
Locked:                0 kB

296de000-7b7e2000 rw-p 00000000 00:00 0
Size:            1344528 kB  ← mmapで確保した
Rss:               89296 kB    領域のサイズは
Pss:               89296 kB    1344M バイト
Shared_Clean:          0 kB
Shared_Dirty:          0 kB
Private_Clean:         0 kB
Private_Dirty:     89296 kB
Referenced:        89296 kB
Anonymous:         89296 kB
AnonHugePages:         0 kB
Swap:                  0 kB
KernelPageSize:        4 kB
MMUPageSize:           4 kB
Locked:                0 kB
```

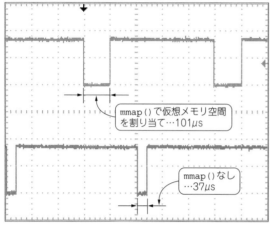

図12 オシロスコープで`mmap()`システム・コールの処理時間を計測した（2V/div, 100µs/div）

```
mmap(64*1014); // mmap()による仮想メモリ空間の割り当てあり
mmap(64*1014); // なし
```

実行結果を**図11**, **図12**に示します．mmap()ありでは101µs，二度目のmalloc()は37µsでした．ループの内側でmallocやfreeを行うと毎回mmapなどのシステム・コールを使って時間がかかるため，高速化したいならそのように記述しないのが原則です．

☞ malloc()がbrk()やmmap()などをシステム・コールを使ってOSにメモリを要求する場面では，それなりに時間がかかる

☞ ループの内側でmalloc()/free()しないことが原則だが，どうしてもその必要があるならCライブラリがOSにいつメモリ要求するかを意識したプログラムを書くと高速化できる

● 物理メモリ以上に予約できてしまう… 仮想メモリ

リスト5ではメモリ確保を続けていき，仮想空間をすべて使い切ってしまいました．仮想空間はSHプロセッサでは0x00000000～0x7FFFFFFFまでの2Gバイト，32ビットのインテルやARMプロセッサでは0x00000000～0xBFFFFFFFまでの3Gバイトです．

ところで実験に使用したSH-4A基板CAT724の物理メモリは256Mバイトです．2Gバイトもありません．しかし2Gバイトの仮想空間を使い切るまでmalloc()できてしまいました．**リスト5**の実行後の/proc/PID/smapsファイルの抜粋を**リスト6**に示します．ヒープ領域とmmap()領域は次のとおりです．

```
00411000-29546000［ヒープ領域］
Size:      672980 kB   （672Mバイト）
Rss:        42060 kB   （42Mバイト）
296de000-7b7e2000［mmap領域］
Size:     1344528 kB  （1344Mバイト）
Rss:        89296 kB   （88Mバイト）
```

　Sizeは仮想メモリ空間にmalloc()した（割り当てた）アドレス空間サイズです．実はmalloc()は空間を予約するだけで物理メモリは使用しません．Linuxではメモリに対して「書き込み」を行うまでは物理メモリを割り当てません．これをデマンド・ページングと呼びます．

　Rssは実際にメモリを使用したサイズです．64Kバイトのmalloc()を行うと，64Kバイトごとにchunkのためのデータ構造が置かれるため，64Kバイトごとに数バイトの管理領域が使用されます．

最初の書き込み時に時間をかけて物理メモリを確保する

第22章 大容量のmallocをムダなく高速に行うコツ …必要なぶんだけ初期化して使う

Linuxでは，128Kバイトまでと，128Kバイトより大きいメモリ容量で，メモリ管理の方法が異なります．第21章ではmalloc()で128Kバイト以下のメモリ確保動作を可視化しました．本稿では，128Kバイトより大きいメモリの確保を可視化してみます．128Kバイトより大きいmalloc()では最初に書き込みがあるまでメモリを確保しません．通信の受信バッファは事前に確保してゼロ埋めなどをせず，データが来たときに確保するようにすれば，通信がムダに遅くなりません．

そのことを確認するために以下の三つの実験を行います．

実験1…64Kバイト/（128K＋4K）バイトのメモリを確保してメモリ・マップを確認する
実験2…物理メモリにリード/ライトしたときの割り当てを可視化する
実験3…物理メモリの割り当て速度を可視化する

実験1：128Kまでと128K超えのときのメモリ確保動作の違いをチェック

● 64Kバイトをmalloc()で確保する

リスト1は64Kバイトのメモリを確保するプログラムです．これをコンパイルしてstraceを付けてリスト2のように実行し，システム・コールをトレースします．実験プログラムはmalloc()で64Kバイトのメモリを確保し，Cライブラリはbrk()システム・コールを呼び出し，ヒープ用のメモリ空間を確保しています．

リスト1
malloc()で64Kバイトのメモリを確保するプログラム

```
#include <stdio.h>
#include <stdlib.h>

int main(){
    char *p;
    printf("hello pid=%d\n",getpid());
    p=malloc(64*1024);      // 64Kバイト
    sleep(10000);           // 10000秒スリープ
    return 0;
}
```

リスト2　64Kバイトのメモリを確保するプログラムのシステム・コールをトレース
Cライブラリはbrk()システム・コールを呼び出しヒープ用のメモリ空間を確保している

```
$ strace ./a.out
…中略…
getpid()                                        = 1168
fstat64(1, {st_mode=S_IFCHR|0600, st_rdev=makedev(204, 8), ...}) = 0
ioctl(1, TCGETS or SNDCTL_TMR_TIMEBASE, {B115200 opost isig icanon echo ...}) = 0
old_mmap(NULL, 4096, PROT_READ|PROT_WRITE, MAP_PRIVATE|MAP_ANONYMOUS, -1, 0x5a00000000) =
                                                                         0x29575000
write(1, "hello pid=1168\n", 15hello pid=1168
)                       = 15
brk(0)                                          = 0x411000
brk(0x442000)                                   = 0x442000   ← brk()でヒープ・メモリを確保した
rt_sigprocmask(SIG_BLOCK, [CHLD], [], 8) = 0
rt_sigaction(SIGCHLD, NULL, {SIG_DFL, [], 0}, 8) = 0
rt_sigprocmask(SIG_SETMASK, [], NULL, 8) = 0
nanosleep({10000, 0},
```

216

リスト3
malloc()で132Kバイトのメモリを確保するプログラム

```c
#include <stdio.h>
#include <stdlib.h>

int main(){
    char *p;
    printf("hello pid=%d\n",getpid());
    p=malloc(132*1024);      // (128+4)Kバイト
    sleep(10000);            // 10000秒スリープ
    return 0;
}
```

リスト4 132Kバイトのメモリを確保するプログラムのシステム・コールをトレース
brk()システム・コールが見当たらない

```
$ strace ./a.out
…中略…
getpid()                                    = 1337
fstat64(1, {st_mode=S_IFCHR|0600, st_rdev=makedev(204, 8), ...}) = 0
ioctl(1, TCGETS or SNDCTL_TMR_TIMEBASE, {B115200 opost isig icanon echo ...}) = 0
old_mmap(NULL, 4096, PROT_READ|PROT_WRITE, MAP_PRIVATE|MAP_ANONYMOUS, -1,
                                                 0x5a00000000) = 0x29575000
write(1, "hello pid=1337\n", 15hello pid=1337
)            = 15
old_mmap(NULL, 139264, PROT_READ|PROT_WRITE, MAP_PRIVATE|MAP_ANONYMOUS,
                                      -1, 0x5a00000000) = 0x296e2000
rt_sigprocmask(SIG_BLOCK, [CHLD], [], 8) = 0
rt_sigaction(SIGCHLD, NULL, {SIG_DFL, [], 0}, 8) = 0        old_mmap()に変化した
rt_sigprocmask(SIG_SETMASK, [], NULL, 8) = 0
nanosleep({10000, 0},
```

リスト5 /proc/PID/mapファイルでメモリマップを確認

```
$ cat /proc/1337/map
00400000-00401000 r-xp 00000000 00:15 122905      /media/cqinter5/a.out
00410000-00411000 rw-p 00000000 00:15 122905      /media/cqinter5/a.out
29556000-29573000 r-xp 00000000 1f:02 700         /lib/ld-2.13.so
29573000-29574000 r-xp 00000000 00:00 0           [vdso]
29574000-29576000 rw-p 00000000 00:00 0
29582000-29583000 r--p 0001c000 1f:02 700         /lib/ld-2.13.so
29583000-29584000 rw-p 0001d000 1f:02 700         /lib/ld-2.13.so
29584000-296cb000 r-xp 00000000 1f:02 708         /lib/libc-2.13.so
296cb000-296db000 ---p 00147000 1f:02 708         /lib/libc-2.13.so
296db000-296dd000 r--p 00147000 1f:02 708         /lib/libc-2.13.so
296dd000-296de000 rw-p 00149000 1f:02 708         /lib/libc-2.13.so
296de000-29704000 rw-p 00000000 00:00 0    ← old_mmap()で確保したメモリ空間[stack]
7bbb4000-7bbd5000 rwxp 00000000 00:00 0
```

● 128Kバイトより大きいメモリを確保する場合

　リスト3は128Kバイトより大きい（132Kバイト＝128Kバイト＋4Kバイト）メモリを確保するプログラムです．これをコンパイルし，**リスト4**のようにstraceを付けて実行し，システム・コールをトレースします．

　今度はbrk()システム・コールが見当たりません．write(1,"hello pid=…")の次は，brk()ではなくold_mmap()システム・コールに変化しています．

▶Cライブラリでは128Kバイトより大きいメモリ要求は，OSに対して直接メモリを確保する

　現在のGNU Cライブラリの実装では，128Kバイトより大きいメモリ要求に対してはOSに対して直接メモリ確保を行います．mmap()は本来はオープンしたファイルのディスクリプタを指定してメモリに貼り付ける機能ですが，ファイル・ディスクリプタに-1を指定することで仮想メモリ空間の予約として機能します．old_mmap()で139264（＝0x22000）バイトのメモリ空間を要求しています．

　続いて，**リスト5**のように/proc/PID/mapファイルでメモリ・マップを確認します．old_mmap()の戻

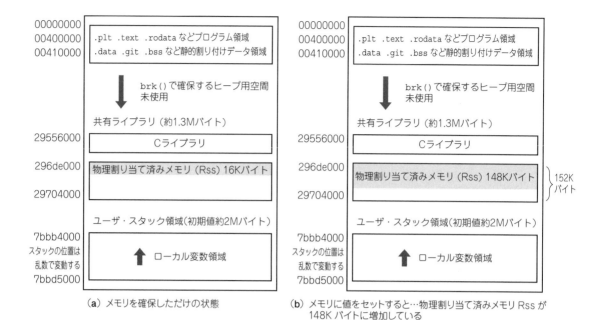

図1　GNU Cライブラリの実装では128Kバイトより上のメモリ要求に対しては，OSに対して直接メモリ確保を行う

り値は0x296e2000番地となっていました．結果として0x296de000から0x29704000番地までの0x26000バイトの空間が確保されました．このイメージを図1(a)に示します．

実験2：物理メモリの割り当て量を可視化

● ステップ1：リード/ライトせずに物理メモリの割り当て量を調べる

　リスト3は，`malloc()`でメモリを確保したものの，そのメモリは使用していません．具体的には，`malloc()`で確保したメモリ領域に対して一度もリード/ライトのアクセスをしていません．その状態で`/proc/PID/smap`ファイルを**リスト6**のように確認します．

　リスト6のRss（Resident Set Size）が，実際に使用している物理メモリ量です．このメモリ領域は152Kバイトの空間がありますが，管理領域が置かれている一部のメモリしか物理メモリが割り当てられていない

リスト6　132Kバイトのメモリを確保するプログラム（リスト3）の`/proc/PID/smap`ファイルを確認

```
$ cat /proc/1337/smap
...中略...
296de000-29704000 rw-p 00000000 00:00 0
Size:                152 kB
Rss:                  16 kB    ← 使用しているメモリ
Pss:                  16 kB      は16Kバイト
Shared_Clean:          0 kB
Shared_Dirty:          0 kB
Private_Clean:         0 kB
Private_Dirty:        16 kB
Referenced:           16 kB
Anonymous:            16 kB
AnonHugePages:         0 kB
Swap:                  0 kB
KernelPageSize:        4 kB
MMUPageSize:           4 kB
Locked:                0 kB
```

リスト7 132Kバイトのメモリを確保するプログラムに memset() を使って確保したメモリを0x00で埋める処理を追加した

```c
#include <stdio.h>
#include <stdlib.h>
#include <string.h>

int main(){
    char *p;
    printf("hello pid=%d\n",getpid());
    p=malloc(132*1024);      // (128+4)Kバイト
    memset(p,0,132*1024);    // 0で埋める
    sleep(10000);            // 10000秒スリープ
    return 0;
}
```

リスト8 リスト7を実行するとRssが増加していることがわかる

```
296de000-29704000 rw-p 00000000 00:00 0
Size:                152 kB
Rss:                 148 kB  ← Rssが148K
Pss:                 148 kB     バイトに増加
Shared_Clean:          0 kB
Shared_Dirty:          0 kB
Private_Clean:         0 kB
Private_Dirty:       148 kB
Referenced:          148 kB
Anonymous:           148 kB
AnonHugePages:         0 kB
Swap:                  0 kB
KernelPageSize:        4 kB
MMUPageSize:           4 kB
Locked:                0 kB
```

リスト9 free コマンドでメモリ量を調べる

メモリの合計はカーネルが使う分を除いた量になっている

```
$ free
            total      used      free    shared   buffers
Mem:       254980     43020    211960         0         0
Swap:           0         0         0
Total:     254980     43020    211960
```

ことがわかります.

● ステップ2：メモリを0x00で全埋めすると…

リスト7は, memset() を使って確保したメモリを0x00で埋める処理を追加したものです. このプログラムを実行した場合はリスト8のとおりです.

Rssが増加したことから, 物理メモリを多く使用したことが確認できます. このイメージを図1（b）に示します.

▶ メモリ領域に対して最初の書き込みが発生すると4Kバイト単位でメモリが確保される

物理メモリは「ページ」と呼ばれる単位で管理され, 多くのアーキテクチャでは1ページ=4Kバイトです. このためRssは必ずページ・サイズの倍数になります.

mmap() で確保したメモリ領域には最初は物理ページはまったく割り当てられていませんが, 必要になったときに初めて物理メモリ・ページが割り当てられます.「必要になったとき」を正確に表すと, そのメモリ領域に対して最初の書き込み（1st write）が発生したタイミングで物理メモリ・ページが割り当てられます. これをデマンド・ページングと呼びます.

● ステップ3：使用できるページ数を調べる

メモリの空き状況を調べるfreeコマンドで, リスト9のようにメモリ量を調べます. これによるとメモリのtotalは254,980Kバイトと示されています.

実験に使用したCAT724は256Mバイト（＝262,144Kバイト）のメモリを搭載しています. freeコマンドでのメモリtotalとの差異は約7Mバイトです. これはカーネルによって静的に使われた分です. これを除いた254980Kバイトをページ・サイズ（4Kバイト）で割ることで使用できるページ数がわかります. 本装置では63,745ページが使用できます.

第2部　しくみがわかれば差は歴然！ Linuxを高性能に使うテクニック10＋

実験3：物理メモリの割り当て速度

● `malloc()`でのメモリ確保時間と`memset()`でメモリに書き込む時間を測定

　ユーザ空間からハードウェア・タイマ・レジスタを操作する方法，およびタスク切り替えを抑制する方法を第18章に示しました．同じ手法を使い，物理メモリの割り当て速度を可視化します．**リスト10**にプログラムを示します．

　測定する時間は以下のとおりです．

- `malloc()`の時間の測定
- `memset()`で0xFFを埋める時間の測定．5回測定する

リスト10　物理メモリの割り当て速度を可視化するプログラム

```
// メモリ確保サイズは 4Mバイト
#define SIZE    (4*1024*1024)
static char *p;
static void malloc_test(void)
{
    struct tpudrv_dev *dev;
    unsigned long cnt;
    dev = &tpudrv_dev[0];
/* いったんプロセスを開放しておく */
    usleep(100*1000); // 100msec
    tpu_stop(dev);
    TCNT(dev)=0;      // カウンタ・リセット，パルス立ち下げ
    tpu_start(dev); // カウンタ動作開始
// malloc() の時間計測 */
    p = malloc(SIZE);
    cnt = TCNT(dev);       // カウンタ値を記録
    dev_writew(dev->base + TPU_TGRA, cnt);     /* パルス立ち上げ */
    printf("malloc() cnt=%d: %d usec\n",cnt, tpudrv_calc_usec(dev,cnt));
}
static void memset_test(void)
{
    struct tpudrv_dev *dev;
    unsigned long cnt;
    dev = &tpudrv_dev[1];
/* いったんプロセスを開放しておく */
    usleep(100*1000); // 100msec
    tpu_stop(dev);
    TCNT(dev)=0;      // カウンタ・リセット，パルス立ち下げ
    tpu_start(dev); // カウンタ動作開始
// 物理メモリ確保の時間計測 */
    memset(p, 0xFF ,SIZE);
    cnt = TCNT(dev);       // カウンタ値を記録
    dev_writew(dev->base + TPU_TGRA, cnt);     /* パルス立ち上げ */
    printf("memset() cnt=%d: %d usec\n",cnt, tpudrv_calc_usec(dev,cnt));
}
int main()
{
    int i;
    puts("hello. malloc_speed1\n");
    dev_mmap();
    tpu_init();
/* リアルタイム・プロセス化 */
    struct sched_param sp;
    sp.sched_priority=1;
    sched_setscheduler(0, SCHED_RR, &sp);
    malloc_test();
    for(i=0; i<5; i++){
        memset_test();
    }
```

220

第22章 大容量のmallocをムダなく高速に行うコツ…必要なぶんだけ初期化して使う

表1 Linuxではメモリに最初に書き込んだときに物理メモリが割り当てられる

項目	1回目	2回目	3回目	4回目	5回目	6回目	7回目	8回目	9回目	10回目	平均
malloc()	454	447	449	451	447	449	448	445	456	449	450
memset() 1回目	32014	32219	31948	32228	31971	32032	32062	32013	32007	32051	32055
memset() 2回目	23591	23478	23655	23557	23498	23572	23476	23643	23506	23610	23559
memset() 3回目	23611	23615	23562	23662	23559	23623	23540	23633	23530	23598	23593
memset() 4回目	23619	23447	23668	23559	23502	23600	23526	23747	23516	23591	23578
memset() 5回目	23574	23632	23582	23576	23533	23616	23492	23558	23560	23658	23578

＊：単位 [μs]

・予約しただけ
・初回の書き込みだけ9ms長く時間がかかる＝物理メモリの確保に9msかかっている

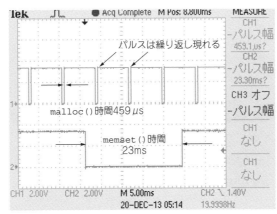

図2 malloc()の処理時間は459μs, malloc()の処理時間が23msとなり, malloc()がシステムに与える負担が小さいことがわかる

▶malloc()は459μs, memset()は23ms必要

結果を表1に示します．また，オシロスコープで測定した結果を図2に示します．malloc()の処理時間が459μs，memset()の処理時間が23msであることがわかります．なお，malloc()処理は一度だけですが，プログラムの関係からmalloc()の波形は繰り返し現れているように見えてしまいます．

ところで，memset()の処理時間ですが，1回目は32ms，2回目以後は23msと，9msの差異があることがわかります．この9msが物理メモリの割り当てにかかった時間であると推測できます．

☞Linuxではmalloc()しただけでは物理メモリは消費しない
☞最初の書き込みで物理メモリが割り当てられる
☞物理メモリはページと呼ばれる単位で割り当てられる．多くのアーキテクチャで1ページ＝4Kバイト

Linuxでは，メモリ使用量が事前に予測できない場合などでも，実際に使用した量だけしか物理メモリを使用しないため，多めにmalloc()しておいてもシステム負荷はありません．ただしmalloc()後にゼロ埋めしてしまうと物理メモリを確保してしまいますので，注意してください．

速度と確実性はトレードオフ！

第23章 物理メモリに高速／確実に読み書きするコツ…キャッシュの同期をコントロールする

本稿では，ファイル・システムの陰で行われる物理メモリの読み書き時間を調べてみます．

Linuxでは，ディスクのリード／ライトにキャッシュを活用しています[1]．まず，Linuxのファイル・システムがどのように動いているか，どのようにキャッシュを使っているかを見てみます．

さらに，ファイル読み書き時間を観察します．Linuxはプロセスが複数動いているOSなので，ディスクの読み書きには長めの遅延が生じます．その遅延を緩和する機能がLinuxには備えられているため，実験で特徴を確認してみます．

図1に示すようにディスクI/O用のドライバにprint関数を埋め込んで実験します．

実験内容

●ディスクI/O用ドライバを作って動きや遅延時間を観察する

256MバイトのDRAMのうち，32MバイトをRAMディスクとして使い，だれが，どのタイミングでディスクI/O処理を行っているかをprint関数を使って可視化します（実験1）．これに8Mバイトのパーティション領域を確保し，vfatファイル・システムを搭載して書き込み時間を観察します（実験2）．

- 実験1…ファイル読み書きの基本動作を観察してみる
- 実験2…書き込み遅延時間をいろいろ変えて観察してみる

簡単なRAMディスクのブロック型ドライバを作り，ディスクの読み書きでディスクI/O処理を可視化します．ディスクI/Oの最下部にあたるメモリへのread()とwrite()処理部分にプロセスIDとプロセス名を表示するprint文を挟み，だれが，どのタイミングでディスクI/O処理を行っているかを可視化します．

▶ブロック型ドライバの役割

Linuxのファイル・システム構成を図2に示します．

アプリケーションはファイルをopen()することから始まり，read()やwrite()の処理を行って最終的にはclose()します．カーネルではVFS（仮想ファイル・システム）の層がこれを受け，次にext2やext3といったファイル・システムのサブシステム部の該当関数をコールします．

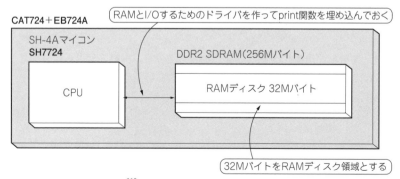

図1 実験内容…縁の下の力もち！ファイル・システムのはたらきを探る！RAMの読み出し／書き込みドライバにprint関数を埋め込んで動作させる

第23章 物理メモリに高速/確実に読み書きするコツ…キャッシュの同期をコントロールする

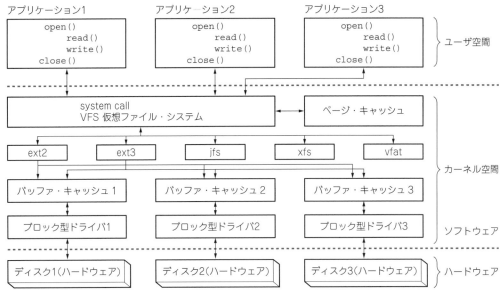

図2 アプリケーションから物理ディスクにアクセスするしくみ
jfs，xfs，vfatはext2やext3と同じようにバッファ・キャッシュとやりとりする

ディスク（ハードウェア）への入出力手順をコーディングしている部分がブロック型ドライバです．各ディスクごとにブロック型ドライバが用意されています．

実験1：ファイル読み書きの基本動作を観察してみる

● 実験用ドライバのソースコード

リスト1に，本実験で用いるRAMディスク・ドライバのうち，最下層にあたる入出力部分を示します．

上位レイヤからの指示は`struct request_queue *q`に積まれてきます．キューが空になるまでリクエスト`req`を取りだし，`dir`にしたがってセクタ単位の`read`もしくは`write`の処理を行います．この処理部分に，この関数をコールしているタスク名を表示するよう`printk`文を挟み込んで観察します．

● 実験1-1…書き込み処理

図3にファイル書き込み処理を示します．アプリケーション・プロセスが`write()`したデータはページ・キャッシュに置かれます．ディスクのI/O処理はCPU能力に比べると格段に遅いため，アプリケーション・プロセスはページ・キャッシュにデータを置いた時点で`write()`を完了し，呼び出し元に戻ってしまいます．その後，カーネル内で待機しているflushスレッドが，ページ・キャッシュからブロック型ドライバを経由してハードウェアへ書き出します．

リスト2に本ドライバのロード結果を示します．ドライバをロードすると
`/dev/sdb`
が作られます．システムはMBR（マスタ・ブート・レコード）からパーティション・テーブルを読もうとしますが，最初は空ですのでパーティションが見つからないとメッセージが出ます．

● 実験1-2…読み出し処理

ファイル・システムを使うのに必要なパーティションを作成し，読み出してみました．ディスク全体は

223

リスト1　実験用に作成したシンプルなRAMディスク・ドライバ

```
// ここがメインの入出力処理になる
void sbd_request(struct request_queue *q){
    struct request *req;
    int err;
    unsigned long sector;    /* 読み書き開始セクタ */
    unsigned long len;       /* バイト数 */
    int write;

    req = blk_fetch_request(q);
    while(req){
        struct sbd_dev *dev;
        dev = req->rq_disk->private_data;
        sector = blk_rq_pos(req);
        len  = blk_rq_cur_bytes(req);
        write = rq_data_dir(req);
        printk("      %s: sector=%ld, len=%ld,
                               pid=%d name=%s¥n",
               write?"write":"read ", sector, len,
                       current->pid, current->comm);   ← この関数をコールしているタスク名を表示する

        err = sbd_transfer(dev, sector, len,
                           req->buffer, write);
        if (!__blk_end_request_cur(req, err))
            req = blk_fetch_request(q);
    }
}
```

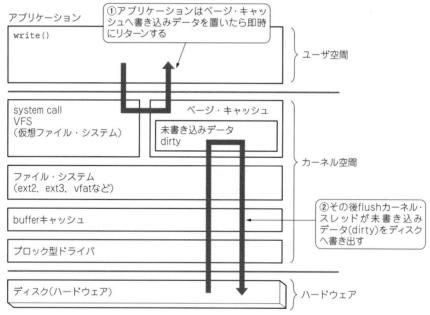

図3　アプリがファイルにデータを書き込む手順…ディスクI/Oは非常に遅いのでページ・キャッシュにデータを置いたらすぐにwriteを完了してしまう

リスト2　実験用ドライバをロードしてみた

```
# insmod sbd.ko
sbd hello
block major=240, max minor=16
sbd_open() pid=1122 name=insmod
    read : sector=0, len=4096, pid=1122 name=insmod
 sbd: unknown partition table          ← パーティションが見つからない
sbd_close() pid=1122 name=insmod
```

第23章　物理メモリに高速/確実に読み書きするコツ…キャッシュの同期をコントロールする

リスト3　パーティション作成を試してみる

```
# cfdisk /dev/sbd
sbd_ioctl() pid=1135 name=cfdisk
    read : sector=0, len=4096, pid=1135 name=cfdisk
    read : sector=8, len=4096, pid=1135 name=cfdisk
    read : sector=16, len=4096, pid=1135 name=cfdisk
    read : sector=24, len=4096, pid=1135 name=cfdisk
    write: sector=0, len=4096, pid=1140 name=flush-240:0
    read : sector=0, len=4096, pid=1138 name=cfdisk
 sbd: sbd1
sbd_close() pid=1138 name=cfdisk
```

MBR（マスタ・ブート・レコード）の読み出し

MBRの書き出し

ここでcfdisk上で
パーティション作成

図4　cfdiskコマンドでパーティションを作成する

32MバイトのRAMディスクですが，ここに8Mバイトの第一パーティションを作成します．**リスト3**，**図4**にパーティショニングの様子を示します．

リスト3によるとcfdiskプロセス自身がRAMディスク・ドライバのread処理関数をコールしています．最初はページ・キャッシュにキャッシュ・データがないため，**図5**のようにブロック型ドライバをコールしてセ

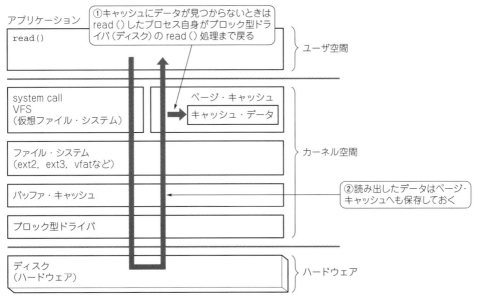

図5　読み出し時にキャッシュが空のとき…データ取得時にキャッシュにデータを取り込む処理を行う

第2部　しくみがわかれば差は歴然！Linuxを高性能に使うテクニック10＋

リスト4　vfatファイル・システムを作ってみる（mkfs.vfat）

```
# mkfs.vfat /dev/sbd1
mkfs.vfat 3.0.9 (31 Jan 2010)
unable to get drive geometry, using default 255/63

sbd_open() pid=1181 name=mkfs.vfat
sbd_close() pid=1181 name=mkfs.vfat
sbd_open() pid=1181 name=mkfs.vfat
    read : sector=63, len=1024, pid=1181 name=mkfs.vfat
    read : sector=65, len=1024, pid=1181 name=mkfs.vfat
    read : sector=67, len=1024, pid=1181 name=mkfs.vfat
    read : sector=69, len=1024, pid=1181name=mkfs.vfat
       …中略…
    write: sector=63, len=1024, pid=1181 name=mkfs.vfat
    write: sector=65, len=1024, pid=1181 name=mkfs.vfat
    write: sector=67, len=1024, pid=1181 name=mkfs.vfat
    write: sector=69, len=1024, pid=1181 name=mkfs.vfat
       …中略…
    write: sector=119, len=1024, pid=1181 name=mkfs.vfat
    write: sector=121, len=1024, pid=1181 name=mkfs.vfat
sbd_close() pid=1181 name=mkfs.vfat
```

読み書きしているプロセス．mkfs.vfat自身がブロック・ドライバの最下位ルーチンをコールしている

リスト5　vfatファイル・システムをマウントしてみる（mount）

```
sbd_open() pid=1187 name=mount
    read : sector=15935, len=1024, pid=1187 name=mount
    read : sector=15937, len=1024, pid=1187 name=mount
    read : sector=15939, len=1024, pid=1187 name=mount
       …中略…
    read : sector=119, len=512, pid=1187 name=mount
    read : sector=120, len=512, pid=1187 name=mount
    read : sector=121, len=512, pid=1187 name=mount
    read : sector=122, len=512, pid=1187 name=mount
```

読み書きしているプロセス．mount自身がブロック・ドライバの最下位ルーチンをコールしている

クタ・データを読み出すしかありません．read()したプロセス自身がファイル・システムの各階層をコールしていき，最終的には最下層のブロック型ドライバをコールします．

▶ **ファイル・システムをvfatにしておく**

この段階では，まだファイル・システムはRAMディスクにありません．そこで，フォーマット・コマンドを使って，vfatファイル・システムにしてから同様に試しました（**リスト4**，**リスト5**）．各コマンドがRAMディスク・ドライバをコールしてリード，ライト処理を行っています．以降はこのvfatファイル・システムで実験します．

実験2：書き込み遅延時間をいろいろ変えて観察してみる

● 実験2-1…1Mバイトのランダム・データの書き込みコマンド発行

リスト6のようにddコマンドを用いて/dev/urandomから1Mバイトのデータをファイルへ出力します．/dev/urandomはランダムなバイナリ・データが無限に得られるデバイスです．

ddコマンド自体は即座に終了し，シェルに戻ります．オペレータ（人間）から見るとまるでファイルの書き込みが終わったかのように見えます．しかし**リスト6**を見ると，実際には全くファイル・ライトは行われていません．

▶ **結果…処理が行われるまでになんと30秒もかかってしまった…**

`cat /proc/meminfo`

によると，まだキャッシュからディスクへ書かれていないデータ（Dirtyなデータ）は1Mバイト強あります．

226

第23章　物理メモリに高速/確実に読み書きするコツ…キャッシュの同期をコントロールする

リスト6　1Mバイトのデータを書き出してみる

```
# cd /media
# dd if=/dev/urandom of=data.bin bs=1M count=1    ← ランダムな内容の1Mバイトのファイルを作成
 05:27:00 supercat kernel:      read : sector=72, len=512, pid=1214 name=dd
 05:27:00 supercat kernel:      read : sector=73, len=512, pid=1214 name=dd
ここでddコマンドは終了し シェルに戻ってくる.
見かけ上はddファイルへの書き込みは完了している

# cat /proc/meminfo    ← /proc/meminfoを見ると，ディスクへ書き出していないデータ
    …中略…                （Dirtyデータ）が約1M強存在していることがわかる
Dirty:             1036 kB

    …28秒間のアイドル…    ← 約30秒ほど待つと，ディスクへの書き出しが始まる.
                           書き出し処理を行っているのはカーネルflushスレッド

 05:27:28 supercat kernel:      write: sector=71, len=512, pid=1191 name=flush-240:0
 05:27:28 supercat kernel:      write: sector=72, len=512, pid=1191 name=flush-240:0
 05:27:28 supercat kernel:      write: sector=73, len=512, pid=1191 name=flush-240:0    ⎫ FAT管理
 05:27:28 supercat kernel:      write: sector=83, len=512, pid=1191 name=flush-240:0    ⎬ テーブル
 05:27:28 supercat kernel:      write: sector=84, len=512, pid=1191 name=flush-240:0    ⎭
 05:27:28 supercat kernel:      write: sector=85, len=512, pid=1191 name=flush-240:0
 05:27:28 supercat kernel:      write: sector=91, len=512, pid=1191 name=flush-240:0

 05:27:35 supercat kernel:      write: sector=6271, len=4096, pid=1191 name=flush-240:0
 05:27:35 supercat kernel:      write: sector=6279, len=4096, pid=1191 name=flush-240:0   ⎫ ファイ
 05:27:35 supercat kernel:      write: sector=6287, len=4096, pid=1191 name=flush-240:0   ⎬ ル本体
 05:27:35 supercat kernel:      write: sector=6295, len=4096, pid=1191 name=flush-240:0   ⎭
    …中略…
 05:27:35 supercat kernel:      write: sector=8303, len=4096, pid=1191 name=flush-240:0
 05:27:35 supercat kernel:      write: sector=8311, len=4096, pid=1191 name=flush-240:0
```

　このまま30秒ほど待つと，ディスクへの書き出しが始まります．まずセクタ番号が若いほうへライトが行われます．これはおそらくはFAT管理テーブルと思われます．その後ファイル本体の書き出しが始まります．ddコマンド自身はすでに終了していますので，プロセスとして存在しません．この処理を呼び出しているプロセスはpid＝1191，"flush-240：0"という名のカーネル・スレッドです．

　キャッシュからディスクへの書き出しは次のタイミングで行われます．

- sync（1）コマンド，またはsync（2）関数が実行されたとき
- キャッシュ・メモリがあふれたとき
- Dirtyなデータが30秒間メモリに置かれたとき

● 実験2-2…キャッシュ・ヒット時の読み込み処理

　リスト7のようにheadコマンドで先ほど作ったファイルの先頭64バイトを読み出します．続けてhexdumpコマンドでヘキサ・ダンプ表示します．

リスト7　キャッシュ・ヒットの場合のファイル読み出し動作

```
# head -c 64 data.bin | hexdump -C
00000000  b3 42 fc 19 95 24 8d 42  41 35 1a b9 82 bd 7e a4  |.B...$.BA5....~.|
00000010  dc 04 09 e0 59 95 dc e9  05 8d 2a 0a c6 70 a3 8e  |....Y.....*..p..|
00000020  fd 7a 7c 32 ae 82 c4 58  f6 56 61 3e b8 4f a6 e6  |.z|2...X.Va>.O..|
00000030  8c 97 f3 61 cd e7 6c 90  4e 55 8c ad 31 6f 5c 23  |...a..l.NU..1o\#|
```

data.binの先頭64バイトをダンプ表示．ramdiskへのアクセスは発生しなかった（キャッシュに入っているため）

227

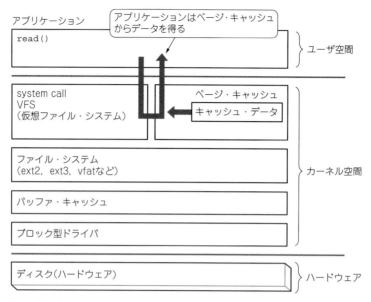

図6 読み出し時にキャッシュ・データがあるときは即座に読み出せる

リスト8 あらかじめキャッシュをクリアしておく

```
# echo 3 > /proc/sys/vm/drop_caches
```

▶余計なデータをクリアしておいてから実験する

このコマンドを実行しても，RAMDISKドライバの読み出し処理はコールされませんでした．ページ・キャッシュにデータが入ってしまっているためです（図6）．

キャッシュをクリアしてから同様の実験を行います．リスト8にページ・キャッシュのクリア手順を示します．

▶結果…予測しながら読み出している

リスト9に結果を示します．ファイルを読み出しているheadプロセス自身が，RAMディスクのリード処理を行っています．ここでは4096バイト×4回の，16Kバイトの読み出しとキャッシュへのリードを行っています．「おそらくはこの先のデータも読まれるであろう」という予測による先読み動作です．投機的リードとも呼ばれます．

リスト9 キャッシュ・ミスヒットの場合のファイルを読み出し動作…予測して先読みする

```
# head -c 64 data.bin | hexdump -C           ←再びdata.binの先頭64バイトをダンプ表示

 05:32:24 supercat kernel:       read : sector=6271, len=4096, pid=1222 name=head
 05:32:24 supercat kernel:       read : sector=6279, len=4096, pid=1222 name=head    ファイル本体
 05:32:24 supercat kernel:       read : sector=6287, len=4096, pid=1222 name=head
 05:32:24 supercat kernel:       read : sector=6295, len=4096, pid=1222 name=head

00000000  b3 42 fc 19 95 24 8d 42  41 35 1a b9 82 bd 7e a4  |.B...$.BA5....~.|
00000010  dc 04 09 e0 59 95 dc e9  05 8d 2a 0a c6 70 a3 8e  |....Y.....*..p..|
00000020  fd 7a 7c 32 ae 82 c4 58  f6 56 61 3e b8 4f a6 e6  |.z|2...X.Va>.O..|
00000030  8c 97 f3 61 cd e7 6c 90  4e 55 8c ad 31 6f 5c 23  |...a..l.NU..1o\#|
```

セクタ6271からファイルのデータ本体が格納されている．16Kバイト先読み（投機的リード）を行ってキャッシュに入れる

第23章　物理メモリに高速/確実に読み書きするコツ…キャッシュの同期をコントロールする

リスト10　書き込み間隔パラメータを調整しておく

```
# echo 100 > /proc/sys/vm/dirty_writeback_centisecs    ← 1秒
# echo 1000 > /proc/sys/vm/dirty_expire_centisecs      ← 10秒
```

リスト11　書き込み遅延時間調整後にファイルを書き出してみる…遅延が28秒から4秒になった！

```
13:59:15 supercat kernel:      read : sector=69, len=512, pid=1168 name=dd
13:59:15 supercat kernel:      read : sector=70, len=512, pid=1168 name=dd
     …8秒間のアイドル…        ← リスト6では28秒のアイドル
13:59:23 supercat kernel:      write: sector=68, len=512, pid=1128 name=flush-240:0 ⎫
13:59:23 supercat kernel:      write: sector=69, len=512, pid=1128 name=flush-240:0 ⎪
13:59:23 supercat kernel:      write: sector=70, len=512, pid=1128 name=flush-240:0 ⎪ FAT管理
13:59:23 supercat kernel:      write: sector=80, len=512, pid=1128 name=flush-240:0 ⎬ テーブル
13:59:23 supercat kernel:      write: sector=81, len=512, pid=1128 name=flush-240:0 ⎪
13:59:23 supercat kernel:      write: sector=82, len=512, pid=1128 name=flush-240:0 ⎪
13:59:23 supercat kernel:      write: sector=91, len=512, pid=1128 name=flush-240:0 ⎭
     …4秒間のアイドル…
13:59:27 supercat kernel:      write: sector=2175, len=4096, pid=1128 name=flush-240:0 ⎫
13:59:27 supercat kernel:      write: sector=2183, len=4096, pid=1128 name=flush-240:0 ⎪
13:59:27 supercat kernel:      write: sector=2191, len=4096, pid=1128 name=flush-240:0 ⎬ ファイ
13:59:27 supercat kernel:      write: sector=2199, len=4096, pid=1128 name=flush-240:0 ⎪ ル本体
     …中略…                                                                         ⎪
13:59:27 supercat kernel:      write: sector=4207, len=4096, pid=1128 name=flush-240:0 ⎪
13:59:27 supercat kernel:      write: sector=4215, len=4096, pid=1128 name=flush-240:0 ⎭
```

● 実験2-3…書き込み遅延時間を短くしてみる

　Linuxではデフォルトでは30秒間のアイドルの後にディスクへの書き出しが始まりました．この間にファイルを消せば，ディスクI/Oが省略されキャンセル可能です．ファイルを作っては消し，作っては消しといった環境では，30秒は妥当と考えられますが，組み込み機器など電源が即時に落とされてしまうシステムでは30秒間は少し長すぎます．この間に（sync実行前に）電源が落とされるとデータ・ロストします．

- flushスレッド起床までの時間（デフォルトは5秒）

　　/proc/sys/vm/dirty_writeback_centisecs
- dirtyキャッシュのメモリ滞在時間（デフォルトは30秒）

　　/proc/sys/vm/dirty_expire_centisecs

をそれぞれ書き換えることで変更できます．単位は1/100秒です．

▶ 結果…アイドル時間が半分以下に！

　リスト10のように各パラメータをそれぞれ1秒，10秒として同様の実験を行った結果をリスト11に示します．アイドル時間が短縮されました．

● 実験2-4…絶対キャッシュからディスクへの書き込み漏れがないようにする同期モードを試す

　Linuxのファイル・システムはデフォルトではasync（非同期モード）ですが，syncオプションを付けることで同期モードも選択できます．書き込みを遅延せず，都度必ず書き出すモードです．安全性は高まりますが非常に遅くなります．

▶ 結果…512バイト単位でちまちま書き込んでいる

　syncモードの実験結果をリスト12に示します．FATテーブルの書き換えの都度，512バイト（1セクタ単位）で書き込み動作を行っていることがわかります．

229

第2部　しくみがわかれば差は歴然！ Linuxを高性能に使うテクニック10＋

リスト12　キャッシュとディスクを同期するsyncモードで細かくファイルを書き出してみた

```
# mount /dev/sbd1 /media/ -o sync ←──────────────  オプションsyncを指定
# cd /media/
# dd if=/dev/urandom of=data.bin bs=1M count=1 ←──  1Mバイトのファイル書き出し
                                                                      512バイト
 08:40:24 supercat kernel:     write: sector=91, len=512, pid=1280 name=dd
 08:40:26 supercat kernel:     read : sector=67, len=512, pid=1280 name=dd
 08:40:26 supercat kernel:     write: sector=79, len=512, pid=1280 name=dd
 08:40:26 supercat kernel:     write: sector=67, len=512, pid=1280 name=dd
 08:40:26 supercat kernel:     write: sector=79, len=512, pid=1280 name=dd      ddプロセス自身
 08:40:27 supercat kernel:     write: sector=67, len=512, pid=1280 name=dd      が細かくディス
 08:40:27 supercat kernel:     write: sector=79, len=512, pid=1280 name=dd      クへ書き出し
 08:40:27 supercat kernel:     write: sector=67, len=512, pid=1280 name=dd      （FAT処理）
 08:40:27 supercat kernel:     write: sector=79, len=512, pid=1280 name=dd
 08:40:27 supercat kernel:     write: sector=67, len=512, pid=1280 name=dd
```

リスト13　flushモードでサッとファイルを書き出してみた

```
# mount /dev/sbd1 /media/ -o flush ←──────────────  オプションflushを指定
# cd /media/
# dd if=/dev/urandom of=data.bin bs=1M count=1 ←──  1Mバイトのファイル書き出し

 08:41:46 supercat kernel:     read : sector=67, len=512, pid=1285 name=dd      fat処理
 08:41:46 supercat kernel:     read : sector=68, len=512, pid=1285 name=dd
 08:41:48 supercat kernel:     write: sector=127, len=4096, pid=1285 name=dd
 08:41:48 supercat kernel:     write: sector=135, len=4096, pid=1285 name=dd
 08:41:48 supercat kernel:     write: sector=143, len=4096, pid=1285 name=dd    ファイル本体
 08:41:48 supercat kernel:     write: sector=151, len=4096, pid=1285 name=dd    書き出し
 08:41:48 supercat kernel:     write: sector=159, len=4096, pid=1285 name=dd
 08:41:48 supercat kernel:     write: sector=167, len=4096, pid=1285 name=dd
```

● 実験2-5…書き込みスピードを上げるしくみ vfatのflushモードを試す

Linuxのvfatにはflushモード・オプションがあります．flushはvfatだけの特有のオプションでext3などのファイル・システムにはありません．ドキュメントによれば，「flushオプションがセットされている場合，ファイル・システムは標準より早くディスクに対するフラッシュ動作を行う」とあります．

▶ 結果…コマンド実行完了後には書き込みが終わっている

syncモードの実験結果を**リスト13**に示します．FATテーブルの書き換えは一度のI/Oで行い，その後はddプロセス自身がファイル本体の書き換えを行っています．flushスレッドに託すのではなく，自分自身でファイル・ライトを行っているようです．

ddプロセス自身がファイルの書き込み処理を行うため，ddコマンドが終了しシェルに戻ってきたときにはディスクへの書き出しが実際に完了しています．

◆ 参考文献 ◆

(1) 宗像 尚郎；HDDなどの大容量ブロック・デバイスに高速アクセスするしくみ，マイコン・プログラマのためのLinux超入門，第1回，Interface 2014年5月号，CQ出版社．

第23章 物理メモリに高速/確実に読み書きするコツ…キャッシュの同期をコントロールする

Column microSDへの書き出し時間を調べてみた

本文中で述べたように，vfatには次のモードがあります．

- async（非同期，デフォルト）
- sync（同期）
- flush

各モードごとにmicroSDへ1Mバイトのファイル書き出し時間を調べました．結果をリストAに示します．syncモードは非常に遅いのですが，flushモードは使えそうです．

リストA vfatの3種類のモードでmicroSDへの書き出し時間を調べた

```
# mount /dev/mmcblk0p1 /media/ -o async
# time (dd if=/dev/urandom of=/media/data.bin bs=1M count=1 ; sync)
1+0 records in
1+0 records out
1048576 bytes (1.0 MB) copied, 8.3374 s, 126 kB/s

real    0m8.762s
user    0m0.020s          ┌─ 8.3sで終了した ─┐
sys     0m2.170s
```

(a) 非同期（async）モード（デフォルト）

```
# mount /dev/mmcblk0p1 /media/ -o sync
# time (dd if=/dev/urandom of=/media/data.bin bs=1M count=1 ; sync)

1+0 records in
1+0 records out
1048576 bytes (1.0 MB) copied, 50.4797 s, 20.8 kB/s

real    0m50.566s
user    0m0.000s          ┌─ 約50秒もかかった ─┐
sys     0m2.190s
```

(b) 同期（sync）モード

```
# mount /dev/mmcblk0p1 /media/ -o flush
# time (dd if=/dev/urandom of=/media/data.bin bs=1M count=1 ; sync)
1+0 records in
1+0 records out
1048576 bytes (1.0 MB) copied, 8.38965 s, 125 kB/s

real    0m8.740s
user    0m0.010s          ┌─ 8.4sで終了した ─┐
sys     0m2.180s
```

(c) flush モード

231

Linuxで使える代表的なファイル・システムは把握しておく

第24章 ファイル・システムを選ぶコツ…互換性/圧縮率/速度で使い分ける

表1 Linuxで使える代表的なファイル・システム
現在開発が進められていてほぼ安定したといわれているext4形式は，2Eバイト（エクサ・バイト＝1024Tバイト）と大きなディスクが使用できる．一方で，株式トレードやデータ・ログなど時刻情報が重要な意味を持つシステムでは，秒単位のタイム・スタンプでは不十分となってきている．ext4では，時刻の分解能が2^{-30}という非常に小さな時刻単位まで記録できるよう設計されている

ファイル・システム	ext4	ext3	jffs2	cramfs	FAT32
最大ディスク・サイズ[バイト]	1E（＝1024T）	32T	128M	256M	2T
最大ファイル・サイズ[バイト]	16T	2T	128M	16M	4G
時刻分解能[s]	2^{-30}	1	1	時刻なし	2
メリット	大きなスケール	高速	透過型圧縮	透過型圧縮・高速	広い互換性
デメリット	開発中	HDD向け	遅い	リードのみ	ディスク使用効率

● Linuxならでは！ ファイル・システム選び放題

　組み込みOSにLinuxを選択する理由として，豊富なファイル・システムが選べることが挙げられます．RTOSではミドルウェアとしてFATがオプションで用意されていることがありますが，Linuxのファイル・システムの豊富さにはかないません．表1に組み込みLinuxで使用されるファイル・システムを示します．互換性が高い，圧縮率が良い，読み出しが高速など，さまざまなタイプがあります．

　そこで本稿では，ファイル・システムをいろいろと組み替えて，圧縮率やマウント時間，読み出し時間を調べてみます．

　読み書き時間とファイル・システム・サイズ，この二つのトレードオフから目的に合うファイル・システムを選択することになります．

実験内容

● 3種類のファイル・システムを試す
　図1のようにして，以下の3種類を測ります．
- 実験1…ルート・ファイルを変換してサイズを比べる
- 実験2…ルート・ファイル・システムのマウント時間を比べる
- 実験3…起動後のファイル・システムの読み出し時間を比べる

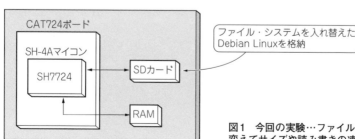

図1 今回の実験…ファイル・システムをいろいろ変えてサイズや読み書きの速度を調べる

第24章　ファイル・システムを選ぶコツ…互換性/圧縮率/速度で使い分ける

表2　ルート・ファイル・システムの大きさと用いられるメモリの種類

必要なディスク・サイズ	種　類
およそ8Mバイト以下	RAMディスク
8M～32Mバイト	NOR型フラッシュ
32Mバイト～Gバイト単位	フラッシュ・ストレージ（eMMCやSDカードなど）

　試すファイル・システムは以下の3種類です.
（a）Linuxボードで定番のjffs2
（b）完全リード・オンリのcramfs
（c）パソコン用で大容量・高速なext3

Linuxの主なファイル・システム

● サイズで適切なメモリ＆ファイル・システムが変わってくる

　組み込みLinuxではルート・ファイル・システムが必要です. 表2にルート・ファイル・システムの大きさと, 用いられるメモリの種類を示します.

　ルート・ファイル・システムのサイズがおよそ8Mバイト以下に収まるような小規模な組み込みLinuxでは, ファイル・システムをRAM上に置くinitramfsが用いられます.

　8Mバイトから32Mバイト程度であればNOR型フラッシュ・メモリが, それ以上であればNAND型フラッシュ・メモリや, 外部コントローラが必要になるeMMC, SDメモリーカードなどのフラッシュ・ストレージが用いられます.

● Linuxボードで定番：jffs2

　jffs2は透過型の圧縮が効くファイル・システムで, 組み込みLinuxでよく使用されています. しかし全般的に読み書きが遅く, 特にマウント時に時間がかかるといったデメリットがあります.

● 圧縮＆高速読み出し：cramfs

　cramfsは完全リード・オンリーで一切書き換えができません. ある意味では組み込み機器向けに安全なファイル・システムともいえるでしょう. 圧縮が効くファイル・システムとしては, 読み出しの時間も高速です.

▶ デフォルトでは無効になっている

　cramfsは通常はカーネルに組み込まれていないと思います. カーネルのコンフィグレーションで有効にすると, cramfsが使用できます.

```
File systems --->
  [*] Miscellaneous filesystems --->
    <*>  Compressed ROM file system support (cramfs)
```

▶ パソコン用で大容量・高速：ext3

　ext3はPC向けLinuxで広く使われており, 信頼性も高く, 高速です. しかしHDD向けに作られていることもあって, 小さなブロック・デバイス向けではありません.

実　験

　ffs2, cramfs, ext3の3種類のファイル・システムを使って, 以下の実験を行いました.

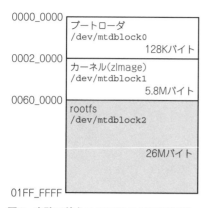

図2 実験で使うCAT724のNOR型フラッシュROMのメモリ・マップ

```
# mkfs.jffs2 -p -o rootfs_jffs2.bin -e 128 -r rootfs/
```
(a) jffs2イメージの作成

```
# mkfs.cramfs rootfs/ rootfs_cramfs.bin
```
(b) cramfsイメージの作成

```
(1) 0x00で埋められた26Mバイトの空のファイルを作成する
# dd if=/dev/zero of=rootfs_ext3.bin bs=1M count=26

(2) ext3でフォーマットし，ループバック・マウントする
# mkfs.ext3 rootfs_ext3.bin
# mount -o loop rootfs_ext3.bin /media/

(3) すべてのファイルをコピーし，アンマウントする
# cp -a rootfs/* /media/
# sync
# umount /media/
```
(c) ext3イメージの作成

図3 ルート・ファイル・システムに必要なファイルをroot/ディレクトリにまとめる手順

● 実験準備… ファイル・システムをそれぞれ組み込む

CAT724ではストレージとして32MバイトのNOR型フラッシュ・メモリを使用しています．図2にそのメモリ・マップを記します．全体32Mバイトを三つの領域に分けています．

- /dev/mtdblock0 　128Kバイト　ブートローダ
- /dev/mtdblock1 　5.8Mバイト　カーネル（zImage）
- /dev/mtdblock2 　26Mバイト　rootfs

CAT724ではrootfs領域を，通常はjffs2形式でフォーマットして使用しています．

そこで，図3のようにして，それぞれの形式でのルート・ファイル・システムを構築しておきます．

● 実験1… ルート・ファイルを変換してサイズを比べる

CAT724のルート・ファイル・システムの全ファイル容量は合計23.5Mバイト（24,681,632バイト）です．

▶ jffs2やcramfsは圧縮が効く

それぞれのファイル・システム形式に変換した後のサイズを，表3に示します．図4のように，サイズ面では圧縮が効くjffs2やcramfsが有利です．

● 実験2… ルート・ファイル・システムのマウント時間を比べる

SH7724内蔵のタイマ2を利用し，ルート・ファイル・システムのマウント時間を測定しました．

カーネルへの変更点をリスト1に示します．カーネルの起動時引き数に`rootfstype=`ファイル・システ

表3 実験時のファイル・サイズ

ファイル・システム	表示された結果	サイズ [バイト]
元のファイル	元のファイル・サイズ合計23.5Mバイト（24,681,632バイト）	24,681,632
jffs2	-rw-r--r-- 1 root root 13107200 Dec 22 01:00 rootfs_jffs2.bin	13,107,200
cramfs	-rw-r--r-- 1 root root 12300288 Dec 22 01:02 rootfs_cramfs.bin	12,300,288
ext3	-rw-r--r-- 1 root root 27262976 Dec 22 01:23 rootfs_ext3.bin	27,262,976

第24章 ファイル・システムを選ぶコツ…互換性/圧縮率/速度で使い分ける

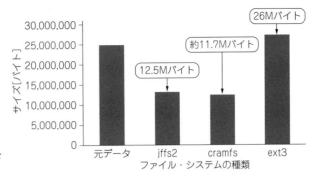

図4 変換時のファイル・サイズを調べてみた

リスト1 マウント時間を調べるためにLinuxカーネルを改造しておく

```
--- linux-3.0.4_cat724-orig/init/do_mounts.c    2011-08-30 05:56:30.000000000 +0900
+++ linux-3.0.4_cat724/init/do_mounts.c         2014-12-22 00:31:14.104508575 +0900
@@ -285,7 +285,29 @@
     *s = '\0';
 }

-static int __init do_mount_root(char *name, char *fs, int flags, void *data)
+#define TMU_TSTR    ((volatile unsigned char*)0xFFD80004)
+#define TMU2_TCOR   ((volatile unsigned long*)0xFFD80020)
+#define TMU2_TCNT   ((volatile unsigned long*)0xFFD80024)
+#define TMU2_TCR    ((volatile unsigned short*)0xFFD80028)
+#define EXTAL_CLK       33333333
+#define MODULE_CLOCK    (EXTAL_CLK*5/4)
+#define TMU2CLK         (MODULE_CLOCK/64)
+
+static void tmu2_init(void)
+{
+    *TMU_TSTR &= ~(1<<2);   /* STOP TMU2 */
+    *TMU2_TCOR = 0xffffffffUL;
+    *TMU2_TCNT = 0xffffffffUL;
+    *TMU2_TCR = 2;          /* MODULE_CLOCK/64 */
+    *TMU_TSTR |= (1<<2);    /* START TMU2 */
+    printk("%s() TMU_TSTR=0x%02x\n",__func__,*TMU_TSTR);
+}
+
+static unsigned long tmu2_tcnt(void){
+    return *TMU2_TCNT;
+}
+
+static int __init _do_mount_root(char *name, char *fs, int flags, void *data)
 {
     int err = sys_mount(name, "/root", fs, flags, data);
     if (err)
@@ -301,6 +323,19 @@
     return 0;
 }

+static int __init do_mount_root(char *name, char *fs, int flags, void *data)
+{
+    int ret;
+    unsigned long count, time;
+    printk("%s() mount-start\n",__func__);  /* ebihara 2014-12 */
+    tmu2_init();
+    ret = _do_mount_root(name, fs, flags, data);
+    count = -tmu2_tcnt();
+    time = (1000*count)/TMU2CLK;
+    printk("%s() mount-finish. count=%ld, %ld msec\n",
+                                       __func__, count, time); /* ebihara 2014-12 */
+    return ret;
+}
+
 void __init mount_block_root(char *name, int flags)
 {
     char *fs_names = __getname_gfp(GFP_KERNEL
```

表4 rootfsとした場合にマウントにかかる時間

(a) jffs2

測定回数	表示された結果
1	do_mount_root() mount-finish. count=846143, 1299 msec
2	do_mount_root() mount-finish. count=846145, 1299 msec
3	do_mount_root() mount-finish. count=846202, 1299 msec
4	do_mount_root() mount-finish. count=846148, 1299 msec
平均マウント時間 [ms]	1299

(b) cramfs

測定回数	表示された結果
1	do_mount_root() mount-finish. count=6998, 10 msec
2	do_mount_root() mount-finish. count=7006, 10 msec
3	do_mount_root() mount-finish. count=7006, 10 msec
4	do_mount_root() mount-finish. count=7006, 10 msec
平均マウント時間 [ms]	10

(c) ext3

測定回数	表示された結果
1	do_mount_root() mount-finish. count=14012, 21 msec
2	do_mount_root() mount-finish. count=14034, 21 msec
3	do_mount_root() mount-finish. count=14033, 21 msec
4	do_mount_root() mount-finish. count=14034, 21 msec
平均マウント時間 [ms]	21

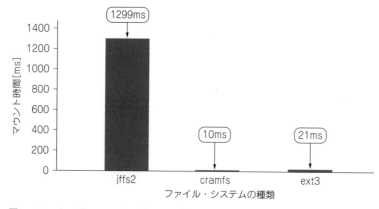

図5 ファイル・システムをいろいろと変えて，マウントにかかる時間を調べてみた

ム形式を追記して，カーネルを起動します．

▶ jffs2からcramfsにすると起動を1秒高速化できる

3種類のファイル・システムのマウント時間を計測すると表4のようになりました．ファイル・システム形式をjffs2からcramfsに変更すると，図5のように起動が約1秒高速化できそうです．

● 実験3… 起動後のファイル・システムの読み出し時間を比べる

図6の全文検索コマンドを使用して，起動後のファイル・システムの読み出し時間を測定しました．

▶ 読み出し時間はext3が有利

結果を表5に示します．図7のようにext3が速度面で有利との結果になりました．

第24章 ファイル・システムを選ぶコツ…互換性/圧縮率/速度で使い分ける

```
# echo 3 > /proc/sys/vm/drop_caches
# cd /usr          ← カレント・ディレクトリを/usrにする
# time grep "dummy" * -r > /dev/null
                   ↑ "dummy"文字列を検索
```

図6 `/usr`以下の全てのファイルから`"dummy"`文字列を検索するコマンド

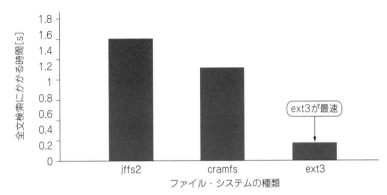

図7 ファイル・システムをいろいろと変えて，全ファイルの検索時間を調べてみた

表5 ファイル・システムを変えて全ファイルを検索してみた

(a) jffs2

実験回数	表示された結果(時間)	
1	real	0m1.848s
	user	0m0.100s
	sys	0m1.520s
2	real	0m1.855s
	user	0m0.080s
	sys	0m1.580s
3	real	0m1.851s
	user	0m0.140s
	sys	0m1.560s
平均sys時間[s]	1.553333333	

(b) cramfs

実験回数	表示された結果(時間)	
1	real	0m1.944s
	user	0m0.100s
	sys	0m1.130s
2	real	0m1.990s
	user	0m0.160s
	sys	0m1.230s
3	real	0m1.985s
	user	0m0.100s
	sys	0m1.180s
平均sys時間[s]	1.18	

(c) ext3

実験回数	表示された結果(時間)	
1	real	0m1.533s
	user	0m0.170s
	sys	0m0.260s
2	real	0m1.533s
	user	0m0.220s
	sys	0m0.200s
3	real	0m1.533s
	user	0m0.220s
	sys	0m0.200s
平均sys時間[s]	0.22	

237

大容量データ転送は専用ハードウェアに任せるのが基本

第25章 Linuxが苦手なデータ高速転送のコツ…DMAを使う

　割り込みを用いて周辺デバイスとデータ転送を行う方法はとても一般的ですが，Linuxの割り込み応答速度はそれほど速くありません．Linuxでは割り込み禁止期間が長いこともあり，ワースト・ケースにおいては1ms以下（1kHz以上）の割り込みは間に合わないことがあります．1ms以下の時間の制御は，リアルタイムOSに比べると劣ります．しかし，ハードウェアDMA（direct memory access）転送を使うことにより，Linuxが苦手としている高速なデータ・サンプリングやデータ転送を実現することができます．DMAは，CPUを介さずメモリと周辺デバイス間でデータ転送を実現するしくみです．
　今回は，Linuxの苦手とする高速なデータ転送を，専用DMAコントローラ回路を使って実現してみます．

実験内容

　図1に今回の実験を示します．4Mバイト分のデータをDMAでGPIOポートに出力してみます．
（1）物理メモリを4Mバイト確保
（2）ユーザ・プロセスの仮想空間へ4Mバイトのメモリ（0x00～0x07の繰り返しデータ）を貼り付ける
（3）DMA転送でGPIOポートAへ出力
（4）GPIOポートAに3ビットのD-A変換回路を接続し，オシロスコープで波形を観察する

● ハードウェア
▶ GPIOポートに接続するD-A変換回路
　ポートAに接続した3ビット簡易D-A変換回路を図2に示します．R-2Rラダー回路で構成しています．

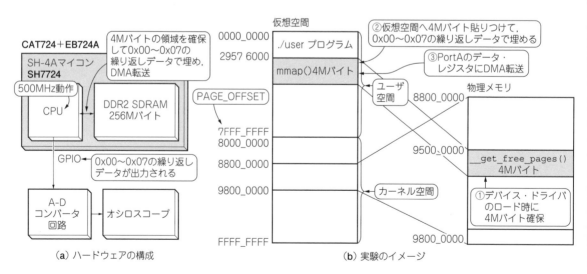

図1　4Mバイトの仮想メモリを確保してGPIOにひたすらDMA転送してみる
本当は12ns周期で高速データ転送を行えるが，確認しやすくするために256分周した約3μs（12ns×256）周期で実験を行った

238

第25章　Linuxが苦手なデータ高速転送のコツ…DMAを使う

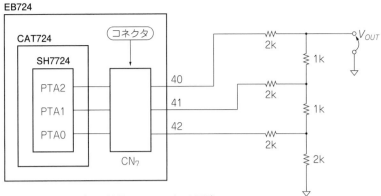

図2　使用した3ビット簡易D-Aコンバータ回路

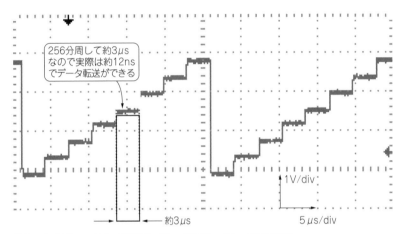

図3　さすがハードウェアは超っ速っ! 約12nsデータ転送成功
約3μs＝325.52kHz（バス・クロック83.3MHzの256分周）

● 結果…3μsでデータ出力できている

結果を図3に示します．転送速度はバス・クロック83.333MHzの256分周としたため，約3μs（325.52kHz＝83.333MHz÷256）で階段状の波形が得られています．

3μsでデータを出力することは，Linuxの割り込みでは不可能なことです．DMA転送を用いると，高速で安定したデータの入出力を行えます．

おさらい…DMA転送

● 物理メモリと周辺デバイス間で自動的にデータ転送

図4にDMA転送の基本的なしくみを示します．DMAコントローラDMACは，物理メモリ（今回の例ではDRAM）と周辺デバイス間のデータ転送を制御するコントローラ回路です．制御レジスタに以下を指定し，外部または内部からトリガを与えると，DMACが自動的にデータの転送を行います．

(1) 転送元アドレス（アドレスを増加する/しない）
(2) 転送先アドレス（アドレスを増加する/しない）
(3) 転送長（バイト数）

DMACによっては転送完了時に割り込みを発生させたり，あらかじめ繰り返し条件を与えたりできるものもあります．

239

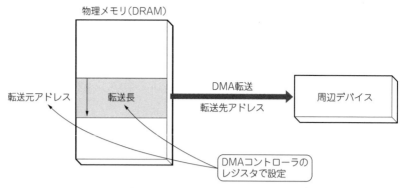

図4 コントローラの制御レジスタに転送元と転送先のアドレス，転送長さを指示するだけで，DMA転送できる

● CPUキャッシュと物理メモリの内容が一致する必要がある

　CPU内のキャッシュ・メモリとDRAMの内容が異なっていると，DMA転送はうまくいきません．キャッシュの内容と物理メモリの一貫性をとる必要があります．これをコヒーレンシを確保すると表現します．

▶ 物理メモリ→周辺デバイスへの出力…DMA転送前にキャッシュを書き出す

　CPU内キャッシュ・メモリには，まだ物理メモリ（DRAM）へ書き出していないデータが蓄積されています．図5（a）のようにDMA転送前にキャッシュを物理メモリに書き出す必要があります．

（1）キャッシュを書き出し（flush）
（2）DMA転送

▶ 周辺デバイス→物理メモリへの入力… あらかじめキャッシュ内のデータを捨てておく

　図5（b）のようにCPU内のキャッシュ・メモリには，DMAデータ転送前の古いデータが残っていることがあります．キャッシュ・メモリから物理メモリへの書き出しはキャッシュが溢れたときに行われるため，プロ

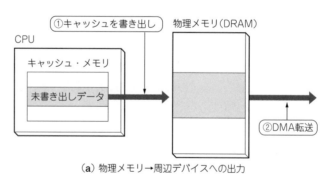

（a）物理メモリ→周辺デバイスへの出力

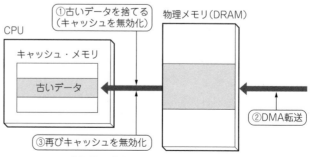

図5　DMA転送の手順　　（b）周辺デバイス→物理メモリへの入力

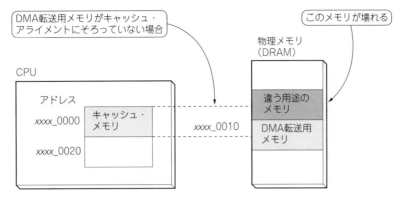

図6 DMA転送を行う開始番地がずれるとメモリを壊してしまう

グラマが意図しないタイミングで行われます．

したがって，せっかくDMAによって周辺デバイスから物理メモリへデータが入力されても，キャッシュ内にあった古いデータによって物理メモリが上書きされてしまうことがあります．これを防ぐためにキャッシュ・メモリを捨てる（invalidate）必要があります．

（1）キャッシュを無効化（invalidate）
（2）DMA転送
（3）再びキャッシュを無効化

● キャッシュの書き出し/無効化はアライメント単位で行う

CPU内のキャッシュ・メモリは，数バイト単位のブロックごとにキャッシュを行います．SH-4Aでは32バイト単位です．キャッシュ・メモリの書き出し，無効化は32バイト単位で行われることになります．

32バイト単位ですからキャッシュの書き出しや無効化は，アドレスの下位が0x20の倍数のメモリに対して行われます．これをキャッシュ・アライメントと呼びます．もし，DMA転送を行う開始番地がキャッシュ・アライメント（アドレスが0x20の倍数）から図6のようにずれてしまうと大変です．キャッシュの書き出しや無効化を意図的に行う際に，違う用途のメモリを破壊してしまうことにつながります．

☞DMA転送用メモリはキャッシュ・アライメントにそろえる

● 物理メモリの連続性を確保しておく必要がある

Linuxは仮想メモリ空間で動作するOSです．プログラマ視点で見るとメモリ・アロケーションしたメモリ空間は，仮想メモリ的には連続です．しかし物理メモリが連続しているかは保証されません．しかしDMAは物理メモリからデータを転送します．仮想メモリについて何も知りません．そこで，DMA転送を用いる場合は，物理メモリが連続している空間を用意する必要があります．

Linuxでは低レベルな関数として

__get_free_pages(オプション, ページ数の2のn乗);

があります．その名のとおり，物理的なメモリ・ページを直接確保します．多くのアーキテクチャで1ページは4Kバイトです．ページ・アライメントは4Kバイト（アドレスの下位が0x1000の倍数）になります．当然ながらキャッシュ・アライメント（アドレスが0x20の倍数）にそろいます．

アーキテクチャによってはDMA転送可能なメモリ空間が制限されていることがあります．そこで，DMA可能なメモリ空間を指示するため，オプションとしてGFP_DMAを与えます．SH-4の場合はすべてのメモリ空間がDMA転送可能なため，このオプションは単に無視されます．

第2部 しくみがわかれば差は歴然！ Linuxを高性能に使うテクニック10＋

リスト1 実験用に作ったユーザ・プロセス

```c
#include <sys/mman.h>
#include <sys/types.h>
#include <sys/stat.h>
#include <stdio.h>
#include <stdlib.h>
#include <unistd.h>
#include <fcntl.h>
#include <sys/ioctl.h>

/* dma ドライバ・メモリ・サイズ */
#define SIZE (4*1024*1024) /* 4Mバイト*/

/* ioctl() コマンド番号 */
#define DMADRV_DMA_START 0x1000 /* Start DMA */
#define DMADRV_DMA_STOP  0x1001 /* Stop  DMA */

int main(int argc, char *argv[]){
    int fd;
    int i;
    int ret;
    unsigned long from,num;
    unsigned char *mem_map;

    if(! argv[1]){
        /* 使い方 */
        printf("%s map_file_name\n",argv[0]);
        exit(1);
    }

    printf("mmap test %s\n",argv[1]);
/* ファイルをopenする */
    fd=open(argv[1], O_RDWR);
    if(fd<=0){
        perror(argv[1]);
        exit(1);
    }

/* fd を使ってmmap する (ポインタが戻る)*/
    from = 0;
    num  = SIZE;
    mem_map = mmap(0, num, PROT_READ|PROT_WRITE, MAP_SHARED, fd, from);
    if(mem_map < 0){
        perror(argv[1]);
        exit(1);
    }
    printf("mmaped at %p\n",mem_map);
/* map した仮想メモリ・アドレス */

/* 0x00...0x07 を繰り返しメモリに書く */
    for(i=0; i<SIZE; i++){
        mem_map[i] = i & 0x07;      // 3ビット
    }

/* dma転送開始 */
    ret = ioctl(fd,DMADRV_DMA_START,SIZE);
    if(ret){
        printf("ioctl() error %d\n",ret);
    }

/* mmap を閉じる*/
    munmap((void*)mem_map, num);

/* しばらくプログラムを終わらせないため */
    sleep(100);    /* 100秒 */

/* デバイスを閉じる*/
    close(fd);

    return 0;
}
```

第25章　Linuxが苦手なデータ高速転送のコツ…DMAを使う

必要なメモリ数は2のn乗で示します．

引き数
$0 \cdots 2^0 = 1$ページ（4Kバイト）
$1 \cdots 2^1 = 2$ページ（8Kバイト）
$2 \cdots 2^2 = 4$ページ（16Kバイト）
$3 \cdots 2^3 = 8$ページ（32Kバイト）

物理的に連続したメモリ空間が見つからない場合は失敗します．11以上を与えた場合，失敗することが多いようです．

DMA転送実験

図1に今回の実験を示します．

● ステップ1…物理メモリを4Mバイト確保

デバイス・ドライバのロード時に__get_free_pages()関数によって，4Mバイトの連続した物理メモリを確保します．

ドライバ・ロードの実行結果を図7に示します．アドレス0x9500_0000から4Mバイト確保しました．

● ステップ2…ユーザ・プロセスの仮想空間へ4Mバイトのメモリを貼り付ける

ユーザ・プロセスをリスト1に示します．ドライバをopen()したのち，mmap()を呼び出しています．ドライバ内のmmap()ファイル・オペレーション関数によって，4Mバイトの空間をユーザ空間へ貼り付けます．

実行結果を図8に示します．mmap()の戻り値として0x2957_6000を得ました．このアドレスへアクセスすることによって，物理メモリへ直接読み書きすることができます．これでユーザ空間とカーネル空間のメモリ・コピーを回避（ゼロ・コピー）し，データ転送が大幅に効率化します．

● ステップ3…メモリを0x00～0x07の繰り返しデータで埋める

転送元データとして，リスト1の50～52行目のように0x00～0x07の繰り返しデータで埋めています．第19章で紹介したphys_memory_dumpで物理メモリをダンプ表示した結果を図9に示します．0x9500_0000から始まる物理メモリが0x00～0x07で埋まっていることを確認します．

```
# insmod ./dmadrv.ko
dmadrv_init() hello
kernel_buffer=95000000 size=4194304   ← 4Mバイト確保できた
  minor=60
```

図7　ドライバをロードするときに4Mバイト分の領域を確保する

```
# ./user /dev/dmadrv
mmap test /dev/dmadrv
mmaped at 0x29576000   ← mmapの戻り値
dmadrv_ioctl()
dmadrv_sh4a_dma_start()
```

図8　mmap()で4Mバイトの空間をユーザ空間に貼りつける

第2部　しくみがわかれば差は歴然！ Linuxを高性能に使うテクニック10＋

0x00～0x07の繰り返しデータ

```
# ./phys_memory_dump 0x95000000
0x95000000:00 01 02 03 04 05 06 07 00 01 02 03 04 05 06 07 :
.................
0x95000010:00 01 02 03 04 05 06 07 00 01 02 03 04 05 06 07 :
.................
0x95000020:00 01 02 03 04 05 06 07 00 01 02 03 04 05 06 07 :
.................
0x95000030:00 01 02 03 04 05 06 07 00 01 02 03 04 05 06 07 :
.................
0x95000040:00 01 02 03 04 05 06 07 00 01 02 03 04 05 06 07 :
.................
```

図9　物理メモリが0x00～0x07で埋まっている

● ステップ4…DMA転送でGPIOポートAへ出力

図2に，ポートAに接続した3ビットのD-A変換回路を示します．ポートA（PTA0-PTA2）に0x00～0x07を与えることで，階段状の波形が得られます．

ドライバのioctl()関数からDMA転送の開始/終了指示を出します．ここではSH-4Aのレジスタを直接操作しています．

- 転送元：4Mバイトの空間（アドレスはインクリメント）
- 転送先：GPIOポートAのデータ・レジスタ（アドレスは固定）
- 転送バイト数：4Mバイト

としています．転送速度はバス・クロック（83.333MHz）/256分周としているため，計算上は約325kHz（3.07μs）となります．

以上の実行結果を図3に示します．およそ3μs周期と読み取れます．

なお，本稿の実験ではバス・クロックの256分周としていますが，SH-4AマイコンSH7724には64分周，16分周，分周なしモードも選択できます．分周なしならnsオーダの転送速度になります．

第25章　Linuxが苦手なデータ高速転送のコツ…DMAを使う

Column　カーネル・ソース関数でキャッシュと物理メモリのコヒーレンシを確保しておく

　DMAを使うには，CPUのキャッシュと物理メモリのコヒーレンシ確保が欠かせません．そこで，Linuxでは，カーネル・ソースにこのための関数が用意されています．この関数はドライバで呼び出しています．

　作成したドライバのソース・コードの一部を**リストA**に示します．114行目の`dma_cache_sync()`がキャッシュと物理メモリのコヒーレンシを確保する関数です．この関数は，カーネル・ソース・コードの`arch/sh/mm/consistent.c`にソースがあります．**リストB**にこのソースを抜粋します．同期の方法は`DMA_TO_DEVICE`（周辺デバイスへの書き出し）としています．

リストA　作成した実験用ドライバ（dmadrv.c）

```
108   int dmadrv_sh4a_dma_start(struct dmadrv_dev *dev)
109   {
110       printk("%s()\n",__func__);
111
112       dmadrv_sh4a_dma_tx_init(dev);
113
```
　　　　キャッシュと物理メモリのコヒーレンシを確保する関数
```
114       dma_cache_sync(NULL, (void*)dev->base, dev->size, DMA_TO_DEVICE);
115
116       *DMA_CHCR &= ~0x02; /* clear TE bit */
117       *DMA_CHCR |= 0x01;
118
119       // dmadrv_sh4a_debugprint();
120       return 0; /* success */
121   }
```

リストB　DMAに必須！ キャッシュと物理メモリのコヒーレンシ確保を行う関数がカーネル・ソースに用意されている

```
void dma_cache_sync(struct device *dev,
                            void *vaddr, size_t size, enum dma_data_direction direction)
{
    void *addr;

    addr = __in_29bit_mode() ?
      (void *)P1SEGADDR((unsigned long)vaddr) : vaddr;

    switch (direction) {
    case DMA_FROM_DEVICE:   /* invalidate only */
        __flush_invalidate_region(addr, size);
        break;
    case DMA_TO_DEVICE: ←   周辺デバイスへの書き出し
                                                              /* writeback only */
        __flush_wback_region(addr, size);
        break;
    case DMA_BIDIRECTIONAL:  /* writeback and invalidate */
        __flush_purge_region(addr, size);
        break;
    default:
        BUG();
    }
}
```

245

アイドル時の消費電力を抑えればバッテリ動作も目指せる

第26章 消費電力を減らすコツ…Linuxが備える機能を駆使する

● 組み込みLinux機器に求められること…低消費電力化やバッテリ駆動

　最近のLinux機器では，瞬発力（＝高クロックでの演算能力）だけではなく，アイドル時（待機時）の消費電力を下げることが求められます．バッテリ駆動すら求められることもあります．

　消費電力を減らす処理には，以下のものがあります．
- 待機状態からのすばやい立ち上がり
- イベント発生のすばやい検知
- 処理そのものの短時間化（＝省ステップ化）

　例えば，パソコンやスマートフォンでは，
- キーボード，マウス操作や画面のタップといった人間からの入力
- ネットワーク送受信
- 音声入出力，動画のコマ再生（タイマ処理）

といったイベント発生時に，すばやく短時間で処理を終えることが求められます．

● 本稿でやること…消費電力を節約しながらLinuxを動かしてみる

　そこで，本稿では消費電力を下げる実験をしてみます．プログラミングではなくLinuxのしくみを使うだけでどこまで消費電力を下げられるか確認してみます．

（1）Linuxの「コンフィグ」を使って，アイドル時のタイマ割り込み周期を変えたり，タイマ割り込みを省略したりする

（2）RAMにレジスタの情報を退避してRAM以外の電源を切るサスペンド機能を使ってみる

実験内容

　本稿で行う実験を図1に示します．

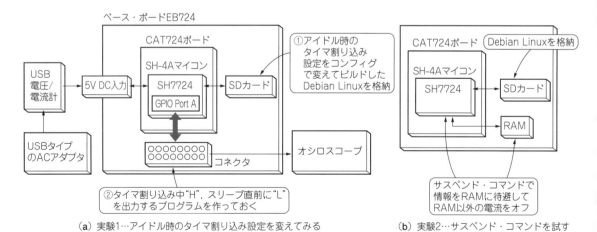

（a）実験1…アイドル時のタイマ割り込み設定を変えてみる　　（b）実験2…サスペンド・コマンドを試す

図1　実験内容…ビルド設定や専用コマンドを使ったときの低消費電力化の効果を調べる

第26章 消費電力を減らすコツ…Linuxが備える機能を駆使する

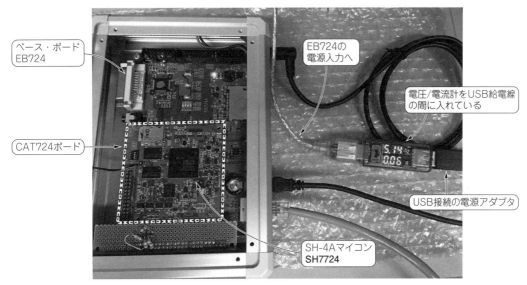

写真1 実験のようす
サスペンド時には消費電流は60mA

- 実験1-1…コンフィグでアイドル時のタイマ割り込み周期を変えてみる
- 実験1-2…コンフィグでアイドル時のタイマ割り込みを省略する
- 実験2……サスペンド機能（CPU休止機能）を専用コマンドで試す

　実験1では，コンフィグで省電力機能を設定したあと再ビルドを行い，オシロスコープで消費電流を測定します．写真1は実験2のようすです．

実験1：Linuxのアイドル時のタイマ割り込みを減らす

● 実験1-1…アイドル時のタイマ割り込み周期を長くする

　Linuxでは処理すべきことがないとき，より正確には「ランニング・プロセス数がゼロの場合」をアイドル状態とします．アイドル状態であっても周辺デバイスからの割り込みは受け付ける状態であり，一定周期ごとにタイマ割り込みが発生しています．
　タイマ割り込み周期はLinuxカーネルのコンフィグで変更することができます．
［Kernel features］→［Timer frequency（100Hz）］
　図2に示すように100Hz，250Hz，300Hz，1000Hzから選択可能です．PCでは250Hzがデフォルト，SH-4用Debianでは100Hz（割り込み同期10ms）がデフォルトとなっています．

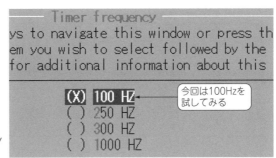

図2 タイマ割り込み周期を100Hz/250Hz/300Hz/1000Hzから設定できる

247

第2部　しくみがわかれば差は歴然！ Linuxを高性能に使うテクニック10＋

リスト1　アイドル時のタイマ割り込みを検出するプログラム その1…割り込み期間中GPIOポートを"H"にする

```
/* 実験用 */
#define _PADR 0xA4050120 /* ポートA データ・レジスタ */
#define PADR ((volatile unsigned char*)_PADR)
#define HIGH 1
#define LOW  0
static inline void cat724_gpio_pta(int bit , int value)
{
    if(value)
        *PADR |= (1<<bit);
    else
        *PADR &= ~(1<<bit);
}
/* ここまで */                      ┌─ do_IRQ() ─┐

asmlinkage __irq_entry int do_IRQ(unsigned int irq, struct pt_regs *regs)
{
    struct pt_regs *old_regs = set_irq_regs(regs);

    irq_enter();

    irq = irq_demux(irq_lookup(irq));

    cat724_gpio_pta(1,HIGH);    /* PortA_bit1 set */
    if(irq==16){
        cat724_gpio_pta(0, HIGH); /* PortA_bit0 SET */
    }

    if (irq != NO_IRQ_IGNORE) {
        handle_one_irq(irq);
        irq_finish(irq);
    }

    irq_exit();
    cat724_gpio_pta(0, LOW);    /* PortA_bit0 CLEAR */

    set_irq_regs(old_regs);

    return IRQ_HANDLED;
}
```

リスト2　アイドル時のタイマ割り込みを検出するプログラム その2…スリープ命令を実行する直前にGPIOポートを"H"にする

```
/* ここまでリスト1の11行目までと同じ */

void sh_mobile_call_standby(unsigned long mode)
{
    // printk("%s(mode=%d)¥n",__func__,mode);
    void *onchip_mem = (void *)RAM_BASE;
    struct sh_sleep_data *sdp = onchip_mem;
    void (*standby_onchip_mem)(unsigned long, unsigned long);

    /* code located directly after data structure */
    standby_onchip_mem = (void *)(sdp + 1);

    atomic_notifier_call_chain(&sh_mobile_pre_sleep_notifier_list, mode, NULL);

    /* flush the caches if MMU flag is set */
    if (mode & SUSP_SH_MMU)
        flush_cache_all();            ┌─ PortA_bit1を"L"に ─┐

    cat724_gpio_pta(1,LOW);      /* PortA_bit1 clear */
    /* Let assembly snippet in on-chip memory handle the rest */
    standby_onchip_mem(mode, RAM_BASE);

    atomic_notifier_call_chain(&sh_mobile_post_sleep_notifier_list, mode, NULL);
}
```

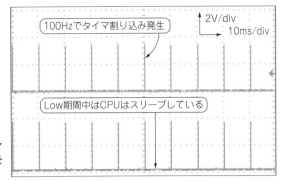

図3 実験1-1…Linuxのアイドル時タイマ割り込み周期を最長の10msにする

▶ タイマ割り込みを検出するプログラムを作る

リスト1のカーネル割り込みルーチンのエントリ関数do_IRQ()で，発生した割り込みがタイマ割り込み（IRQ16）であれば，割り込み処理期間中GPIOポートのPortA_bit0を"H"にするコードを埋め込みます．

リスト2のパワー・マネージメント・プログラムpm.cにて，CPUがアイドル時にスリープ命令を実行する直前にGPIOポートのPortA_bit1を"L"にするコードを埋め込みます．

▶ 結果…タイマ割り込み周期10msでは消費電力300mA

オシロスコープで観察したアイドル時の様子を図3に示します．タイマ割り込みが一定周期10msで発生しています．CPUは割り込み処理以外ではスリープ命令によって停止します．このときの消費電流は300mAでした．

● 実験1-2…アイドル時のタイマ割り込みを省略

Linuxではタイマ割り込みも必要に応じて動的に下げていくことができます．ランニングしているプロセス数が，CPUコア数以下であれば積極的にタスク切り替えを行う必要がありません．例えばコア数が2で，ランニング・プロセス（タスク）数も2（以下）であるなら，タスク切り替えの必要がないからです．もちろんランニング・タスクがゼロ（すなわちアイドル時）も同様です．

これを意味するtickless idleはカーネルのコンフィグにて設定できます．

[General setup]→[Timers subsystem]→[Timer tick handling(Idle dynticks system(tickless idle))]

設定画面を図4に示します．tickless idleとしてビルドしたカーネルにて同様の実験を行います．

▶ 結果1…microSDからの読み出しではCPUが間欠動作する

負荷としてddコマンドでmicroSDから読み出しを行いました．

```
# dd if=/dev/mmcblk0 of=/dev/null
```

その結果を図5に示します．タイマ割り込みは一定周期ではなくなっています．microSDの動作はCPUに比べて遅いため，CPUが間欠動作をしている様子がわかります．

▶ 結果2…CPUをフル稼働したときの消費電力は330mA

無限にゼロが出てくる仮想デバイス/dev/zeroから/dev/nullに全力でデータ転送する処理で，試してみます．

```
# dd if=/dev/zero of=/dev/null
```

実行結果を図6に示します．CPUは常に処理中でスリープしません．このときの消費電流は330mAでした．

図4 タイマ割り込みを省略して消費電力を減らすためのカーネルのビルド設定（コンフィグ）

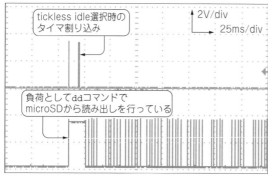

図5 実験1-2…タイマ割り込みを省略する機能を使ってみる

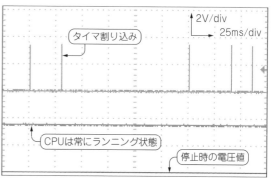

図6 全力でデータ転送するとCPUは常に動いている

図7 電源投入後7時間半アイドルさせて，タイマ割り込み発生数を調べてみた

▶結果3…タイマ割り込み省略時のアイドル状態では消費電力270mA

電源投入後7時間半アイドルとし，タイマ割り込み発生数を調べました．図7のように07時間27分11秒で，タイマ割り込みの発生回数は123,880回でした．平均すると4.61Hzとなります．

アイドル時の消費電流をUSB電流計で調べたところ，tickless idle：270mAと下がりました．

●実験結果…消費電力を18％減らせる

以上の結果をまとめます．

- タイマ割り込み周期10ms：300mA
- CPUフル稼働：330mA
- アイドル時のタイマ割り込み省略：270mA

このように，アイドル時のタイマ割り込みを調整することで消費電力を最大で60mA（18％）減らすことができました．

実験2：サスペンド機能を試す

●RAM以外の全回路を停止してみる

サスペンド機能は，スリープ直前のレジスタ情報をRAMへ退避し，RAM以外の電流をすべてオフするものです．このサスペンド機能を試してみます．

/sys/power/stateを見ると，対応しているサスペンド（中段）機能を確認できます．

```
# cat /sys/power/state
freeze mem disk
```

DRAMをセルフ・リフレッシュ・モードへ変更し，CPUを停止することで消費電力を大幅に下げられます．これをsuspend to memと呼びます．

```
# echo mem > /sys/power/state
```

第26章　消費電力を減らすコツ…Linuxが備える機能を駆使する

```
# echo mem > /sys/power/state
PM: Syncing filesystems ... done.
Freezing user space processes ... (elapsed 0.016 seconds) done.
Freezing remaining freezable tasks ... (elapsed 0.014 seconds) done.
Suspending console(s) (use no_console_suspend to debug)
```

サスペント時間は
合計して30ms程度

図8　サスペンドにかかる時間は約30ms

```
PM: noirq resume of devices complete after 0.244 msecs
PM: early resume of devices complete after 0.244 msecs
sh-dma-engine sh-dma-engine.1: DMAOR=0x0 hasn't latched the initial value 0x1.
usb usb1: root hub lost power or was reset
usb usb2: root hub lost power or was reset
ax88796 ax88796.0 eth0: PHY driver [Generic PHY] (mii_bus:phy_addr=ax88796-0:10, irq=-1)
usb0_port_power(),power=1
usb1_port_power(),power=1
PM: resume of devices complete after 439.941 msecs
Restarting tasks ... done.
#
```

復帰時間は440ms程度

図9　サスペンドからの復帰時間は約440ms

● 実験結果… 消費電流は60mA

　この結果を図8に示します．サスペンド時間は30ms程度とわずかです．消費電流は写真1のように60mA程度まで下がりました．サスペンドからの復帰にはNMI割り込みを用います．サスペンドからの復帰は図9のようにおよそ440ms程度でした．

251

Column　イベント検知をポーリングしないといけない場合には工夫が必要

　割り込みでイベントの発生を検知できるのであればCPUはアイドル状態で待機できます．割り込みが発生しないGPIOなどの信号入力や，イベントの有無を閾値で検出するなど，ソフトウェアによって判断する場面もゼロではありません．そのような場面ではポーリングによってイベント検知を行います．

　ポーリングの周期は消費電力量に直結します．短い周期でポーリングすればCPUの動作する時間が増えるため，消費電力量は増加します．例えばタクト・スイッチをGPIOに接続し，スイッチの押し/長押しを検知するのであれば，1kHz周期でポーリングしても早すぎて無駄です．筆者の経験上，50Hz程度で十分です．

● GPIOをシステム・コールで読み出すと…CPUぐるぐるがとまらない

　図AのようにGPIOのPortA（0xA4050120番地）にスイッチを8ビット分接続しておきます．このポートを読み出すシステム・コールを繰り返し呼び出すポーリング処理を行うプログラムを作り，消費電力を調べてみます．

　Linuxでは/sys/class/gpio/gpioN/value（NはGPIOの通し番号）を読み出すことでGPIOが"H"であるか"L"であるかがわかります．そこで，システム・コールを使ってユーザ空間からGPIOデバイス・ファイルを読み出すプログラムを作って実行してみます．しかし，1ビット読むごとにシステム・コールを発行することになり，一周のステップ数が非常に長く非効率です．

　実行結果を図Bに示します．gpio_polling()関数を1万回呼び出しているので，gpio_polling()関数1回の処理に0.43msかかっていることになります．50Hzでポーリングすれば，21.5msのCPU処理能力の2%強をこのためだけに使うことになります．

● 解決法…計量のカーネル・スレッドでポーリングする

　このような場合は，デバイス・ドライバを書き，カーネル・スレッドを起こしてGPIO PortAの1バイトを読む単純なポーリング・ループとしておきます．GPIOに変化があったときだけユーザ・プロセスを起床させるようにすれば，CPU負荷も減り消費電力を下げるとともに，他の処理へCPUを譲れるようになります．

● CPUのアイドル時間を知る方法

　CPUがどれほどの負荷であるかはtopコマンドで知ることができます．図Cでは99.0%がアイドルであるとわかります．この数値が十分に高いこと，またアイドル時にload averageが1.00を超えることがないよう確認する必要があります．

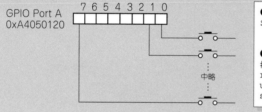

図A　GPIOにスイッチを8ビット分接続する

図B　ポーリング分1回にかかる処理時間は0.43ms

図C　topコマンドでCPUの稼働率を調べられる

◆ 参考文献 ◆

（1）宗像 尚郎；エコ時代はOSが動作状態をきめ細かく管理！電力制御メカニズム，マイコン・プログラマのためのLinux超入門，第10回，Interface 2014年8月号，pp.149-156，CQ出版社．

専用ICで電池長もち＆高精度！

第27章 正確な時刻を知るコツ …ハードウェア時計を使う

表1 ハードウェア時計とソフトウェア時計の特徴

分類	特徴	バッテリ・バックアップ	読み書き速度	精度	分解能
ハードウェア時計	時計IC	あり	低速	高い	一般に1秒単位
ソフトウェア時計	変数	なし	高速	低い	高分解能

　ファイルのタイム・スタンプを記録するなど，時刻のシステムはOSの基本機能です．LinuxではCPU処理時間が一定でないため，時刻をCPU内蔵タイマでカウントするソフトウェア時計を使うと誤差が生じます．高精度な時刻が求められる場合はハードウェア時計を使うことがあります．ハードウェア時計やソフトウェア時計の特徴を表1に示します．組み込みCPUでは内部にもハードウェア時計機能を備えるタイプもありますが，バッテリ・バックアップ回路の容易さや精度の観点から，CPUとは別に時計IC（RTC，リアルタイム・クロック）を実装することが多くあります．

　本稿では，この外付け時計ICで高精度な時刻を取得する方法を紹介します．

実験内容

● 時計ICを読み書きする時間や分解能を調べる
　本稿では，外付けの時計ICについて以下を調べます．
- 実験1…時計IC（ハードウェア時計）を読み書きする時間を測る
- 実験2…時刻分解能を調べる

● 実験ボードのリアルタイム・クロック（RTC）の構成
　実験で使用するSH-4A搭載LinuxボードCAT724のリアルタイム・クロックの構成を図1に示します．
　CPUとRTCはI^{2}Cバスで接続されており，時計レジスタの読み込みにはI^{2}Cによる通信を利用します．そのため，RTCの読み出しには時間がかかります．
　本RTCは0～50℃の範囲において25ppm以下の精度です．また一般的にRTCの分解能は1s単位であることが多く，本RTCでもそのようになっています．CAT724ではI^{2}Cの他にもRTCの32.768kHz出力周波数がCPU

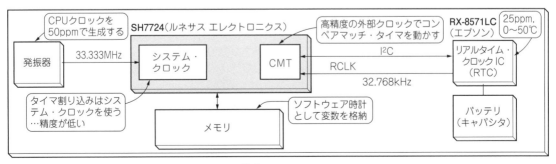

図1　実験に使うSH-4搭載ボードCAT724のタイマ構成

第2部　しくみがわかれば差は歴然！ Linuxを高性能に使うテクニック10＋

のRCLK端子に入力されています．RCLKはCPU内部でCMT（コンペアマッチ・タイマ）に接続されています．

おさらい：時計の動作

● 簡易的に済ませるソフトウェア時計

　伝統的なOSや自作OSなどでは，タイマ割り込みの際に時計変数をインクリメントして時間を計測する手法がとられることが多くあります．Linuxではjiffiesという変数がまさにこれに当たります．タイマ割り込みごとにjiffiesがインクリメントされます．したがってjiffiesを数えれば，現在経過した時刻がわかります．

　Linuxでは一定の間隔ごとにタイマ割り込みが発生します．タイマ周期はHZマクロで定義されます．一般的なPCではHZ＝250（4ms周期），組み込みのSH-LinuxではHZ＝100（10ms周期）がデフォルトで採用されています．

● ソフトウェア時計の時差要因

　この伝統的手法をLinuxで使おうとすると，以下の問題点があります．

- 時計分解能はタイマ割り込み周期依存
- 一般にCPUのシステム・クロック源の発振精度が高くない
- 完全な100Hzが作れないことがある
- CPUクロックの動的変動
- タイマ割り込み周期の動的変動

▶（1）時計分解能はタイマ割り込み周期依存

　タイマ割り込みごとに変数をインクリメントするので，時計の分解能はタイマ割り込み周期に依存します．PCでは4ms，SH-4では10ms刻みとなります．

▶（2）一般にCPUのシステム・クロック源の発振精度が高くない

　タイマ割り込みは，CPUに与えられるシステム・クロックを分周して得ています．しかしコストを優先した設計においては，このシステム・クロックの源となる水晶発振子の精度が高くないことが考えられます．例えば300ppm精度のクロックでは100万秒あたり300秒の誤差が発生しますので，100万秒＝11.5日あたり5分の誤差を意味します．

▶（3）完全な100Hzが作れないことがある

　タイマ割り込みはシステム・クロックを/2や/4，/8といった2のべき乗で分周したうえで，整数値によるディバイド（割り算）を行います．

　例えば200MHzのシステム・クロックを持つ装置で，タイマ割り込みのプリスケーラが1/256だったとします．この場合，タイマに入力される周波数は200MHz/256＝781250Hzとなります．ここから100Hzを作るには7812.5で割ればよいのですが，一番近い整数値7813をカウンタ値とした場合，実際のタイマ割り込み周期は781250Hz/7813＝99.9936Hzになります．これを100Hzと考えますので，誤差が累積していきます．

▶（4）CPUクロックの動的変動

　最近のCPUでは，ソフトウェア負荷に応じてCPUクロックを動的に変化させることがあります．タイマ割り込み周期も計算し直しますが，周波数がリニアに変化するシステムでは上記ディバイダの問題で正確な100.000Hzが作れるとは限らなくなります．

▶（5）タイマ割り込み周期の動的変動

　Linuxではシステム負荷が十分低いときにタイマ割り込みを間引く，ticklessと呼ばれるしくみがあります．タイマ割り込みを間引いてしまうので，タイマ割り込みの周期に依存する伝統的手法での時計更新ができなくなります．

254

第27章 正確な時刻を知るコツ…ハードウェア時計を使う

図2 タイマ割り込みでjiffiesをインクリメントする際に，CMTを読み出して正確な時刻を計算する

● 誤差を減らすために専用カウンタで時計管理を行う

　Linuxでは，タイマ割り込みによるソフトウェア変数インクリメント（jiffies）では精度が低いため，ハードウェアを使って時計管理を行います．

　例えばパソコンでは，IntelプロセッサのTSC（Time Stamp Counter）を使って時刻を得ています．TSCは1クロックごとにインクリメントされる64ビットのフリーランニング・カウンタです．すなわち時計の分解能はCPUクロック周波数の精度を持ちます．

　SHではTMU（TimerUnit）またはCMT（compare match timer）が使用できます．いずれもカウンタをフリーランニングさせておき，jiffies更新の際にカウンタ値を読み出し，前回との差分を取って経過時間を計算してソフトウェア変数xtimeを増加させます（図2）．これでタイマ割り込みの精度によらずxtimeを更新できるようになります．

実験：時計ICから10ms以下の精度で時刻を取得してみる

● 注意点…時計ICの読み書きには約50msも時間がかかる

　前述のとおり，時計ICの読み書きは時間がかかります．RTCドライバをリスト1のように改造し，I²Cを経由した時計ICの読み出し時間を計測しました．

リスト1　RTCドライバを改造してI²Cを経由した時計ICの読み出し時間を計測する

```
static int rx8581_rtc_read_time(struct device *dev, struct rtc_time *tm)
{
    int ret;
    unsigned long nsec;
    struct timespec ts1,ts2;
    getnstimeofday(&ts1);          // I2C読み出し前時刻
    ret=rx8581_get_datetime(to_i2c_client(dev),tm);
    getnstimeofday(&ts2);          // I2C読み出し後時刻

    // 差分を表示（ナノ秒単位）
    nsec = (ts2.tv_sec - ts1.tv_sec);
    nsec *= 1000000000;
    nsec += ts2.tv_nsec;
    nsec -= ts1.tv_nsec;
    printk("%s() %ld nsec\n", __func__, nsec);

    return ret;
}
```

第2部　しくみがわかれば差は歴然！ Linuxを高性能に使うテクニック10＋

表2　SH-4搭載ボードCAT 724のRTCを読み出すには，約50msかかる

回　数	処理時間 [ms]
1	48.828125
2	48.828126
3	48.828124
4	48.828124
5	49.072267
6	49.072264
7	48.828125
8	48.828126
9	48.828124
10	49.072265
11	48.828126
12	48.828123
13	48.828124
14	48.828127
15	48.828123
16	48.828127
17	48.828123
18	48.828127
19	48.828123
20	48.828127
平均48.864746ms	

リスト2　ソフトウェア時計では秒やナノ秒単位で時刻を扱える

```
typedef long              __kernel_time_t;

struct timespec {
        __kernel_time_t tv_sec;                    /* seconds */ ← 秒
        long            tv_nsec;                    /* nanoseconds */ ← ナノ秒
};

static struct timespec xtime __attribute__ ((aligned (16)));
```

リスト3　外付けRTCの時刻読み出しプログラム

```
#include <stdio.h>
#include <time.h>
#include <sys/time.h>

void print_time(void)
{
    struct timeval tv;
    struct tm tm;
    gettimeofday(&tv, NULL);
    localtime_r(&tv.tv_sec, &tm);

    printf("%4d-%02d-%02d %02d:%02d:%02d.%6d¥n",
        tm.tm_year + 1900,    ← 年
        tm.tm_mon + 1,        ← 月
        tm.tm_mday,           ← 日
        tm.tm_hour,           ← 時
        tm.tm_min,            ← 分
        tm.tm_sec,            ← 秒
        tv.tv_usec);
}

int main()
{
    while(1){
        print_time();    ← 時計の読み出し
        sleep(1);        ← 1秒のスリープ
    }
}
```

表2に結果を示します．時計ICの読み出しには平均して48.86msの時間がかかっています．

このためOSでは通常は内部の時計変数を用いて時間を得ています．Linuxではxtimeという名前のカーネル・グローバル変数がソフトウェア時計として使われます．リスト2に示すように，秒[s]単位およびナノ秒[ns]単位で時刻を管理しています．

● RTCのクロックを使ったときの時刻分解能を調べる

CAT724ではCMTの入力クロックとしてRTCから得ている32.768kHzを使用しています．こちらはワーストでも25ppmの精度があるため，CPUクロックよりも高精度な時刻を得ることができます．

リスト3にRTCのクロックを使ったときのxtime読み出しの例を示します．1秒のスリープを挟んで時計を読み出しています．

実行例をリスト4に示します．CAT724ではタイマ割り込みは100Hz（＝分解能10ms）ですが，10msよりも細かい分解能で時刻を得ることができています．

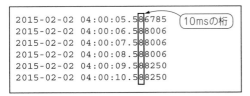

リスト4 RTCの時刻読み出しが10ms以下の分解能でできている

図3 RTCの読み出しタイミングがずれると60秒の誤差が生じる可能性がある

時計IC読み出しの注意点

● 読み出し中に桁上がりする可能性がある

一般的にRTCのレジスタは「年，月，日，時，分，秒」の独立した変数になっています．例えば，2015年2月3日4時5分59秒から，2015年2月3日4時6分0秒へ桁上がりが発生する瞬間にRTCを読み出したらどうなるでしょうか．年の桁から順に読み出した場合，2015年，2月，3日，4時，5分まで読み出した直後に秒の桁上がりが発生すると，00秒を読み出してしまいます（**図3**）．

正しい値は2015年2月3日4時5分59秒または2015年2月3日4時6分0秒のどちらかですが，読み出した値は2015年2月3日4時5分0秒です．60秒の誤差が生じます．秒の桁から順に読み出しても同じ現象が起こります．

● 回避方法

これを回避するにはいくつかの方法があります．

▶（1）時計を一時的に止める

RTCにSTOPビットがあれば一時的に時計を止めてしまい，読み出し後にSTOP解除する方法があります．ただし時計を止めるため，起動時に一度だけ時計を読むシステムならかまいませんが，頻繁に読み出しを行うと誤差が累積します．

▶（2）ラッチ機能があるRTCを使う

本RTCには，I^2C通信を開始した時点でRTCの時刻が通信用レジスタにラッチされるしくみがあります．本RTCでは特に工夫することなく時計データを安全に読み出せますが，この機能は一般的とはいえません．

▶（3）秒の桁上がりをポーリングして一気に読む

先に実験したように，本RTCの読み出し時間は平均して48msでした．したがって何回かRTCの読み出しポーリングを行い（この間の時刻データは不正確である可能性があるので捨てる），秒の桁の変化を見つけてからエイヤで一気に読み出しを行います．原始的ではありますが，RTCの読み出し時間が1秒より十分に短いことがわかっていれば，ハードウェアに依存しない一番移植性の高い方法です．

Linuxのhwclockコマンドはハードウェアに依存しないよう考慮して，この手法を用いています．したがってhwclockの実行には最大で1秒間の無駄なポーリングが発生します．

第2部　しくみがわかれば差は歴然！ Linuxを高性能に使うテクニック10＋

Column　Linuxのタイマ・カウント関数 jiffies の桁上がり問題

　jiffiesはタイマ割り込みごとにインクリメントするunsigned long変数です．本文中に記載したようにLinuxのタイマ割り込みはHZマクロで定義されますのでjiffiesは毎秒HZインクリメントしていきます．したがって，jiffiesを単純に大小比較することは不具合の原因になります．

```
t1 = jiffies + HZ; // 1秒後
while(t1>jiffies){
  ; // 1秒間のループ
}
```

　jiffiesが0x1000など，ロールオーバしない場合で考えれば，t1＝0x1000＋1000x1064となりますから

```
while(0x1064>jiffies){
  ; // 1秒間のループ
}
```

は正常動作します．しかしjiffiesが0xfffffff0，つまり－16である場合，t1 = 0xfffffff0 + 100 = 0x54ですので

```
while(0x54 > jiffies){
  ; // 1秒間のループ
}
```

は条件が成立せず，一度もループしないことになります．このような場合は引き算を行い差分で条件を記述することで正常動作します．

```
t1 = jiffies; // ループ開始時刻
while(jiffies-t1 < HZ){
  ; // 1秒間のループ
}
```

　100HZのシステムでは約495日で0xffffffffから0x00000000へロールオーバ（桁上げ）します．これはjiffiesの495日問題と言われています．

　ところでLinuxではjiffiesは0xFFFFF448，つまり－5分で初期化されてスタートします．

　include/linux/jiffies.hには以下の記載があります．

```
#define INITIAL_JIFFIES ((unsigned long)(unsigned int) (-300*HZ))
```
　したがって起動から5分で初回のロールオーバを迎えることになります．

索 引

第 1 部

数字・アルファベット・記号

/dev	44
/etc/passwd	138
/proc	30
/root	127
ACPI (Advanced Configuration and Power Interface)	95
APM (Advanced Power Management)	95
BIOS (Basic Input/Output System)	19
btrfs	134
CAM (Content Addressable Memory)	32
CFS (Completely Fair Scheduler)	16
chmodコマンド	129
close()	49
COW (Copy On Write)	134
CPUfreq	97
CPUhotplug	98
CPUidle	98
Cステート	95
Daemon	26
DMA Buffer Sharing	91
DMA engine	91
DMAスレーブ転送	90
DMAバースト転送モード	90
DMAバッファ	88
DMAマスタ・モード	90
DMA転送	88
DRM (Direct Rendering Manager)	80
DTB (Device Tree Blob)	109
DTS (Device Tree Source)	109
DTSI (DTS include)	109
dumb-KMS	82
ext3	70
ext4	70
FHS (The Filesystem Hierarchy Standard)	128
fread()	50
freeコマンド	72
glibc	50
GPU (Graphics Processing Unit)	78
GRUB	21
HIGHMEM	30
I/Oスケジューラ	74

inode番号	128
IOMMU	77
iptables	143
jffs2	70
Linuxカーネル	12
LRU (Least Recently Used)	34
LSM (Linux Security Modules)	144
MAC (Mandatory Access Control)	144
malloc()	18
man	50
mmap()	60
MMU (Memory Management Unit)	32
NPTL (Native POSIX Thread Library)	37
O (1) スケジューラ	39
One Kernel for All	82
OOM (Out Of Memory killer)	34
open()	49
OSI (Open Source Initiative)	59
PM QOS (Quality Of Service)	102
POSIX mmap	85
POSIX (Portable Operating System Interface)	13
POSIXインターフェース	49
POSIX境界	47
procファイル・システム	60
PTE	32
Pステート	96
read()	49
Runtime PM	101
S0ステート	96
scatterlist	89
SMP動作	66
SSL (Secure Socket Layer)	143
sudoコマンド	140
suspend-to-Disk	100
suspend-to-RAM	99
swap領域	34
SYSFS	45
System V IPC共有メモリ	85
SysVinit	20
sysファイル・システム	60
Sステート	95
task_struct構造体	36
TCP Wrapper	142
tickless動作	97
tick動作	97

259

TLB（Translation Lookaside Buffer）	17
treeコマンド	127
UBIFS	70
u-boot（The Universal Boot Loader）	21
udev	45
udev.rulesファイル	45
udevd	46
umaskコマンド	142
UNIX	13
VFS	70
VRAM	77
Window System	82
write()	49
X11	82

あ・ア行

アービトレーション	90
アイドル状態	94
アカウント名	138
アクセス権	128
アクセス権限設定	140
アドレスの連続性	28
アロケーション要求	18
ウェア・レベリング	136

か・カ行

カーネル・イメージ	21
カーネル・コンフィグ	105
カーネル・スケジューラ	38
カーネル・スレッド	57
カーネルの強制アクセス制御	144
カーネル空間	17
仮想アドレス	17
仮想アドレス空間	27
仮想記憶	17
仮想ファイル・システム	70
仮想メモリ空間	17
ガベージ・コレクション	136
管理者用アカウント	139
起動プロセス	23
公開鍵	143

さ・サ行

サスペンド状態	94
システム・コール	49
ジャーナリング・ファイル・システム	134
条件変数	66
シングル・タスク	16
シンボリック・リンク	129

スーパバイザ・モード	47
スケジューリング	16
スケジューリング・ポリシ	18
スケジュール遅延	55
スピン・ロック	66
スレッド	37
セキュア・ブート	145
セキュアLinux	144
セクタ	68
セグメンテーション違反	33
セマフォ	66

た・タ行

ダイナミック・ローディング	25
タイム・スライス	35
タスク	12
タスク・スケジューリング	12
ダブル・バッファ	79
遅延書き込み	45
調停管理	61
ディスクリプタ	36
ディストリビューション	20
ディストリビュータ	20
テーブル参照	29
デーモン	26
デバイス・ツリー	103
デバイス・ツリー・オーバレイ	119
デバイス・ドライバ	14
デバイス・ノード名	45
デバイス・ファイル	44
デバイス・プローブ処理	25
デバイス動的検出	45
電力制御	93
投機的なメモリ資源予約	18
動的投機の割り当て	28
特権モード	47
トリプル・バッファ	80

な・ナ行

| ネットワーク・アクセス制限 | 143 |

は・ハ行

ハード・リンク	130
ハードウェアの抽象化	43
ハイバネーション	99
排他制御	66
バス・トポロジ	110
バス・マスタ・デバイス	79
バッファ・キャッシュ	72

索 引

バリア	66
パワー・ドメイン	101
ヒープ・エリア	30
秘密鍵	145
標準Cライブラリ	50
ビルド	105
ファイル・システム標準階層構造	128
物理アドレス	17
物理メモリ・アドレス	29
プラグ＆プレイ	25
プラットホーム・デバイス	107
プリエンプション機能	66
プリエンプティブ・マルチタスク・スケジューリング機構	35
フレーム	31
プロセス	16
プロセス・コンテキスト	36
プロセス空間	29
プロセス優先度	56
ブロック・デバイス	29
ページ	17
ページ・オフセット	31
ページ・キャッシュ	29
ページ・ディレクトリ	31
ページ・テーブル	31
ページ・テーブル・エントリ	32
ページ・フォルト	33
ページID	31
ページ回収	34
ボード・コンフィグ	105
ポーリング	50
ボトム・ハーフ	56

ま・マ行

マイクロカーネル	13
マルチタスク	15
マルチプラットホーム	104
マルチユーザ	15
ミューテックス	66
メタデータ	71
モジュール	25
モノリシック・カーネル	13

や・ヤ行

ユーザ空間	17
読み取り/書き込みロック	66

ら・ラ行

ランレベル	26
リアルタイム・スケジューリング・クラス	41

リアルタイム・タスク	41
リーナス・トーバルズ	77
ルート・ディレクトリ	25
ルート・ファイル・システム	25
レジューム動作	94

わ・ワ行

ワークキュー	56
割り込み応答	54
割り込みコンテキスト	56
割り込みハンドラ	54

第2部

数字・アルファベット・記号

/proc/mem特殊ファイル	182
/proc/PID/smapファイル	218
async	231
BH	150
brk()	207
bzip2圧縮	188
cramfs	232
DMAコントローラ	238
DMA転送	238
exec()	177
ext3	232
ext4	232
flushモード・オプション	230
fork()	177
free()	197
gzip圧縮	188
initramfs	233
IRQ（Interrupt ReQuest）	159
ISR（Interrupt Service Routine）	157
IST（Interrupt Service Thread）	157
jffs2	232
jiffies	254
lzma圧縮	188
lzo圧縮	188
malloc()	197
MBR	225
memcpy()	195
mmap()	178
page frame number	181
PID	154
RAMディスク	222
Rss（Resident Set Size）	218

RTCドライバ	251
SSP	151
syncオプション	229
TH	150
thread_info構造体	156
topコマンド	252
U-boot	196
uImage	196
USP	170
vfatファイル・システム	222
VFS	222
vmlinux.bin	188
xz圧縮	188
zImage	188
zlib	197

あ・ア行

アイドル・プロセス	154
親プロセス	177

か・カ行

カーネル・コマンド・ライン	192
カーネル・ソース関数	245
カーネル・パラメータ	190
カーネルの圧縮方式	188
カーネル空間	169
仮想アドレス	180
仮想ファイル・システム	222
仮想メモリ	177
仮想メモリ空間	178
キャッシュ・アライメント	241
キャッシュの書き出し/無効化	241
境界アドレス	169
グローバル領域	206
子プロセス	177
コンテキスト・スイッチ	167
コンテキストの内側	163
コンフィグ	246

さ・サ行

先読み動作	228
サスペンド機能	247
システム・コール	170
システム・スタック・ポインタ	150
スタック	148
スタック・レジスタ	172
スタック領域	169
スレッド型割り込み	157
セクション・ヘッダ	168

ソフトウェア変数インクリメント	255

た・タ行

タイマ割り込み周期	246
タスクレット	157
タスク切り替え	167
ディスクI/O	222
データ・セグメント	207
投機的リード	228
トップ・ハーフ	150

は・ハ行

汎用ワーカ・スレッド	158
非圧縮	188
非圧縮ELFバイナリ	190
ヒープ領域	169
ファイルI/O	177
ブートローダ	188
物理ページ	180
物理メモリ・ページ	185
物理メモリの連続性	241
物理メモリ番地	181
プロセスID	154
ブロック型ドライバ	222
ページ・テーブル	185
ポーリング	252
ボトム・ハーフ	150

ま・マ行

マスタ・ブート・レコード	223
メモリ・マップ	167
メモリのコヒーレンシ確保	245

や・ヤ行

ユーザ・スタック	170
ユーザ空間	169

ら・ラ行

ランニング・タスク	249
ランニング・プロセス	247
リアルタイム・クロック	253

わ・ワ行

ワーク・キュー	157
割り込み	148
割り込みエントリ・ポイント	151
割り込みハンドラ	152
割り込み要求	159
割り込みルーチン	149

著者紹介

● 宗像 尚郎（むなかた ひさお）

1960年　東京都新宿区に生まれる
1983年　日立電子部品販売（株）に入社
1990年　AVアンプ，CDプレーヤなどオーディオ機器を中心に組み込みソフトウェア開発に従事
1995年　SuperH（SH）CPU向けのLinuxカーネル開発に従事，開発コミュニティとの連携を開始
2004年　プロジェクタ，デジタルTV，サーバ・ヘルスケア・コントローラなど向けにLinux環境
　　　　を提供
2008年　筑波大学 非常勤講師
2009年　CE Linux Forum，Linux Foundationに参加し，各種作業部会の活動をサポート
2011年　電気通信大学 非常勤講師

● 海老原 祐太郎（えびはら ゆうたろう）

1973年　千葉県船橋市に生まれる
1997年　信州大学工学部卒業，同年，総合電機メーカ勤務，FA関連機器開発に従事
2000年　（有）りぬくす工房設立，組込みLinux業務を始める
2003年　シリコンリナックス（株）に組織変更，代表取締役に就任

●**本書記載の社名，製品名について** ── 本書に記載されている社名および製品名は，一般に開発メーカーの登録商標または商標です．なお，本文中では ™，®，©の各表示を明記していません．

●**本書掲載記事の利用についてのご注意** ── 本書掲載記事は著作権法により保護され，また産業財産権が確立されている場合があります．したがって，記事として掲載された技術情報をもとに製品化をするには，著作権者および産業財産権者の許可が必要です．また，掲載された技術情報を利用することにより発生した損害などに関して，CQ 出版社および著作権者ならびに産業財産権者は責任を負いかねますのでご了承ください．

●**本書に関するご質問について** ── 文章，数式などの記述上の不明点についてのご質問は，必ず往復はがきか返信用封筒を同封した封書でお願いいたします．勝手ながら，電話での質問にはお答えできません．ご質問は著者に回送し直接回答していただきますので，多少時間がかかります．また，本書の記載範囲を越えるご質問には応じられませんので，ご了承ください．

●**本書の複製等について** ── 本書のコピー，スキャン，デジタル化等の無断複製は著作権法上での例外を除き禁じられています．本書を代行業者等の第三者に依頼してスキャンやデジタル化することは，たとえ個人や家庭内の利用でも認められておりません．

[JCOPY] 〈(社)出版者著作権管理機構委託出版物〉
本書の全部または一部を無断で複写複製（コピー）することは，著作権法上での例外を除き，禁じられています．
本書からの複製を希望される場合は，(社)出版者著作権管理機構（TEL：03-3513-6969）にご連絡ください．

動くメカニズムを図解＆実験！ Linux超入門

2016 年 5 月 1 日　初版発行
2018 年 11 月 1 日　第 3 版発行

© 宗像 尚郎 / 海老原 祐太郎 2016

著者　宗　像　尚　郎
　　　海 老 原　祐 太 郎
発行人　寺　前　裕　司
発行所　Ｃ Ｑ 出 版 株 式 会 社
〒 112-8619　東京都文京区千石 4-29-14
電話　編集　03-5395-2123
　　　販売　03-5395-2141

ISBN978-4-7898-4472-7
定価はカバーに表示してあります
無断転載を禁じます
乱丁，落丁本はお取り替えします
Printed in Japan

編集担当　仲井 健太
デザイン・DTP　近藤企画(近藤 久博)
印刷・製本　三晃印刷株式会社